热电联产节能减排技术问答

REDIAN LIANCHAN JIENENG JIANPAI
JISHU WENDA

袁晓君　张广伟　郝自卫　主编

化学工业出版社
·北京·

本书结合我国热电联产行业及技术的发展和我国日益严格的环保要求，紧扣生产运行实际，以问答的形式讲述了热电联产相关的节能减排技术。

本书重点介绍了锅炉、汽轮机、电气、辅助设备的节能、节水技术和脱硫、脱硝、脱汞、除灰除尘及二氧化碳回收等减排技术，同时也介绍了热电联产节能管理体系创新和新燃料推广以及新设备和新成果。

本书可作为从事热电联产发电机组运行、检修人员的培训教材和参考书籍，也可以作为燃煤电厂技术人员、管理人员和高校相关专业师生的参考书。

图书在版编目（CIP）数据

热电联产节能减排技术问答/袁晓君，张广伟，郝自卫主编. —北京：化学工业出版社，2020.1
ISBN 978-7-122-35240-8

Ⅰ.①热… Ⅱ.①袁…②张…③郝… Ⅲ.①火电厂-机组-节能-问题解答②热电厂-机组-节能-问题解答 Ⅳ.①TM621.3-44

中国版本图书馆 CIP 数据核字（2019）第 214121 号

责任编辑：戴燕红　　　　　　　文字编辑：汲永臻
责任校对：王鹏飞　　　　　　　装帧设计：刘丽华

出版发行：化学工业出版社（北京市东城区青年湖南街 13 号　邮政编码 100011）
印　　装：三河市延风印装有限公司
710mm×1000mm　1/16　印张 17½　字数 354 千字　2020 年 1 月北京第 1 版第 1 次印刷

购书咨询：010-64518888　　　　　售后服务：010-64518899
网　　址：http://www.cip.com.cn
凡购买本书，如有缺损质量问题，本社销售中心负责调换。

定　　价：98.00 元　　　　　　版权所有　违者必究

前言

热电联产企业具有节约能源、改善环境、提高供热质量、增加电力供应等综合效益。热电厂的建设是城市治理大气污染和提高能源利用率的重要环节，是集中供热的重要组成部分，是提高人民生活质量的公益性基础设施。近几年来，我国热电联产事业得到了迅速发展，对促进国民经济和社会发展起到了重要作用。地方热电厂既是二次能源的生产大户，也是一次能源的消耗大户，做好地方热电厂的节能减排，对推动各行业节能减排工作具有积极的推动和示范作用。

热电联产的快速发展，减少了大量的分散小锅炉占地，提高了土地的使用效率，还可减少对城市居民区的噪声干扰。同时，热电联产机组大多建在热负荷中心，与用户距离较近，热电厂的上网电量可就近消化，减少了电网输、变电工程费用，降低了电网的线损率，并在一定程度上缓解了电力供应紧张的局面。因此，引导热电联产加快发展，对我国建设资源节约型、环境友好型社会具有重要意义。对于我国这样的能源短缺大国，发展热电联产更是节能减排的一项根本性战略措施。

目前，我国热电联产行业出现了一批新技术、新装备。为了介绍热电联产的优势，尤其是介绍热电联产中的节能减排技术和新装备，我们编写了这本《热电联产节能减排技术问答》，在本书编写过程中，景光忠和刘定参与了第一章、第六章、第八章等章节的编写，并对书中其他章节的编写提供了许多宝贵的修改意见，在此表示感谢。

本书内容紧密结合现场实际、知识点全面、数据充分，可作为从事热电联产发电机组工作的运行、检修人员的培训教材和参考书籍，也可以作为电厂技术人员、管理干部和高等院校相关专业师生的参考书。

编者
2019 年 2 月

目录

第1篇 节能技术

第2篇　热电机组减排

第**1**篇

节能技术

第1章
热电机组节能管理

1.1 我国大型热电机组可以分为哪几种形式?

我国的热电机组已由过去的中小容量、中低参数的机组发展成为以300MW机组为主力的高参数、大容量的机组,有的甚至采用了超临界参数,最大热电机组的容量已达到600MW,1000MW的热电机组也已设计完成。因此,可以认为,我国的热电机组已经迈入新的发展时期。大型热电机组可以根据用途分为如下几种形式:

(1) 大型采暖发电两用供热机组 这种机组的热负荷性质比较单纯,就是城市的集中供热,也只有在冬季采暖季节才发挥两用机组的优势。抽汽点一般位于中低压缸的联络管。

(2) 大型工业供汽发电两用供热机组 这种机组的热负荷只对外供工业抽汽,用汽参数较高,甚至抽汽点按照不同的供汽压力设置为两个。抽汽点一般位于高压缸排汽或者在中压缸设置一级调整抽汽。这种机组一般用于大型企业自备电站,或者我国的南方某些地区的集中工业园区。

(3) 大型工业供汽采暖发电三用热电机组 这种机组在北方的城市供热机组中居多,既供应一定参数的工业工艺用汽,又供应采暖用汽。一年四季的热负荷变化较大。

目前我国大型供热机组有两个实现方式，一为在大型凝汽机组基础上改造而成，二为专门设计制造的热电机组。对于前者，在冬季供热时发电功率会降低。例如某350MW超临界热电机组在抽汽达600t/h时，发电功率只能达288.6MW。某300MW亚临界供热机组，在抽汽最大时，发电功率只能在230～240MW。

另外，这些大型热电机组在实施供热时，汽轮机的内效率都是下降的。因此研究大型热电机组冷端的性能，以获得更高的循环效率，具有重要意义。

1.2 燃煤热电机组主要节能技术有哪些?

电力是世界上的主要能源，电能的生产方式是多种多样的，燃煤发电是电能生产的主要手段。特别是在发展中国家，电能主要来自燃煤发电厂。由于燃煤电厂效率较低，大量的热、二氧化碳和飞灰排入大气，造成严重的环境污染。因此，节能是电力企业当前的重要工作。燃煤电厂主要节能技术汇总如下：

(1) 提高蒸汽参数 常规超临界机组汽轮机典型参数为24.2MPa/566℃/566℃，常规超超临界机组典型参数为25～26.25MPa/600℃/600℃。提高汽轮机进汽参数可直接提高机组效率，综合经济性、安全性与工程实际应用情况，主蒸汽压力提高至27～28MPa，主蒸汽温度受主蒸汽压力提高与材料制约一般维持在600℃，热再热蒸汽温度提高至610℃或620℃，可进一步提高机组效率。主蒸汽压力大于27MPa时，每提高1MPa进汽压力，可降低汽轮机热耗0.1%左右。再热蒸汽温度每提高10℃，可降低热耗0.15%。预计相比常规超超临界机组可降低供电煤耗1.5～2.5g/(kW·h)。技术较成熟。适用于66万千瓦、100万千瓦超超临界机组设计优化。

(2) 二次再热 在常规一次再热的基础上，汽轮机排汽二次进入锅炉进行再热。汽轮机增加超高压缸，超高压缸排汽为冷一次再热，其经过锅炉一次再热器加热后进入高压缸，高压缸排汽为冷二次再热，其经过锅炉二次再热器加热后进入中压缸。比一次再热机组热效率高出2%～3%，可降低供电煤耗8～10g/(kW·h)。技术较成熟。

美国、德国、日本、丹麦等国家部分30万千瓦以上机组已有应用。国内有100万千瓦二次再热技术示范工程。

(3) 管道系统优化 通过适当增大管径、减少弯头、尽量采用弯管和斜三通等低阻力连接件等措施，降低主蒸汽、再热、给水等管道阻力。机组热效率提高0.1%～0.2%，可降低供电煤耗0.3～0.6g/(kW·h)。技术成熟。

(4) 外置蒸汽冷却器 超超临界机组高加抽汽由于抽汽温度高，往往具有较大过热度，通过设置独立外置蒸汽冷却器，充分利用抽汽过热焓，提高回热系统热效率。预计可降低供电煤耗约0.5g/(kW·h)。技术较成熟。

适用于66万千瓦、100万千瓦超超临界机组。

（5）低温省煤器　在除尘器入口或脱硫塔入口设置 1 级或 2 级串联低温省煤器，采用温度范围合适的部分凝结水回收烟气余热，降低烟气温度从而降低体积流量，提高机组热效率，降低引风机电耗。预计可降低供电煤耗 1.4～1.8g/(kW·h)。

在新的镍基耐高温材料研发成功后，蒸汽参数可提高至 700℃，大幅提高机组热效率，供电煤耗预计可达到 246g/(kW·h)。

（6）汽轮机通流部分改造　对于 13.5 万千瓦、20 万千瓦汽轮机和 2000 年前投运的 30 万千瓦和 60 万千瓦亚临界汽轮机，通流效率低，热耗高。采用全三维技术优化设计汽轮机通流部分，采用新型高效叶片和新型汽封技术改造汽轮机，节能提效效果明显。预计可降低供电煤耗 10～20g/(kW·h)。

（7）汽轮机间隙调整及汽封改造　部分汽轮机普遍存在汽缸运行效率较低、高压缸效率随运行时间增加不断下降的问题，主要原因是汽轮机通流部分不完善，汽封间隙大，汽轮机内缸接合面漏汽严重，存在级间漏汽和蒸汽短路现象。通过汽轮机本体技术改造，提高运行缸效率，节能提效效果显著。预计可降低供电煤耗 2～4g/(kW·h)。

（8）汽机主汽滤网结构优化研究　为减少主再热蒸汽固体颗粒和异物对汽轮机通流部分的损伤，主再热蒸汽阀门均装有滤网。常见滤网孔径均为 $\phi7mm$，已开有倒角。但滤网结构及孔径大小需进一步研究。可减少蒸汽压降和热耗，暂无降低供电煤耗估算值。

（9）锅炉排烟余热回收利用　在空预器之后、脱硫塔之前烟道的合适位置通过加装烟气冷却器，用来加热凝结水、锅炉送风或城市热网低温回水，回收部分热量，从而达到节能提效、节水效果。采用低压省煤器技术，若排烟温度降低 30℃，机组供电煤耗可降低 1.8g/(kW·h)，脱硫系统耗水量减少 70%。适用于排烟温度比设计值偏高 20℃以上的机组。

（10）锅炉本体受热面及风机改造　锅炉普遍存在排烟温度高、风机耗电高，通过改造，可降低排烟温度和风机电耗。具体措施包括：一次风机、引风机、增压风机叶轮改造或变频改造；锅炉受热面或省煤器改造。预计可降低煤耗 1.0～2.0g/(kW·h)。

（11）锅炉运行优化调整　电厂实际燃用煤种与设计煤种差异较大时，对锅炉燃烧造成很大影响。开展锅炉燃烧及制粉系统优化试验，确定合理的风量、风粉比、煤粉细度等，有利于电厂优化运行。预计可降低供电煤耗 0.5～1.5g/(kW·h)。

（12）电除尘器改造及运行优化　根据典型煤种，选取不同负荷，结合吹灰情况等，在保证烟尘排放浓度达标的情况下，试验确定最佳的供电控制方式（除尘器耗电率最小）及相应的控制参数。通过电除尘器节电改造及运行优化调整，节电效果明显。预计可降低供电煤耗约 2～3g/(kW·h)。

（13）热力及疏水系统改进　改进热力及疏水系统，可简化热力系统，减少阀门数量，治理阀门泄漏，取得良好的节能提效效果。预计可降低供电煤耗 2～3g/

$(kW \cdot h)$。

（14）汽轮机阀门管理优化　通过对汽轮机不同顺序开启规律下配汽不平衡汽流力的计算，以及机组轴承承载情况的综合分析，采用阀门开启顺序重组及优化技术，解决机组在投入顺序阀运行时的瓦温升高、振动异常问题，使机组能顺利投入顺序阀运行，从而提高机组的运行效率。预计可降低供电煤耗 $2\sim3g/(kW \cdot h)$。

（15）汽轮机冷端系统改进及运行优化　汽轮机冷端性能差，表现为机组真空低。通过采取技术改造措施，提高机组运行真空，可取得很好的节能提效效果。预计可降低供电煤耗 $0.5\sim1.0g/(kW \cdot h)$。

（16）高压除氧器乏汽回收　将高压除氧器排氧阀排出的乏汽通过表面式换热器提高化学除盐水温度，温度升高后的化学除盐水补入凝汽器，可以降低过冷度，一定程度上提高热效率。预计可降低供电煤耗约 $0.5\sim1g/(kW \cdot h)$。技术成熟。

（17）取较深海水作为电厂冷却水　直流供水系统取水口、排水口的位置和型式应考虑水源特点：是否利于吸取冷水以及温排水对环境的影响、泥沙冲淤和工程施工等因素。有条件时，宜取较深处水温较低的水。但取水水深和取排水口布置受航道、码头等因素影响较大。采用直流供水系统时，循环水温每降低 $1℃$，供电煤耗降低约 $1g/(kW \cdot h)$。

（18）脱硫系统运行优化　具体措施包括：①吸收系统（浆液循环泵、pH 值运行优化、氧化风量、吸收塔液位、石灰石粒径等）运行优化；②烟气系统运行优化；③公用系统（制浆、脱水等）运行优化；④采用脱硫添加剂。可提高脱硫效率、减少系统故障、降低系统能耗和运行成本、提高对煤种硫分的适应性。预计可降低供电煤耗约 $0.5g/(kW \cdot h)$。

（19）凝结水泵变频改造　高压凝结水泵电机采用变频装置，在机组调峰运行可降低节流损失，达到提效节能效果。预计可降低供电煤耗约 $0.5g/(kW \cdot h)$。

（20）空气预热器密封改造　回转式空气预热器通常存在密封不良、低温腐蚀、积灰堵塞等问题，造成漏风率与烟风阻力增大，风机耗电增加。可采用先进的密封技术进行改造，使空气预热器漏风率控制在 6% 以内。预计可降低供电煤耗 $0.2\sim0.5g/(kW \cdot h)$。

（21）电除尘器高频电源改造　将电除尘器工频电源改造为高频电源。由于高频电源在纯直流供电方式时，电压波动小，电晕电压高，电晕电流大，从而增加了电晕功率。同时，在烟尘带有足够电荷的前提下，大幅度减小电除尘器电场供电能耗，达到提效节能的目的。可降低电除尘器电耗。

（22）加强管道和阀门保温　管道及阀门保温技术直接影响电厂能效，降低保温外表面温度设计值有利于降低蒸汽损耗。但会对保温材料厚度、管道布置、支吊架结构产生影响。暂无降低供电煤耗估算值。

（23）电厂照明节能方法　从光源、镇流器、灯具等方面综合考虑电厂照明，选用节能、安全、耐用的照明器具。可以一定程度减少电厂自用电量，对降低煤耗影响较小。

（24）纯凝汽式汽轮机供热改造　对纯凝汽式汽轮机组蒸汽系统适当环节进行改造，接出抽汽管道和阀门，分流部分蒸汽，使纯凝汽式汽轮机组具备纯凝发电和热电联产两用功能。大幅度降低供电煤耗，一般可达到 $10g/(kW \cdot h)$ 以上。

（25）亚临界机组改造　将亚临界老机组改造为超（超）临界机组，对汽轮机、锅炉和主辅机设备做相应改造。大幅提升机组热力循环效率。

1.3　节能评价体系是在什么背景下提出的？

能源是人类生存和发展的重要物质基础。我国人口众多，能源资源相对不足，人均拥有量远低于世界平均水平，煤炭、石油、天然气人均剩余可采储量分别只有世界平均水平的 58.6%、7.69% 和 7.05%。目前中国正处于工业化、城镇化加快发展的重要阶段，能源资源的消耗强度高，消费规模不断扩大，能源供需矛盾越来越突出。

对于发电厂来讲，火力发电在我国占绝对主导地位，其中燃煤电厂燃煤消耗量约占全国煤炭产量的 50%。目前，我国火力发电厂的能效水平还比较低下，与世界先进水平比还有很大距离。有关统计资料表明：2005 年，我国电力工业全国平均供电煤耗为 $374g/(kW \cdot h)$，与世界先进水平（1999 年）相差约 $50g/(kW \cdot h)$；生产厂用电率为 5.95%，与世界先进水平（1999 年）相差约 2 个百分点。火力发电厂的能效问题成为影响中国电力工业能效的主要因素。

火力发电厂在竞争日益激烈的市场经济条件下，不仅要考虑产出，也要考虑投入，以尽量少的资源投入和环境代价实现尽可能大的产出，在现阶段和以后要把节能作为增长方式转变的方向，切实做到节约发展、清洁发展、安全发展、可持续发展。

火力发电厂节能，是指加强用能管理，采取技术上可行、经济上合理、符合环境保护要求的措施，以减少发电生产过程中各个环节的损失和浪费，更加合理、有效地利用能源。发电厂能源消耗主要是指煤炭、电力、蒸汽、水、油等。

为加强火力发电厂节能管理，原国家能源部于 1991 年 2 月 5 日以能源节能 [1991] 98 号文下发《火力发电厂节约能源规定（试行）》，原国家电力部于 1997 年以电安生 [1997] 399 号文下发《电力工业节能技术监督规定》，明确将节能工作纳入技术监督范畴。中国实施电力改革，五大发电集团建立以后，各发电集团也都重视节能管理，出台了各自的节能方面的管理规定，但火力发电厂开展节能工作的差异性很大，目前还没有对火力发电厂开展节能工作进行评价的方法或标准。

为了更好地指导火力发电厂开展节能工作，提高火力发电厂的节能管理水平，2007 年华电集团下发通知要求各所属单位认真开展节能工作，并相应制定了火电厂节能评价体系。火力发电厂节能评价是指按照统一的标准，对火力发电厂的能耗状况、节能管理水平进行科学合理的评价。通过评价，使电厂了解企业的节能状况，发现节能潜力，促进企业节能工作的有效开展。

1.4　节能评价体系是由哪些部分构成的?

火力发电厂节能评价体系共有三部分组成。第一部分为火力发电厂节能评价指标，第二部分为火力发电厂节能评价标准，第三部分为火力发电厂节能评价依据说明。

火力发电厂节能评价标准是依据国家、行业的相关标准以及现场规程等，按照评价准确、操作性强的原则，针对节能指标和节能管理工作进行逐项评价。

火力发电厂节能评价标准的内容共分为9个部分：第1部分为节能管理，主要对节能管理的基础工作进行评价，目的是为了规范节能管理工作内容；第2至第6部分为与供电煤耗有关的指标，包括煤、油、电指标，为了便于现场查评，将其分成了5个部分进行评价；第7部分为水耗，主要是影响水耗的各项指标；第8部分为其他指标，包括酸碱耗、补氢率、磨煤机钢耗；第9部分为能源计量管理及其相关指标，能源计量是节能管理工作最基础最前沿的工作，能源计量不准会给节能管理带来很大的盲目性，因此将其单独列为一部分进行评价。

节能评价标准总分3000分。各部分指标所占权重是综合了节能管理方面的重要性以及指标在发电成本中所占的比例确定的。各评价指标的权重分配见表1-1。

▣ 表1-1　节能评价指标权重分配表

节能评价指标	权重	节能评价指标	权重
(一)节能管理(100)	3.3%	(4)飞灰可燃物(60)	
(二)煤耗(145)	4.8%	(5)灰渣可燃物(30)	
1.供电煤耗(120)		(6)空预器漏风率(60)	
2.供热煤耗(25)		(7)煤粉细度(50)	
(三)燃料指标(240)	8.0%	(8)吹灰器投入率(35)	
1.燃油指标:油耗(80)		2.蒸汽参数和减温水(305)	
2.燃煤指标(160)		(1)主汽温度(75)	
(1)入厂煤与入炉煤热值差(145)		(2)再热汽温度(70)	
(2)入炉煤煤质合格率(15)		(3)主汽压力(60)	
(四)锅炉指标(790)	26.3%	(4)过热器减温水流量(40)	
1.锅炉热效率(485)		(5)再热器减温水流量(60)	
(1)锅炉热效率指标(130)		(五)汽轮机指标(750)	25.0%
(2)排烟温度(60)		1.汽机热耗(180)	
(3)排烟氧量(60)		2.真空系统(400)	

节能评价指标	权重	节能评价指标	权重
(1)凝汽器真空(110)		(3)电动给水泵耗电率(40)	
(2)真空严密性(80)		4.公用系统耗电率(105)	
(3)凝汽器端差(90)		(1)灰、渣系统耗电率(45)	
(4)凝结水过冷度(20)		(2)输煤系统耗电率(20)	
(5)凝汽器胶球清洗装置投入率(40)		(3)水源系统耗电率(20)	
(6)胶球收球率(60)		(4)脱硫系统耗电率(30)	
3.回热系统(170)		(七)水耗(230)	7.7%
(1)给水温度(45)		1.发电水耗率指标(50)	
(2)加热器端差(60)		2.全厂复用水率(50)	
(3)高加投入率(50)		3.锅炉补水率(30)	
(4)保温效果(15)		4.循环水浓缩倍率(50)	
(六)厂用电指标(490)	16.3%	5.化学自用水率(25)	
1.发电厂用电率(45)		6.水力输灰灰水比(25)	
2.锅炉辅机耗电率(230)		(八)其它指标(80)	2.7%
(1)磨煤机耗电率(60)		1.化学酸碱耗(30)	
(2)送风机耗电率(45)		2.补氢率(15)	
(3)引风机耗电率(55)		3.磨煤机钢耗(35)	
(4)排粉机耗电率(35)		(九)能源计量(175)	5.8%
(5)一次风机耗电率(35)		1.能源计量器具配备(50)	
3.汽机辅机耗电率(110)		2.能源计量器具检定(40)	
(1)循环水泵耗电率(40)		3.能源计量器具检测(45)	
(2)凝结水泵耗电率(15)		4.能源计量管理(40)	

1.5 节能评价体系各项指标权重分配原则是什么?

(1)"大指标"(综合指标)**间的权重分配**

① 节能管理工作内容和能源计量的相关指标,其权重为6%。

② 煤耗占发电成本的70%多,因此,与煤耗有关的指标权重取80.5%。由于在供电煤耗的计算中包含了油耗和厂用电,将这两方面的指标也列在煤耗中。

③ 水耗大约占发电成本的3%~4%,取其权重为7.7%。

④ 材料消耗指标中的磨煤钢耗、补氢率、酸碱耗为发电固定成本的一部分,占用火力发电厂大量的维护费用,为加强此方面的管理,取其权重为5.8%。

(2)"小指标"(各专业指标)**间的权重分配** 是按照其对大指标影响的程度进行分析,扣分的原则也是如此。例如:在与煤耗相关的指标中,锅炉专业、汽机专业的指标分别占总分26.3%、25%的权重,厂用电占16.3%的权重。

(3)单个评价指标内的权重分配 考虑到评价指标在上一级指标中的重要性,对单纯指标的评价权重取 30%～50%，与该指标相关的过程管理方面的内容取 50%～70%，强调过程管理的重要性。

1.6 节能评价体系是如何管理的?

(1) 节能管理体系　火电厂能耗是企业经济承包责任制的一个重要组成部分，节能工作应纳入整个电厂的生产经营管理工作中。火电厂依靠生产管理机构，充分发挥三级节能网的作用，开展全面的、全员的、全过程的节能管理。要逐项落实节能规划和计划，将项目指标依次分解到各有关部门、值班组和岗位，认真开展小指标的考核和竞赛，以小指标保证大指标的完成。

火电厂设立节能领导小组，由主管生产的副厂长主持，负责贯彻上级方针政策和落实下达的能耗指标；审定并落实本厂节能规划和措施；协调各部门间的节能工作。装机容量在 50MW 及以上电厂应设置专职节能工程师。容量 50MW 以下电厂是否设置，根据电厂情况自行决定。节能工程师职责是：

① 在生产副厂长或总工程师领导下工作，负责厂节能领导小组的日常工作；

② 协助厂领导组织编制全厂节能规划和年度节能实施计划；

③ 定期检查节能规划和计划的执行情况并向节能领导小组提出报告；

④ 对厂内各部门的技术经济指标进行分析和检查，总结经验，针对能源消耗存在的问题，向厂领导提出节能改进意见和措施；

⑤ 协助厂领导开展节能宣传教育，提高广大职工节能意识，组织节能培训，对节能员工作进行指导；

⑥ 协助厂领导制定、审定全厂节能奖金的分配办法和方案。

(2) 节能分析　各火电厂要把实际达到的供电煤耗率同设计值和历史最好供电煤耗水平，以及国内外同类型机组最好水平进行比较和分析，找出差距，提出改进措施。如设备和运行条件变化，则由主管局核定供电煤耗水平。其他一些经济指标也要和历史最好水平或合理水平进行比较和分析。

(3) 节能规划计划　火电厂应根据企业上级标准对能源消耗指标的要求和网、省局下达的综合能耗考核定额及单项经济指标，制订节约能源规划和年度实施计划。不断进行技术革新，采用先进技术是提高电力生产经济性的重要途径。对行之有效的节能措施和成熟经验，要积极推广应用。

(4) 热力试验　火电厂应加强热力试验工作，建立健全试验组织，充实试验人员和设备。要进行机炉设备大修前后的热效率试验及各种特殊项目的试验，作为设备改进的依据和评价；进行主要辅机的性能试验，提供监督曲线以及经济调度的资料和依据；参与新机组的性能验收试验，了解设备性能，提供验收意见。

(5) 节能奖惩

① 节能奖惩制度。加强思想政治工作，以调动广大职工开展节能活动的积极性，

对节能工作采取精神鼓励与物质奖励相结合的原则，做到节约有奖，浪费当罚。根据国家和能源部的规定，对火电厂节约煤、油、电、水实行节能奖。节能奖按照定额进行考核。网、省局的供电煤耗定额由能源部核定，火电厂的供电煤耗定额由网、省局核定，并制订出相应的考核管理办法实行奖惩。节能奖由主管局统一分配，各级节能管理部门要负责管好、用好，主要发给与节能工作有关的单位和个人，防止平均主义。火电厂节能奖的30%~40%必须用于奖励节能效果显著、对节能工作贡献大的单位和个人。

② 小指标竞赛。火电厂应积极开展小指标竞赛和合理化建议活动，表彰先进，促进节能工作广泛、深入开展，不断降低能耗。

火电厂除发电量、供热量、供电煤耗、厂用电率综合指标以外，还应该根据各厂具体情况，制定、统计、分析和考核以下各项小指标。

a. 锅炉：效率、过热蒸汽汽温汽压、再热蒸汽汽温、排污率、炉烟含氧量、排烟温度、锅炉漏风率、飞灰和灰渣可燃物、煤粉细度合格率、制粉单耗、风机单耗、点火及助燃用油（或天然气）量等。

b. 汽轮机：热耗、真空度、凝汽器端差、凝结水过冷却度、给水温度、给水泵单耗、循环水泵耗电率、高压加热器投入率等。

c. 热网：供热回水率等。

d. 燃料：燃料到货率、检斤率、质检率、亏吨率、索赔率、配煤合格率、煤场结存量、入炉燃料量及低位发热量等。

e. 化学：自用水率、补充水率、汽水损失率、汽水品质合格率等。

f. 热工：热工仪表、热工保护和热工自动的投入率和准确率。

(6) 节能技术改造

① 不断进行技术革新、采用先进技术是提高电力生产经济性的重要途径。对行之有效的节能措施和成熟经验，要积极推广应用。各火电厂应认真逐台分析现有设备的运行状况，有针对性地编制中长期节能技术革新和技术改造规划，按年度计划实施，以保证节能总目标的实现。

② 火电厂对节能技术改造所需资金应优先安排，要提取一定比例的折旧基金和留成中的生产发展基金，用于节能技术改造。

③ 加强大机组的完善化，提高其等效可用系数；增强调峰能力，提高机组效率。对于重大节能改造项目，要进行技术可行性研究，认真制订设计方案，落实施工措施，有计划地结合设备检修进行施工，并及时对改造后的效果做出考核评价。

④ 对于再热汽温偏低的锅炉，应结合常用煤种的化学及物理性能，对照锅炉设计加以校核，进行有针对性的技术改造或进行全面的燃烧调整试验加以解决。

⑤ 保持炉膛及尾部受热面清洁，提高传热效率，安装并正常使用吹灰器，加强维护。对于质量差的长管吹灰器，应更换为合格的合金钢吹灰管枪。

⑥ 锅炉加装预燃室和采用新型燃烧器。应根据燃煤品种、炉型结构和负荷变化

幅度，选用合适的预燃室和燃烧器，以提高锅炉低负荷时的燃烧稳定性，增加调峰能力，降低助燃和点火用油的消耗。

⑦ 减少回转式空气预热器的漏风。结合检修，对现有风罩式回转空气预热器各部间隙进行调整和消缺，并加强维护和运行管理。对结构不合理、通过检修仍不能解决严重漏风问题的，要有计划地结合大修进行改造或更换。

⑧ 保持锅炉炉顶及炉墙的严密性，采用新材料、新工艺或改造原有结构，解决漏风问题。

⑨ 改造低效给水泵。采用新型叶轮、导流部件及密封装置，以提高给水泵效率。

⑩ 对国产 200MW 机组，经过研究核算，有足够的汽源供应时，可将电动给水泵改为汽动给水泵。

⑪ 针对大机组在电网中带变动负荷的需要，将定速给水泵改为变速给水泵，或在原有定速给水泵上加装变速装置。

⑫ 对大型锅炉的送风机、引风机，在可能条件下，加装变速装置或将电动机改造为双速。

⑬ 对与制粉系统运行参数不相配合的粗、细粉分离器进行改造，以充分发挥磨煤机的潜力，降低制粉单耗。

⑭ 改造汽轮机通流部分。精修通流部件，提高流道圆滑性，改善调速汽门重叠度，减少节流损失，同时采取改造汽封结构等措施，降低汽轮机热耗。

⑮ 改造结构不合理、效率低的抽气器。如将国产汽轮机的单管短喉部射水抽气器改为新型高效抽气器或回转式真空泵。

⑯ 对循环水泵特性进行测试，对效率偏低或参数与冷却水系统不相匹配的水泵进行有针对性的技术改造。

⑰ 对运行小时较高的辅机配套的老式电动机，应结合检修，应用磁性槽泥或磁性槽楔等技术，有计划分步骤地改造为节能型电动机。

⑱ 加速对中低压凝汽机组退役、报废和改造。除新建高参数大容量机组替代一些没有改造价值必须报废的机组外，对那些设备状况较好、附近又有较稳定热负荷的中低压凝汽机组，应改造为蒸汽供热或循环水供热机组。

1.7 节能合同能源管理模式是怎样的？

伴随着能源消耗的日益增加，如何节约和充分利用能源，如何降低能耗费用，也已成为各个企业积极探索的问题之一。20 世纪 70 年代中期以来，全新的节能项目投资机制——"合同能源管理"在市场经济国家中逐步发展起来。所谓合同能源管理就是一种以减少的能源费用来支付节能项目全部成本的节能投资方式。这种节能投资方式允许用户使用未来的节能收益为工厂和设备升级，降低目前的运行成本，提高能源利用效率。而基于合同能源管理这种节能投资新机制运作的产生，专业化的"节能服务公司"应运而生。节能服务公司就是以合同能源管理方式进行运作的。

(1) 节能服务公司的运作方式 公司的运作方式是在节能改造的过程中不让用户拿一分钱，就可以让客户享受到节能带来的实惠。原因如下：节能服务公司（国内简称 EMCo）通过与客户签订的节能服务合同，为客户提供节能服务。其特殊性在于它销售的不是某一种具体的产品或技术，而是一系列的节能"服务"，也就是为客户提供节能项目，这种项目的实质是向客户销售节能量。

(2) 节能服务公司的工作内容 EMCo 的业务活动主要包括以下一条龙的服务内容：

① EMCo 向用户提供项目资金；

② EMCo 向用户提供项目的全过程服务；

③ 合同期内 EMCo 与客户按照合同约定的比例分享节能效益；

④ 合同期满后节能效益和节能项目所有权归客户所有。

(3) 节能服务公司的详细工作过程 实施合同的步骤一般分 8 步进行：

第一步：首先进行节能诊断。EMCo 针对客户的具体情况，全面了解设备运转情况，对客户拥有的耗能设备及其运行情况进行检测，将设备的运行状况及操作等记录在案。通过大量的性能试验和运行数据分析，找出节约能源的潜力所在，尤其对客户没有提到但可能具有重大节能潜力的环节，并作出评价。起草并向客户提交一份节能项目诊断书，描述所建议的节能项目的概况和估算的节能量。与客户一起审查项目诊断书，并回答客户可能提出的关于拟议中的节能项目的各种问题。确定客户是否愿意继续该节能项目的开发工作。到目前为止，客户无任何费用支出，也不承担任何义务（一般根据试验项目和测点的多少，可能需要 20～90 天的工作时间）。

然后根据节能诊断的结果，向客户提出如何利用成熟的节能技术（有些是专利技术）/节能产品来提高能源利用效率、降低能源消耗成本的节能方案和建议。项目诊断书的内容应包括：目前各种设备和系统运转情况、试验数据、试验结论、设备目前存在的问题、改进后节能潜力分析、大致预测最终的节能效果。如果客户有意向接受提出的方案和建议，就为客户进行具体的节能项目设计。

第二步：进行节能项目设计。根据给出的节能诊断报告，进一步详细计算实施过程中的实施细节。作出节能项目设计报告，报告的内容除诊断报告中的内容外还包括：预测最终的节能效果 [一般换算成 t 标煤/a 或 $g/(kW \cdot h)$]、设备系统的改造方案、实施进度计划、明确实施工作中技术细节及双方的义务和责任等。

第三步：与客户磋商节能服务合同的谈判与签署。在客户有意向接受诊断书中提出的方案和建议的基础上与客户协商，就准备实施的节能项目签订"实施节能服务合同"（诊断报告和节能项目设计报告根据双方商定的内容可以作为合同的一部分）。在某些情况下，如果客户不同意与 EMCo 签订节能服务合同，EMCo 的工作无法进一步拓展，EMCo 的工作到此结束，将向客户收取能源诊断和节能项目设计等前期费用（应详细列支：出差费，人员工资奖金报酬，设备折旧费，材料消耗费，设计咨询费，利税等)。

第四步：进行节能项目融资。如果客户接受了诊断书中提出的方案，并签署了节能服务合同，EMCo 将按照合同的内容和时间，向客户的节能项目投资或提供融资服务（如果客户愿意提供融资服务投资，也可享受投资部分的效益）。

第五步：进行原材料和设备采购、施工、安装及调试。由 EMCo 负责节能项目的设计、原材料和设备采购，以及施工、安装和调试工作，实行"交钥匙工程"（如果客户同意，EMCo 也可以委托客户自行施工）。

第六步：运行、保养和维护。EMCo 为客户培训设备运行人员，并负责所安装的设备/系统的保养和维护（一般质保期与合同期相同，合同期一般为 3~6 年不等）。

第七步：监测节能效益。EMCo 为客户提供节能项目并与客户共同监测和确认节能项目在项目合同期内的节能效果（在技术协议中注明详细的测试时间、测试方法与能耗计算方法等）。

第八步：EMCo 与客户分享节能效益。在项目合同期内，EMCo 对与项目有关的投入（包括土建、原材料、设备、技术等）拥有所有权，并根据合同的内容与客户分享项目产生的节能效益。在 EMCo 的项目资金、运行成本、所承担的风险及合理的利润得到补偿之后（合同期结束），设备的所有权一般将转让给客户。客户最终将获得高能效设备和节约能源成本，并享受全部节能效益。

例如，在 5 年项目合同期内，客户和 EMCo 双方分别分享节能效益的 20% 和 80%，EMCo 必须确保在项目合同期内收回其项目成本以及利润。此外，在合同期内双方分享节能效益的比例可以变化。例如，在合同期的头 2 年里，EMCo 分享 100% 的节能效益，合同期的后 3 年里客户和 EMCo 双方各分享 50% 的节能效益。

过去有些公司在项目实施前说得非常好，但是实施后有不少项目达不到预期目标，甚至是实验项目都要电厂来承担风险。而这种运作模式可以减少类似情况的发生，可以作为今后电力系统开展节能项目的主要方式，有利于最大限度地降低电厂投资风险，最大限度地防止不成熟的项目盲目实施。而能源合同管理运作方式的实施，风险转嫁给服务公司。对于不成熟的项目服务公司一般不会实施的，否则将自己承担损失。

服务公司进行运作的过程中如何界定节能效益，以及电厂如何从节能效益中拿出此项资金是技术协议中必须明确的条款，如果双方对项目的节能效果可能产生异议，双方应在协议中事先确定处理异议的方法。

1.8　典型的燃料管理制度有哪些？

(1) 入厂煤管理

1) 入厂煤数量管理　燃料成本约占发电成本的 60% 以上，入厂煤数量直接关系到电厂的经济效益。检斤率反映了燃料验收管理工作的质量，电厂要求检斤率达到 100%。

① 要制定燃料采购管理办法。燃料采购有计划、有合同、有分析，燃料采购量能满足计划发电量需要。采购燃料基本符合设计煤种或经过试烧后确定的燃料种。

② 要制定燃料计划合同管理办法。计划内采购合同，按国家"煤炭买卖合同"统一版式要求填写，经合同双方和相关签证单位（如路、港、航运部门）等盖章后生效。

③ 计划外采购需经过电厂燃料采购领导小组的讨论，形成会议纪要。采购计划申请表报上级主管部门审批、批准后才能与供应商签订合同。

④ 入厂燃料检斤记录，如轨道衡分列分类报表、汽车地磅称重单、水尺检斤记录等原始记录和报表有审核或校对。原始记录应存档 2 年以上。

⑤ 燃料数量验收依据汽车地重衡（地磅）、火车轨道衡、船运水尺据实测量，并做好记录。对水运电厂，在入厂皮带上已经安装并使用正常的电子皮带秤，入厂煤量要以电子皮带秤的数据进行校核，目前仍沿用水尺测量或未安装电子皮带秤的电厂，在使用水尺测量时查看六面水尺并做好安装入厂皮带秤的计划。入厂煤量不允许以港方或矿方发货数量扣减一定的损耗后取得。

⑥ 汽车运煤到厂后应履行报厂手续，承运人员需提供发煤单位的汽车装煤计量单等原始单据。接到汽车运煤通知，采制人员应及时到磅房进行汽车吨位验收。汽车重载吨位验收前，采制人员应认真核对报厂原始单据，装煤计量单应有发煤人员的签名认可。

⑦ 火车报站应提供火车到站报告单、发煤通知单、装煤计量单、随货同行联、铁路货物运单（大票）等原始单据原件。发煤通知单应有电厂驻矿人员的签名认可，到站报告单应有铁路公章。采制人员认真核对报站单据，规范填写"火车来煤验收通知单"，注明火车车数、吨位、报站时间、发煤矿、来煤性质、供煤单位等内容，编写密码流水号。便于核对煤质化验结果。采制人员采样结束后，及时通知燃料运行部门可以翻车堆卸。运行人员接到翻车堆卸命令后，应及时记录每一节火车车皮的重载吨位，规范填写"翻车机值班记录簿"，及时在微机上登录每一节火车车皮的重载吨位等有关数据，及时打印当班翻车机轨道衡单。

2）入厂煤质量管理 入厂煤质量直接关系到锅炉设备安全、经济运行以及发电厂经济效益。检质率反映了燃料验收管理工作的质量，电厂要求检质率达到 100%。

① 燃料采购驻港（或驻矿）人员要尽职尽责，船到港装煤炭时（或火车装煤炭时），必须到港口或现场会同有关人员（取样）监督，把好质量关，制止自燃煤装船、装车。

② 采样、制样、化验人员必须持证上岗，新进人员要有计划地培训，经上级主管部门或国家电力公司电煤检测中心统一培训考核，取得上岗合格证后才能上岗。已取得上岗合格证的工作人员，必须每 3～4 年进行一次复查考试换证。

③ 加强内部监督机制，制定严格的入厂煤的采、制、化制度。入厂煤取样后要编制一级密码，煤样桶贴上封条后应送交制样间，制样员检查煤样桶封条无异常，标签核对无误后，按照国标规定组织制样，制备好的煤样，应编制二级密码，交给化验人员。化验员要严格遵循国家标准要求，对煤样进行化验，煤样化验后，及时登录煤质分析台账，填写煤质分析报告。

④ 燃料监督专员应不定期参加制样工作的全过程，煤样制好后应另留样一份并对留样进行编码，化验人员和燃料监督专员应在留样的封签上签字，留样应保存在密码柜中2个月以上。

⑤ 入厂煤的采、制、化应按照《商品煤质量抽查与验收办法》中的规定采取、制备、化验煤样。

⑥ 入厂煤检测项目及周期（见表1-2）。对入厂煤应逐车采样，按批对煤种进行工业分析及全水分、发热量和全硫含量的检验；对新进煤源，还应对其煤灰熔融性、可磨性系数、煤的磨损指数、煤灰成分及其元素分析等进行化验，以确认该煤源是否适用于本厂锅炉的燃烧。对于常规入厂煤应每年进行一次元素分析，确定各矿的氢值以计算低位发热量。对新煤种必须及时进行一次元素分析。

⊡ 表1-2　入厂煤检测项目及周期

检测项目	检测周期	检测项目	检测周期	检测项目	检测周期	
全水分	对入厂煤每日每批来煤进行车车采样、批批化验	水分	对入厂煤每月至少各矿别累积混合样进行一次分析	工业分析	对入厂煤按矿别每半年及年终进行一次全分析	对入厂新煤源进行一次全分析
固有水分		灰分		元素分析		
灰分		挥发分		发热量		
挥发分		固定碳		全硫含量		
发热量		发热量		灰熔融性		
全硫含量		全硫含量		可磨性		

注：1. 工业分析包括水分、灰分、挥发分和固定碳。

2. 元素分析包括碳、氢、氮、硫和氧。

3. 非常规项目包括灰熔点、灰比电阻、煤着火温度、煤燃烧分布曲线、煤燃尽特性、煤着火稳定性和煤冲刷磨损性试验；检测周期为根据生产需要随时测定。

4. 华电标准规定"对主要入厂煤未按矿别每季对累积混合样进行氢值测定。缺一次扣1分"，要求比较严。实际上煤中氢的测定比较麻烦，需要配备专门的仪器设备，并不是每一个电厂均具备测氢条件。

⑦ 常用燃油检测项目及周期。做好入厂燃油油种的鉴别和质量验收，防止不合格的油品入库。常用油种每年至少进行元素分析2次，新油种应进行黏度、闪点、密度、硫分、水分、机械杂质、灰分、凝固点、热值测定及元素分析。表1-3为常用燃油检测项目及周期，表1-4为进厂新燃油检测项目及周期。

⑧ 矿方人员必须取得采样上岗证，才能向燃料部门提出参与监督采样的申请，得到批准后方可参与监督采样工作。参与监督采样的矿方人员只能在规定的地点监督采样，禁止接触采样工器具，禁止接触煤样。

⊡ 表1-3 常用燃油检测项目及周期

检测项目	检测周期		检测项目	检测周期
水分	主要油种每批进行测定	一年二次	水分	主要油种的累积混合样至少半年进行一次测定
闪点			硫分	
密度			热值	
硫分			黏度	
元素分析			密度	
			元素分析	

⊡ 表1-4 进厂新燃油检测项目及周期

检测项目	检测周期	检测项目	检测周期	检测项目	检测周期	检测项目	检测周期
黏度	进厂立即采样化验	硫分	进厂立即采样化验	凝固点	进厂立即采样化验	热值	进厂立即采样化验
闪点		水分					
密度		机械杂质		灰分		元素分析	

注：每种新燃油源还需测定黏度与温度的关系曲线。

（2）入炉煤管理

1）入炉煤数量管理

① 电厂要健全完善煤场盘点管理办法。

② 电厂的煤场储煤量可根据季节的不同，及时调整储量。正常储量一般控制在不低于机组额定工况运行8天的耗用量。要制定煤炭供应应急预案，以确保机组不发生缺煤停机事件。

③ 燃料部统计的入炉煤数量以入炉煤电子皮带秤读数为准，未安装入炉煤皮带秤的电厂，以给煤机皮带秤计量和煤斗煤位变化为准，既没有入炉煤皮带秤，也没有给煤机皮带秤的电厂，以煤场煤堆取煤前、后的体积数取得。

④ 储油库进入厂前区和生产车间的油量，以油库出口供油母管上的油流量计为准，尚未配备油流量计的电厂，以油库油位变化计量为准。

⑤ 按规定每月进行煤场盘点工作。燃料部门负责编制盘点报告，要由所有盘点人员签字确认，有关部门领导审核。盘点报告的内容至少包括：盘点时间、盘点人员、燃料账面数和燃料实存数、储存损耗、盘煤盈亏、盈亏原因等。

⑥ 盘煤期间煤场存煤损失率应小于月内日均存煤量的0.5%。月度盘亏量在月末存煤量1%以内时，财务账面不做调整；月度盘亏量大于月末存煤量的1%时，其中的0.5%计入储存损失栏，其他超过的部分计入亏损栏，并调整燃料账存量。根据月底盘点煤量情况，需要调整财务账面数时，由生产部编制燃料差异调整报告，由分管厂长审批后，交财务人员调整账面。做到账卡与实物相符。华电标准规定"盈亏量超过平均库存量的±0.5%，每超过0.1%扣1分"，改为"盈亏量超过月内日均库存量的±0.5%，每超过0.1%扣1分"似乎更确切。

⑦ 生产部统计员每天根据给煤机皮带秤的读数，计算每日的煤炭耗用量制作生产日报，日报要由生产技术部门负责人审核确认。

⑧ 每月生产部根据燃料皮带上煤量、锅炉给煤机给煤量、月底盘煤情况及反平衡计算结果，提出对月度供电煤耗进行调整的建议，经分管厂长批准后上报。

2）入炉煤质量管理

① 目前来煤地区多、矿点多、煤种杂、热值差异大，电厂要做到不同煤种分堆存放，使用时进行合理掺配，并及时通知锅炉运行人员煤炭掺配情况，确保锅炉安全运行。查看燃料运行记录和现场煤场堆放情况。查看燃料配煤掺烧制度。

② 燃料部门负责煤场的日常管理工作。按规定烧旧存新，防止煤场储存时间过长、风吹雨打等因素导致的发热量降低、热值差加大等现象的发生。入厂入炉煤热量差累计值控制≤502 kJ/kg。

③ 用于入炉煤煤质化验的煤样，应保证取样的代表性，要尽量使用符合标准要求的入炉煤机械化自动取样装置。目前没有安装入炉煤自动取样装置的电厂，应按取样规定人工采样，并做安装自动取样装置计划。

④ 入炉煤的制样和化验应按照《煤样的制备方法》（GB 474—1996）、《煤的工业分析方法》（GB/T 212—2001）、《煤中全水分的测定方法》（GB/T 211—1996）、《煤的发热量测定方法》（GB/T 213）等标准执行。

⑤ 入炉煤检测项目及周期。入炉煤质量监督以每班（值）的上煤量为一个采样单元，每半年及年终要对入炉煤按月的混合样进行煤、灰全分析。各厂还应按日对工业分析、发热量等常规项目进行月度（重量）加权平均值的计算，以积累入炉煤质资料。此外，还需每班（值）测定飞灰可燃物，每值测定煤粉细度和飞灰可燃物。表 1-5 为入炉煤、飞灰可燃物检测项目及周期。

▷ 表 1-5　入炉煤、飞灰可燃物检测项目及周期

检测项目	检测周期	检测项目	检测周期	检测项目	检测周期
全水分	每日(值)	水分		工业分析	
工业分析	每日	灰分		元素分析	
发热量	每日	挥发分	每月测定入炉煤累积混合样	发热量	每半年及年终进行一次全分析
全硫含量	每日	固定碳			
煤、灰全分析	每半年及年终			全硫含量	
飞灰可燃物	每值	发热量		灰熔融性	
煤粉细度	每值或依燃烧、磨煤机工况确定	全硫含量			

(3) 燃料化验与计量器具的维护与校验

① 燃料部负责入厂、入炉的取样工作。已安装皮带自动取样装置的电厂，以自动取样装置煤样为准，检查入炉煤机械取样装置运行记录，要求入炉煤机械取样投入率 90% 以上。目前还没有安装自动取样装置的电厂，要按有关规定对入厂和入炉进行人工取样。

② 燃料化验设备（如热量测试仪、灰分测试仪、挥发分测试仪、硫分测试仪、

干燥箱、电子天平等）每年必须经过一次上级计量部门的检定。

③ 电子皮带秤每月至少进行 2 次校验。实物校验装置每年要进行一次上级计量部门的检定，校验用煤应选择较干的原煤，实煤校验程序及操作应符合规定。校验后的计量器具须符合设计标准，有合格证。

④ 生产部门每年负责聘请国家技术监督局对汽车进油、煤计量用地重衡、电子轨道衡进行一次校验，并出具"地重衡校验证书"。

⑤ 铁路进煤（油）轨道衡应定期进行校验。检查轨道衡的鉴定记录和合格证是否有效。要求每年对轨道衡进行一次检定。

⑥ 燃料部门负责电子皮带秤的日常巡检维护和清洁卫生工作，及时清理电子皮带秤上的积煤及杂物，以免影响电子皮带秤的正确计量。

⑦ 燃料部门应严格控制电子皮带秤的给料量，做到均匀给料，任何情况下都应保证电子皮带秤不超载。以免影响电子皮带秤的准确计量。电子皮带秤的载荷量约为额定量程的 80% 为最佳。

⑧ 对入炉煤电子皮带秤应定期进行校验。原则上计量专工每月至少组织两次校验。要求入炉煤电子皮带秤作为发电煤耗的计算依据。

⑨ 要求入炉煤计量资料齐全。查看入炉煤计量资料和入炉煤计量器具效验报告。

1.9　节能诊断管理的必要性有哪些？

节能诊断是火电厂节能降耗的基础工作。火电厂生产过程的各个环节都存在不同程度的能量损失，节能降耗工作应首先对电厂进行全面性的节能评估和诊断，确定各种能量损失量和产生损失的原因，通过评估节能潜力，科学制定节能降耗措施，因此开展机组节能诊断管理有着重要的意义。

开展机组节能诊断管理的意义包括：

① 通过全面性的节能诊断，准确掌握主辅机设备的相关特性，采用系统的分析诊断方法，查明影响机组经济运行的主要因素，并找出原因，为机组运行优化、检修降耗、技术改造工作提供全面技术指导。

② 通过系统科学的论证，合理确定大、小修重点的治理项目，制定可行的技术方案，采用行之有效的节能技术措施，最大可能地解决影响机组安全经济运行的主要问题。

③ 结合机组的运行、监督分析，进行设备经济性评估，合理制定系统设备的检修范围及方式，实现局部系统设备的状态检修。

④ 全面分析比较机组大修前后的经济性，找出机组进一步节能降耗的途径和方向，提出主、辅系统的经济运行方式，提供可靠的生产技术指导。

1.10 节能诊断管理的范围是什么?

以机组运行性能为主,包括设计、技术改造管理、检修维护管理、运行管理等各方面。针对影响机组能耗(煤耗、厂用电)指标的主要因素,诊断范围包括主机与辅机运行效率、热力系统、冷端系统、机组运行方式、运行可靠性、技术经济指标、烟风系统、制粉系统、辅机电耗、节能技术监督、技术改造措施等。

1.11 节能诊断管理技术有哪些?

通过现场调研、运行数据分析、试验诊断等方法,对照运行或者试验数据,采用等效焓降方法,对影响能耗的各种因素进行分析和诊断,评估各个环节的节能潜力。分析机组的主要运行经济指标、煤耗率、厂用电率以及各指标影响因素、运行实际值与基准值的偏差,开展定量偏差原因分析。

根据诊断分析,挖掘节能潜力,为实现机组主要经济指标煤耗率、厂用电率等达到基准值或者目标值,提出电厂节能管理、运行、检修等工作重点,以及该厂机组节能降耗技术改造可行的措施和建议。

1.12 节能诊断管理工作的步骤是什么?

某电厂依据国家的相关热力性能试验、汽轮机及辅机设备试验标准,总结多年来的诊断工作经验,摸索出一套节能诊断管理工作的基本方法及步骤(见图1-1)。

(1)诊断准备阶段

① 收集整理机组设计制造、运行试验、检修技改资料及同类型机组基本情况,掌握机组总体经济性技术水平、存在的主要问题及挖潜改造的潜力。

② 对机组运行方式、机组运行参数、机组运行系统及机组热力系统泄漏情况进行全面系统的检查,掌握机组主、辅系统及设备的工作现状;了解机组系统设备存在的具体问题,以确定节能诊断工作具体内容。

③ 确定试验诊断项目与内容,制定出试验诊断技术方案,完成试验诊断技术准备工作。包括:试验诊断大纲制定、主要的试验技术措施编制、计算分析诊断的软件编制、试验测试系统准备等。

(2)试验诊断阶段

① 进行机组热力性能试验、回热系统的调整试验、主要辅助系统设备的试验等,特别是工作异常设备和系统、技术改造的设备和系统要进行专项节能诊断试验。

② 通过相关试验数据的整理、计算和能损分析,确定设备性能、运行方式、运

行参数等有关因素对经济性的影响程度，绘制出机组运行工况的能损分布图，分析机组的节能潜力。

③ 确定具体的运行调整、检修及技改项目，制定出可行的治理及技改的实施方案。

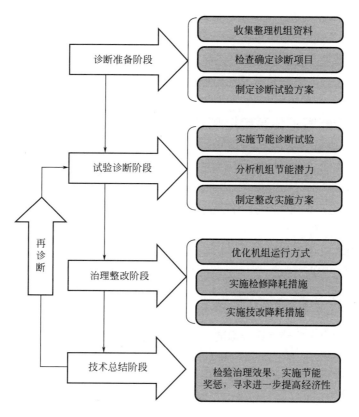

图 1-1　节能诊断管理工作流程图

（3）治理整改阶段　依据节能诊断整改方案，确定机组优化运行方式，指导火电机组运行管理。大修中通过对设备的全面检查、系统设备的改造及系统优化工作，采用节能新技术等措施降低机组能耗，以实现机组安全经济性运行水平的全面提高。例如进行通流部分调整改造、热力系统设备改进及系统优化、真空系统及凝汽设备的综合治理与技术改造、与机组运行方式优化有关的主辅系统及热控系统改进、重大检修项目及重点检修治理等。

（4）技术总结阶段　通过一系列试验，进行能损分析及经济性诊断，分析比较整改前后的机组经济性，检验系统设备的综合治理效果，研究分析运行方式调整后机组实际运行水平，寻求进一步提高经济性的主要途径，再进一步采用节能新技术等措施降低机组能耗，推动火力发电企业节能降耗目标的实现，将电厂建成节能环保性企业。

1.13 节能诊断管理特点与技术关键是什么?

(1) 以电厂机组运行维护的实际为基础。

(2) 理论分析与节能管理人员经验相结合,技术关键是火电厂能耗水平计算。

(3) 能耗水平诊断和节能潜力分析为主体,技术关键是节能潜力分析。

(4) 技术改进措施为重点,技术关键是提高电厂经济性途径和措施。

1.14 节能诊断管理体系包括哪几个部分?

火力发电企业节能诊断体系是指按照节能评价的标准,对火力发电厂的能耗状况、节能管理水平进行科学合理的诊断与节能潜力分析。通过节能诊断管理,明晰企业的节能状况,发现节能潜力,促进企业节能工作的有效开展。火力发电厂节能诊断管理体系共分四个部分。

(1) 火力发电企业节能评价指标体系 通过对影响煤耗、水耗、油耗、电耗等指标的主要因素层层分解,确定反映火力发电企业能耗状况的指标。火力发电企业节能评价指标有 51 个,其中煤耗及相关指标共 42 个,水耗及相关指标 6 个,燃油指标 3 个。

(2) 火力发电企业节能评价标准 火力发电企业节能评价标准是依据国家、行业的相关标准以及现场规程和实践经验等,针对节能指标和节能管理工作进行逐项评价。火力发电厂节能评价标准主要包括以下内容:

① 节能管理,主要对节能管理的基础工作进行评价,目的是为了规范节能管理工作内容。

② 主要能耗指标评价标准,包括与供电煤耗有关的燃料、燃油、厂用电指标,影响能耗的各项经济技术小指标,以及发电水耗指标。

③ 能源计量管理及其相关指标。

(3) 机组能耗诊断及优化管理系统 某电厂开发研制了机组能耗诊断及优化管理系统。采用全息诊断技术,建立精细化的节能降耗定量考核与评价机制,制度化地对机组运行经济性进行实时的分析和定期诊断。在此基础上,进行运行参数的总体优化,有计划地指导系统节能改造和机组控制优化,指导有步骤地进行全局性的设备性能改造,能有效实现节能降耗工作系统化持续开展。

(4) 节能诊断管理框架体系 某电厂以建设节能经济型企业为目标,实施节能诊断管理,紧紧围绕法则、制度、行为三要素,以机组能耗诊断及优化管理系统为平台,建立节能工作责任、节能教育培训、节能评价考核等六个体系,形成了节能诊断管理框架体系,推动企业能耗指标优化的实现(见图1-2)。

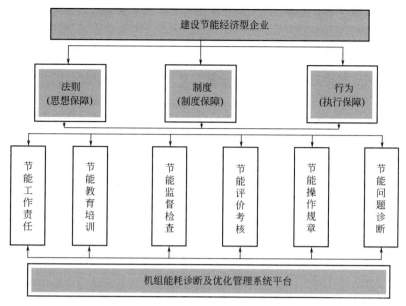

图1-2 某电厂节能诊断管理框架体系

1.15 如何加强节能诊断基础管理，健全评价考核体系？

（1）加强领导，落实责任，为节能诊断工作提供组织保证　某电厂以节能诊断管理为基础，抓实节能降耗基础管理，用制度化建设强化基础管理，形成无缝管理机制，促进节能降耗工作。每年根据机构和人员变动情况，调整三级节能技术监督网，依托三级节能技术监督网开展节能诊断工作。为加大节能工作的监督力度，成立了节能环保部，理顺了节能管理关系，实现了各主要生产指标的全过程控制，做到了从制订计划到责任落实、监督考核、反馈整改的闭环管理，提高了工作效率，为节能降耗工作的开展提供了组织保障。

该电厂按照"确认目标、问题、对策、效果、责任，兑现奖惩"的工作方法，做到从确认工作目标到责任落实、监督考核、反馈整改的闭环管理，月度对运行人员和检修人员的节能降耗工作纳入绩效考核，促使运行、检修与技术管理人员的责、权、利落实到位，激励员工的积极性和创造性，真正达到"价值实现决定价值回报，价值回报激励价值创造"，为深化节能降耗创造有利条件。深抓责任落实，以落实责任为"钉子"，以责任追究为"锤子"，强化节能监督，形成检修、运行、技术管理各负其责，三位一体共同筑牢设备稳定、经济运行的新屏障，保证各项节能降耗举措得以稳妥实施，为节能降耗的开展提供体系保障。

（2）广泛宣传、增强意识，为节能诊断工作提供思想保证　每年结合全国"节能宣传周"活动，举办新节能法普及知识竞赛，组织"节能降耗，从我做起"大讨论，明确各级节能降耗职责，提高全员节能降耗意识，广泛发动职工认真开展"强化对标管理，严把检修质量，提高机组性能指标"为主题的机组大修合理化建议活动，共同营造一个人人关心节能诊断、个个参与节能诊断、事事为企业节能作贡献的良好氛围，提高了广大职工的节能意识和资源意识，增强了节能的自觉性。

(3) 创新工作手段，为节能诊断工作提供制度保证 创新工作手段，将节能降耗工作日常化、规范化、标准化，扎实管理执行。

① 创新管理体制，将机组供电煤耗与厂用电率等主要能耗指标进行细化分解与责任落实，将一、二级指标分解到部门、个人，建立节能降耗的问责制。将能耗指标与个人收入挂钩，从副总师一级开始，实现人人身上有指标，人人肩上有压力，做到责任、压力、权利到位，全面落实技术管理责任，深化、细化节能降耗工作，强化执行力，实现能耗指标的闭环管理。

② 为加强主要生产指标的可控在控，制定《异常指标管理办法》，建立主要生产指标预警分析机制，将指标分解至月、周、日管理，每天对异常指标进行通报，对超标指标组织分析定论和调整，使节能降耗工作有本可依。

1.16 如何创新机组性能优化及评价管理，引入机组能耗诊断系统？

(1) 机组能耗诊断及优化管理系统 机组能耗诊断系统（见图1-3）是以信息化工具为手段，综合利用机组运行实时数据、试验数据以及设计数据，对机组运行经济性能进行评价、分析、诊断的工具组合。

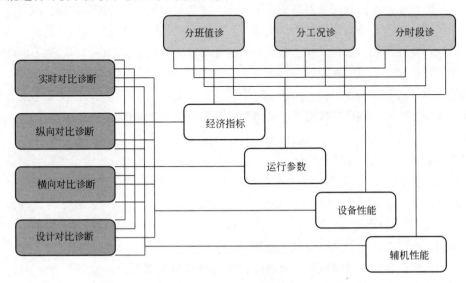

图1-3 机组能耗诊断及优化管理系统节能诊断网络图

节能诊断技术认为即便在相同工况下，机组的运行状态也一定存在差异，只要能消除运行状态之间的差异就能节能降耗。诊断范围包括机组经济指标诊断、设备性能诊断、运行参数诊断、辅机性能诊断以及运行参数与经济指标之间的相互关系的诊断。诊断方法采用实时对比、横向对比、纵向对比、设计对比，以及分班值对比、分工况对比、分时段对比等分析方法进行评价和诊断。从而发现机组运行状态之间存在的差异，跟踪差异，并提出消除差异的具体措施。

① 经济指标诊断管理：主要包括供电煤耗、发电煤耗、汽机热耗、锅炉效率、厂用电率、汽缸效率等。

② 运行参数诊断管理：主要包括主汽温度、压力，再热汽温度、压力，压损、真空、给水温度、排烟温度、风温、氧量、煤质等。

③ 设备性能诊断管理：主要包括回热加热器性能、空预器性能、凝汽器性能、冷水塔性能、烟风系统等。

④ 辅机性能诊断管理：主要包括给水泵组、凝结水泵、制粉系统、送风机、引风机等。

（2）纵向对比、评价及诊断管理

诊断目的：分析各负荷段下，运行参数与历史最优工况的偏差，分析偏差对煤耗影响的程度，找出各负荷段下导致参数偏差的原因。

诊断方法：确定各负荷段内的历史最优工况，确定参数及经济指标偏差的关系，找出参数偏差的主要影响因素。

（3）横向对比、评价及诊断管理

诊断目的：分析各负荷段下，运行参数与同类型机组的偏差，分析偏差对煤耗影响的程度，找出各负荷段下导致参数偏差的原因。

诊断方法：确定各负荷段内同类机组的典型工况，确定参数及经济指标偏差的关系，找出参数偏差的主要影响因素。

（4）分班值对比、评价及诊断管理

诊断目的：按值次分析运行参数、指标之间的差异，诊断由运行操作习惯导致的经济性能下降。

诊断方法：按值次列出运行参数、指标之间的差异，分析最优与最劣参数之间差异造成的煤耗增加。

（5）分工况对比、评价及诊断管理

诊断目的：从总体上把握运行水平随主导因素的变化关系，发现导致性能偏差的主要问题。

诊断方法：绘制主要经济指标与负荷的回归关系曲线，绘制主要运行参数与负荷的回归关系曲线，关联指标与参数的关系线。

（6）分时段对比、评价及诊断管理

诊断目的：诊断设备性能劣化过程及程度。

诊断方法：通过主导特性实验确定设备性能的主导特性曲线，获得设备运行的主导特性线及变化，诊断设备性能变化。

（7）机组能耗诊断及优化管理系统应用效益分析

某电厂采用了能耗诊断及优化管理系统后，实现了机组性能在线诊断，通过发现、跟踪、分析、消除机组运行状态与最佳工况之间存在的差异，挖掘机组节能潜力，确定机组最优运行方式，运行管理水平明显提高，运行可控参数完成明显提高，相同运行条件下供电煤耗同比降低 $0.85g/(kW \cdot h)$，年节约标煤 3637t，降低成本 251 万元。

1.17　如何实施超前节能诊断管理，确保节能指标的不断优化？

某电厂以机组能耗诊断及优化管理系统为平台，对机组运行实行全因素、全过程控制与节能诊断，及时分析设备经济运行情况，对影响机组经济性的设备与管理问题进行跟踪考核验收，确保机组的经济运行水平。

（1）开展管理型节能潜力普查，促进节能诊断管理日常化

管理型节能诊断与潜力普查是主要能耗指标可控、在控的主要手段，并以此推进管理型节能工作深入开展。管理型节能诊断俗称"不花钱"的节能，在日常节能工作中，坚持定期进行管理型节能潜力普查工作，重点对热力系统严密性、加热器疏水端差、凝汽器端差、预热器阻力、制粉系统出力、锅炉排烟温度等能耗指标进行检查诊断，以热力试验工作为基础，找出对能耗指标影响较大的设备和管理问题，量化分析机组存在的节能潜力，规范节能管理，完善运行调整与检修降耗技术措施，促进设备运行、检修等方面的节能降耗工作，为机组经济运行方式的确定提供依据，为机组节能改造提供技术支持，对提高机组运行的经济性起到了明显的效果。

（2）实施机组修前能耗评估诊断，确保检修降耗目标的实现

该电厂以节能诊断分析为基础，确立技术领先策略，按照机组检修全过程规范化管理程序的要求，运用新的管理思路和方法，全面做好机组大修降耗工作。开展大修前机组能耗特性评估，组织进行机组性能试验，依据试验结果和影响机组经济性的生产指标现状，在深入分析影响机组能耗的问题的基础上，对管理型节能项目与技改性节能项目进行规范梳理，编制年度节能降耗工作计划，确定机组大修节能技改项目与重点检查项目。先后实施了 300MW 汽轮机增容节能技术改造、锅炉喷燃器改造、锅炉空预器清灰与间隙调整、机组热力系统阀门内漏检查、组轴封间隙调整、机组凝汽器与冷却塔的检查清理等重点节能项目，并做好检修过程控制与节能技术监督，促进机组检修精细化管理水平提高。

（3）强化运行指标节能诊断管理，挖掘机组节能潜力

机组运行中加强能耗指标的日常监督、诊断与考核，节能管理人员做到每日诊断分析有异常趋势的能耗指标，每周跟踪诊断分析重点指标的节能潜力，每月汇总各项指标考核情况，提高指标考核的公正性与时效性，实现能耗指标诊断的过程控制，以"五值"运行指标竞赛为载体，充分调动运行人员的积极性和主动性，最大限度地发挥设备节能潜力，主要生产指标做到了可控、在控，从而确保全年供电煤耗的完成。

根据机组节能诊断结果，组织技术管理人员编制《节能降耗技术措施》，为运行和检修人员做好节能工作提供指导意见，并对节能诊断管理提出的运行调整技术措施的执行情况进行持续跟踪监督，以促进节能诊断管理措施的落实。

1.18　如何实施机组冷端节能诊断，创新循环水泵运行方式管理优化？

（1）机组冷端节能诊断　为提高机组的经济性，对循环水泵进行了双速改造，设备双速改造优化为运行优化提供了可能性，也为管理节能创造了空间。该电厂由凝汽器最佳真空的原理入手，研究火电厂循环水系统的运行优化技术，对水量不可连续变化的单元制循环水系统提出了一种离散优化模型，利用计算等效益点的方法来给出离散的最佳循环水流量与机组负荷、循环水温度的关系和决定循环水泵切换时机的临界工况线。

（2）节能诊断优化运行方案　利用离散优化模型对该电厂循环水系统不同运行方式的经济性进行节能诊断，通过机组热力试验数据，确定了机组在不同循环水温度、不同负荷下最经济的循环水泵运行组合方式，编制了循环水系统最优化运行工况表（见表1-6），为运行中实现指导循环水泵的科学经济调度提供了量的依据。

⊡ 表1-6　循环水系统最优化运行工况表

负荷＼泵的组合方式	温度/℃				
	<10	10~15	15~20	20~25	>25
100%	单泵低速	单泵高速	双泵高、低速并联	双泵高速	双泵高速
90%	单泵低速	单泵高速	双泵高、低速并联	双泵高速	双泵高速
80%	单泵低速	单泵低速	单泵高速	双泵高速	双泵高速
70%	单泵低速	单泵低速	单泵高速	单泵高速	双泵高速
60%	单泵低速	单泵低速	单泵高速	单泵高速	单泵高速

（3）节能效益分析　根据循环水泵最优运行工况表，运行人员可由此确定最经济的循环水泵运行方式，保证机组的凝汽器运行真空接近其最佳值，提高电厂经济效益。效益分析表明，2009年通过循环水系统离散优化使该厂300MW机组标准煤耗降低了0.65g/(kW·h)。

1.19　如何实施机组启停过程节能诊断，机组启停上水方式优化管理？

（1）国产300MW机组给水系统设计原则　在开停机组时利用电动给水泵组作工

作泵，机组负荷大于 90MW 后，投入汽泵，负荷大于 150MW 退出电泵用。因此机组冷态启动时，电泵要运行 10 个小时甚至更长时间，消耗大量的厂用电。

(2) 锅炉启动上水优化节能诊断　依据理想流体的伯努里方程，通过理论计算可知，除氧器压力达到 0.51MPa，即可将除氧器水箱的水压至锅炉汽包。由于存在沿程阻力和局部节流损失，将除氧器压力提高至 0.65MPa。即采用除氧器加压向锅炉上水是可行的。分析机组设计参数、系统运行情况，锅炉点火升压前小汽轮机也具备冲转条件，即汽泵在锅炉点火时已具备运行条件。

(3) 锅炉启动上水优化管理方案

① 机组冷态（或温态）启动时首先采用除氧器加压法向锅炉上水代替电泵上水。

② 锅炉汽包压力达到近 0.5MPa 时，旁路开启，锅炉蒸发量增大，利用高压辅汽联箱来汽作为汽源，启动汽泵满足锅炉上水的需要。负荷升至 120MW 时，进行小汽轮机汽源由高压辅汽连箱来汽切换到四段抽汽。

③ 机组热态利用高辅汽源冲动小汽轮机，启动汽泵上水。

(4) 节能效益分析　2009 年该厂 300MW 机组启停 15 次，采用该技术后节电45 万千瓦·时，折合人民币 18 万元。

1.20　如何进行机组油耗节能诊断，实施气化小油枪燃烧器技术改造？

(1) 机组节油存在的问题诊断分析　某厂原锅炉油燃烧器为机械雾化式，出力为1.2t/h，共 12 只分三层布置在燃烧器的二次风喷口中。由于油枪与煤粉喷口的距离比较远，两股气流互相平行，煤粉气流与油火焰不直接接触，使得油枪热量利用率低、单只油枪出力大，锅炉点火、助燃用油量大。

(2) 节能诊断技改方案　对锅炉燃烧器进行技术改造，将 A 层四只一次风煤粉燃烧器改装成气化小油枪直接点燃煤粉的内风膜式煤粉燃烧器，同时用作点火燃烧器和主燃烧器，其点火方式为气化小油枪在燃烧器中部直接点燃浓煤粉，内浓外淡、分级燃烧。在锅炉启动与低负荷稳燃期间，投用气化小油枪，每只气化小油枪的耗油量为 60kg/h。

(3) 经济效益分析　气化小油枪燃烧器的应用大幅降低了该厂锅炉点火启动、停运及稳燃的用油量。对该厂 300MW 机组锅炉冷态启动从点火到撤油，可节油 40～50t。2009 年该厂 300MW 机组启停 15 次、低负荷稳燃 6 次，采用该技术后节油500t，折合人民币一百多万元。

1.21　如何进行热力系统节能诊断管理？

(1) 节能诊断分析　热力系统泄漏，主要是系统内漏，内漏不仅造成有效能量损失，还使凝汽器热负荷增加，影响机组真空和辅机电耗。某电厂 2008 年 10 月，在 6 号机组大修后热力试验过程中，逐一检测阀门内漏，用热平衡和流量平衡方法计算系统内漏。计算分析认为该厂 6 号机 1 号、2 号、3 号高加危急疏水调整门泄漏量约为 68t/h，导致机组热耗升高 125kJ/(kW·h)。

（2）节能诊断管理方案 在深入分析造成热力系统阀门内漏原因的基础上，该厂制定了相应的整改方案，制定了阀门管理制度。2009 年在机组检修过程中，对内漏阀门进行了更换，每次开机后都要检查阀门并记录，该方案实现后基本消除了高加危机疏水门内漏问题，降低机组运行煤耗 4g/(kW·h)。

1.22 节能减排有哪些有效措施？

电厂节能减排的有效措施如下：

（1）调整电源结构，加快清洁能源和可再生能源的开发步伐 受一次能源结构特点的影响，火电装机容量比重偏大，水电、核电、可再生能源发电比重偏小，特别是核电发展缓慢。因此加大水电、核电、可再生能源和新能源的比重，优先发展水电、风电等清洁能源和可再生能源项目显得尤为重要。

（2）关停小容量机组，推广大容量机组 根据蒸汽动力循环的基本原理及热力学第一定律和第二定律的分析，发展高参数、大容量的火电机组是我国电厂节能的一项重要措施。单台发电机组容量越大，单位煤耗越小。如超超临界机组比高压纯凝汽式机组供电标煤耗少 1/4～1/3，假设有两亿千瓦这样的替代机组，一年可以节约标煤十亿多吨，同时三废的排放也大大减少。因此，关停小容量机组，推广大容量机组对减少能耗、提高能源利用率具有重大意义。

（3）推广热电联产 热电联产节能减排效果明显，发展热电联产集中供热具有节约能源、改善环境、提高供热质量、增加电力供应等综合效益，是改善大气环境质量的有效手段之一，是提高人民生活质量的公益性基础设施。

（4）提高燃煤质量，实现节能减排 煤粉锅炉被广泛地应用于火力发电厂中。一般来讲，燃料的成本占发电成本 75% 左右，占上网电价成本 30% 左右。煤质对火电厂的经济性影响很大，如果煤质很差，会限制电厂出力，使电厂煤耗和厂用电率上升，且锅炉本体及其辅助设备损耗加大；如果燃煤质好价优，则锅炉燃烧稳定、效率高，机组带得起负荷，不仅能够减少燃料的消耗量，更有利于节约发电成本，因此入厂和入炉燃料的控制是发电厂节能工作的源头。

（5）提高锅炉燃烧效率，实现节能减排 锅炉是最大的燃料消耗设备，燃料在锅炉内燃烧过程中的能量损失主要包括：排烟热损失、可燃气体未完全燃烧热损失、固体未完全燃烧热损失、锅炉散热损失、灰渣物理热损失等。降低排烟热损失的主要措施：降低排烟容积，控制火焰中心位置，防止局部高温，保持受热面清洁，减少漏风和保障省煤器的正常运行等。降低可燃气体未完全燃烧热损失的主要措施：保障空气与煤粉充分混合，控制过量空气系数在最佳值，进行必要的燃烧调整，提高入炉空气温度，注意锅炉负荷的变化并控制好一、二次风混合时间等。降低固体未完全燃烧热损失的主要措施：选择最佳的过量空气系数，合理调整和降低煤粉细度，合理组织炉内空气动力工况，并且在运行中根据煤种变化，使一、二次风适时混合等。降低锅炉散热损失的主要措施：水冷壁和炉墙等结构要严密、紧凑，炉墙和管道的保温良好，锅炉周围的空气要稍高并采用先进的保温材料等。降低排渣量和排渣温度的主要措施：控制排渣量和排渣温度。由此可见，通过提高锅炉燃烧效率来节能减排的潜力很大。

(6) 加强灰渣综合利用 应该根据电厂所在区域的具体特点，制定符合自身情况的灰渣综合利用方案，灰渣综合利用不但可以提高资源综合利用效率，还可以减少灰渣排放造成环境压力。

(7) 提高汽轮机效率实现 节能减排在汽轮机内蒸汽热能转化为功的过程中，由于进汽节流，汽流通过喷嘴与叶片摩擦，叶片顶部间隙漏汽及余速损失等原因，实际只能使蒸汽的可用焓降的一部分变为汽轮机的内功，造成汽轮机的内部损失。降低汽轮机内部损失的方法有：通过在冲动级中采用一定的反动度，蒸汽流过动叶栅时相对速度增加，尽量减小叶片出口边厚度，采用渐缩型叶片、窄型叶栅等措施来降低喷嘴损失；通过改进动叶型线，采用适当的反动度来降低动叶片损失；通过将汽轮机的排气管做成扩压式，以便回收部分余速能量来降低余速损失等。

(8) 合理选择汽轮机抽汽压力 对热负荷进行认真实地调查，对热用户用热方式、用热量、用汽参数进行全面统计，务求翔实准确。对外供汽按品质定价，对供热方式进行技术经济比较，确定理想的抽汽方案。

(9) 电气系统节能

① 厂用电系统。根据厂用电负荷的大小、特点，合理设计厂用电系统，降低系统损耗，保证供电质量。

② 变压器及动力线缆。选择节能型变压器。目前国内推广的节能变压器有 10、11 等系列产品，与 S7、S9 系列变压器相比，空载损耗平均降低 7%～10%，负载损耗平均降低 20%～25%，总损耗平均降低 18%左右。动力电缆、导线截面在满足载流量、压降、动热稳定前提下，尽量按照经济电流密度选型，以减少线损。

③ 厂用电动机。厂用电动机应选用效率高、高效区宽的产品。根据电厂生产工艺的需要，合理选择电机功率，设计中避免大马拉小车的现象。

④ 照明节能。照明器选用效率高、利用系数高、配光合理、保持率高的绿色环保产品，同时照明设计应充分考虑设备布置影响因素。

(10) 采用变频调速技术，实现节能减排 发电厂厂用电量约占机组容量的5%～10%，除去制粉系统以外，泵与风机等火电机组的主要辅机设备消耗的电能约占厂用电 70%～80%。解决这个问题最有效的手段之一就是利用变频技术对这些设备的驱动电源进行变频改造。对于运行工况变化较大的辅助设备，采用变频调速，不同工况下，可有效降低电力损耗 20%～50%，节能效果非常明显。采用变频调速技术既节约了电能，而且又可方便组成封闭环控制系统，实现恒压或恒流量控制，同时可以极大地改善锅炉的整个燃烧情况，使锅炉的各个指标趋于最佳，从而使单位煤耗、水耗一并减少。

(11) 通过小指标竞赛达到节能减排的目的 为了更大发挥机组的效率，火电厂运行部门可进行小指标的竞赛，竞赛指标包括主（再）热汽温、真空、厂用电率、机组负荷、燃煤掺烧、脱硫率、脱硝率等，同时建立各种奖惩机制，提高每个员工的积极性，让员工能设身处地地贯彻节能思想，将节能意识扩展。通过小指标竞赛，可使机组在最优的情况下运行，使机组的各项指标向先进机组的指标靠近。

(12) 积极推进技术创新，实现节能减排 研发新技术并将科技成果向现实生产力转化，把科技创新能力作为火力发电厂发展的核心驱动力，以科技进步引领和支撑安全发展、清洁发展和节约发展，有效提高可持续发展能力、提高燃煤发电效率并减少资源消耗。采用大容量、高参数、高效率的洁净煤发电技术，使供电煤耗持续下降，采用节水型空冷机组、干式排渣、水淡化、中水利用、废水分类处理、梯级使用、工业废水实现零排放等。火电厂为响应国家环保要求，通过各种先进技术达到规定的烟气排放指标，这就要求电除尘、脱硫以及脱硝系统及时投运，进而保证烟气排放合格。

(13) 建立机组经济指标评价体系，实现节能减排 电厂节能管理评价系统以机组性能分析监测为基础，通过评价准则、耗差分析、优化运行、综合分析等方法，掌握机组能耗状态，提高机组运行经济性，促进运行管理和节能管理水平，在实际应用中取得了良好效果。通过建立经济指标评价体系，把火力发电厂诸多经济指标按大小分级管理，主要经济指标具体分解落实到岗位，责任到人，从而确保及时发现指标偏差。结合分析采取相应的措施，最终达到经济指标受控，实现节能减排。

节能减排是国家整体利益的要求，是降低生产企业生产成本、提高经济效益的必要手段，在当今社会更应该认真做好这一项工作。以上仅仅是常见综合利用电厂节能措施的几个方面，不同地区、不同性质的综合利用热电项目节能措施还存在于多个方面，这要求工程设计单位、建设单位、生产企业从多个角度出发，借鉴和创造性的发挥才智，做好综合利用热电厂节能工作。

第2章
锅炉节能技术

2.1 锅炉改造及经济运行内容有哪些?

(1) 燃烧器改造 为了改善燃烧器的着火稳燃性能和扩大锅炉的负荷调节范围,降低燃烧时 NO_x 生成量,满足日益严格的环保要求,近年来国内外又研制开发了一些新型的燃烧器及燃烧新技术。其中包括:浓淡燃烧器、低 NO_x 燃烧器、稳燃型燃烧器(船型、大速差同向射流、双通道、富集型燃烧器)、顶部风(OFA)或上层二次风反切技术、分级送风过燃技术等。

(2) 受热面改造 受热面改造包括过热器、再热器、省煤器等受热面改造,主要针对锅炉末级过热器超温或爆管,汽温过低降低机组热效率,炉膛出口烟温偏差大或者排烟温度过高等问题。其中包括调整受热面(过热器、再热器)的面积大小及汽水系统结构;采用螺旋肋片管省煤器(强化传热、降低烟速);采用膜式省煤器(合理降低烟速、降低烟气走廊流速不均匀性)等。

(3) 风机改造 风机改造指选择适合系统的高效风机,并使风机的工作点位于高效率区。如动叶可调轴流风机在较大的风机出力调节范围均能保持高效率。

变速调节、动叶调节、静叶调节等的经济性优于进口导流器调节与挡板节流调节。进行风机变速调节(变频电源、液力耦合器、双速电机)改造,将显著降低引风机耗电率。华能集团重点推广变频电源。华能德州 3 号炉引风机改造节电 40%。

由于机组负荷与送引风机出力密切相关,因此需要风机在一定的出力范围保持高效。

(4) 吹灰器改造与优化运行

① 采用蒸汽吹灰器,激波吹灰器。

② 优化吹灰系统,提高吹灰效率。

(5) 节油(微油/无油点火):

① 微(少)油点火技术广泛应用,特点投资省,改造工作量小,效果良好。

② 采用等离子无油煤粉点火燃烧器。烟台龙源公司在烟台电厂 3 台 150MW 机组、670MW 烟煤直吹锅炉成功应用;神华集团 1000MW 确定应用;华能集团

确定重点推广项目。

(6) 优化运行技术　优化运行技术包括：

① 基于 DCS 火电机组性能检测诊断与优化运行（机组性能优化系统）；

② 机组自动系统（主/再热汽温、汽压等）；

③ 用 DCS 实现锅炉燃烧在线优化和闭环控制（风粉在线监测系统）吹灰器的优化运行技术；

④ 制粉系统的优化运行系统（控制优化参数）；

⑤ 磨煤机自动控制系统（料位监测、风煤比曲线）；

⑥ 风机的优化运行方案（煤质、负荷等）；

⑦ 其它监测技术（飞灰在线监测系统、预热器漏风在线监测）。

2.2　锅炉热效率对供电煤耗的影响有哪些？

锅炉热效率与供电煤耗是 1∶1 的对应关系，在其它条件不变的情况下，锅炉热效率越高，机组供电煤耗越低。

影响锅炉效率的因素有排烟温度、飞灰可燃物、炉膛出口氧量、空预器漏风率、炉底灰渣可燃物、锅炉保温等。锅炉热效率主要决定于设备结构（包括设备单机容量、蒸汽初参数、炉水循环方式等）、负荷率、入炉煤质、运行调整水平、检修维护质量等方面。如高容量（300MW、600MW、1000MW 机组）、高蒸汽初参数（亚临界、超临界或超超临界等）、自动化水平先进、锅炉运行调整保持在优化燃烧工况、蒸汽参数压"红线"运行等，检修维护质量高、热力系统与风烟系统严密、空气预热器漏风率低、入炉煤质稳定而且接近设计值以及负荷率高等，都使锅炉保持较高的热效率。

2.3　提高锅炉热效率的措施有哪些？

(1) 控制锅炉排烟温度。由于锅炉燃用某些煤种，受热面结焦沾污严重，吸热量减少，锅炉排烟温度普遍存在偏高问题。可采取一些相应措施，例如锅炉吹灰优化、掺烧高灰熔点的煤，但是效果不太理想。为了减缓炉内结焦，空预器进口烟气含氧量一般较高，同时也使排烟温度升高。如三河、盘山、热电公司烟风温差都比设计值高。但较晚投产的 600MW 锅炉，排烟温度较低。在改变煤种前，使用公司可做锅炉的热力校核计算，为锅炉的安全经济运行、设备改造提供依据。

(2) 锅炉吹灰器的优化。由于某些煤种灰分黏附性强，吹灰器投入率高，但吹灰器的优化工作，仅按照设计程序投入，进一步优化工作需要，加强个性化的吹灰方案。例如暖管时间、吹灰时间、频次等，应进行综合分析和优化。研究锅炉灰污在线监测装置和在尾部受热面采用声波及燃气脉冲清灰装置的可能性。某些公司锅炉吹灰周期很短，建议在结焦沾污严重的部位适当增加吹灰器，也可考虑用蒸汽取代水力吹灰。

（3）合理优化锅炉启动和停止耗油，推广应用锅炉微油/无油点火技术。锅炉燃油主要消耗在锅炉低负荷稳燃，锅炉启动与停止过程，新建锅炉基本都采用了等离子点火技术，对于先期投产的机组应根据实际情况，研究等离子点火或小油枪气化燃烧技术对锅炉进行改进。图2-1为等离子燃烧器。

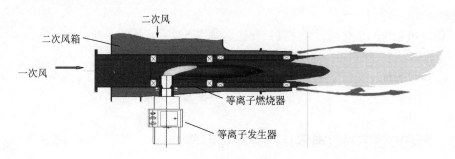

图2-1 等离子燃烧器

（4）根据煤质、机组负荷及燃烧设备的变化因素，进行优化燃烧调整试验。

（5）合理控制锅炉的过量空气系数或入炉风量。氧量过大造成空气预热器漏风增加、烟气量增大和排烟温度升高，造成排烟损失增大；低氧量运行造成飞灰可燃物升高或受热面沾污积灰，降低了机组的经济性。

（6）合理控制煤粉细度，保证煤粉炉内的燃烧效率，降低飞灰可燃物和炉渣可燃物。

（7）减少锅炉本体、空气预热器及烟风系统、制粉系统的漏风。

（8）实现机组自动协调控制运行，及时投入锅炉汽温汽压自动控制系统。

（9）机炉在线优化运行系统利用耗差分析等手段，直观显示锅炉经济技术参数、指标的实际值和目标值，指导运行人员经济运行。

（10）加强吹灰运行管理和维护。严格执行定期吹扫制度，保证受热面的积灰得以及时地清除，提高换热效率，降低排烟温度。

（11）锅炉燃烧在线监测（风粉）系统，能实现锅炉燃烧参数的准确监控，提高燃烧效率。

（12）控制入炉煤的水分。入炉煤的水分过高，不但降低炉膛温度，而且会造成排烟热损失的增加。燃料水分增加1％，热效率降低0.1％。

（13）加强保温可有效地减少散热损失。

（14）控制汽水品质。如果汽水品质差，会使锅炉受热面的金属内壁腐蚀或结垢。结垢使热阻增大，影响传热，降低锅炉热效率。

（15）防止漏水冒汽。

（16）保证入炉空气温度。一般入炉空气温度提高50℃，可使理论燃烧温度提高15～20℃，促进煤粉的挥发分尽快燃烧，并提高炉膛温度，加强换热。

（17）保证锅炉的给水温度在设计值。

2.4 直接影响锅炉热效率的指标有哪些?

直接决定锅炉热效率的节能评价指标包括排烟温度、锅炉氧量（排烟氧量）、飞灰可燃物含量和炉渣可燃物含量。其它一些影响因素都是通过上述四个指标实现对锅炉热效率的影响。

（1）降低排烟温度的措施 一般情况下 300MW 燃煤机组锅炉排烟温度每升高 10℃，折合升高机组供电煤耗 1.5g/(kW·h) 左右。具体措施如下:

① 控制适当的炉内过剩空气系数。通过锅炉优化燃烧调整在保证煤粉完全燃烧的条件下，控制氧量能够减少锅炉的排烟热损失;

② 根据机组负荷变化，及时调整燃烧器运行方式，控制火焰中心位置;

③ 当煤质发生变化时，及时调整制粉系统运行方式，保证经济的煤粉细度;

④ 加强对吹灰器的运行维护，保证吹灰设备投入率，防止受热面积灰;

⑤ 受热面（省煤器、低温过热器或低温再热器）技术改造，降低排烟温度;

⑥ 减少炉本体、炉底漏风。

（2）控制锅炉氧量的措施 300MW 燃煤机组锅炉烟气含氧量每升高 1%，折合升高机组供电煤耗 0.90g/(kW·h) 左右。具体措施如下:

① 通过锅炉燃烧调整试验，保持燃烧器合适的一、二次风速配比和组合投用，确定并保持最佳锅炉氧量控制值，使煤粉完全燃烧;

② 制定出机组负荷、煤质发生变化时，控制锅炉氧量的曲线或方案;

③ 定期校验氧量计，减少锅炉本体漏风、制粉系统和空气预热器漏风;

④ 防止或减轻锅炉结渣。

（3）降低飞灰可燃物、炉渣可燃物的措施 300MW 燃煤机组锅炉飞灰可燃物含量每升高 1%，锅炉热效率降低约 0.3%，机组供电煤耗升高 1.1g/(kW·h) 左右。具体措施如下:

① 控制煤粉细度。根据煤质和炉内燃烧发生变化时，通过改变分离器挡板和磨煤机通风量等，调整煤粉细度，提高锅炉的燃烧效率。

② 加强锅炉燃烧调整，保证最佳锅炉氧量，使煤粉充分燃烧。

③ 对于中间储仓式制粉系统，尽量提高细粉分离器效率，减少三次风带粉量。

④ 旋流燃烧器应进行单只的燃烧优化试验。包括一、二配风和二次风旋流强度的调整。

⑤ CFB 锅炉入炉煤粒度应符合设计要求，给煤均匀。

⑥ 定期取样分析飞灰、炉渣可燃物，发现异常及时分析处理。飞灰在线监测系统实时显示飞灰可燃物，可指导运行人员燃烧调整。

⑦ CFB 锅炉采用飞灰回燃装置。

（4）控制煤粉细度的措施

① 根据燃烧调整试验、煤质、制粉系统类型确定最佳煤粉细度，并使锅炉燃烧效率最高，飞灰可燃物低。

② 通过制粉系统调整试验，使磨煤机保持最佳的通风量，系统在经济出力、煤粉细度合格的工况下运行。

③ 定期化验煤粉细度，发现问题及时消除。控制煤粉细度的合格率不低于95%，煤质变化大时及时调整煤粉细度，中速磨及时调整碾磨压力。

（5）降低空预器漏风率的措施

① 检修期间严格调整控制预热器密封间隙。

② 运行期间定时检查自动密封跟踪装置及时调整，加强维护。

③ 定期进行空气预热器漏风试验，及时监测空预器漏风率。空预器出入口安装氧量监测装置，可在线监测空预器的漏风状况。

④ 防止空气预热器腐蚀、堵灰积灰。运行中应加强对空气预热器出、入口一次风、二次风及烟气差压的监视。

⑤ 加强对暖风器系统的维护，避免暖风器泄漏。

⑥ 加强空气预热器的吹灰和水洗工作。应确保空气预热器吹灰器能够正常投入。

⑦ 管式预热器应严格按照检修规程，疏通及修补磨损的管子，或者更换低温段管箱。

（6）降低风机耗电率的措施

① 选择高效风机，并使引风机的运行工作点位于高效率区。如动叶可调轴流风机在较大的风机出力调节范围均能保持高效率。

② 选择高效电动机，其容量应与排粉机匹配，裕量不要过大。

③ 由于机组负荷与引风机出力密切相关，因此需要引风机在一定的出力范围保持高效。变速调节、动叶调节、静叶调节等的经济性优于进口导流器调节与挡板节流调节。

④ 进行引风机变速调节（变频电源、液力耦合器、双速电机）改造，将显著降低引风机耗电率。

⑤ 减少锅炉本体及系统漏风，特别是控制预热器、电除尘的漏风。

⑥ 降低烟气系统阻力。特别是预热器、电除尘、引风机前后烟气隔离挡板要保持全开位置。

⑦ 严格执行吹灰制度，防止受热面积灰、堵灰。设备检修期间，严格按照标准调整离心风机的动静间隙。

⑧ 风机叶片磨损要及时修复，严重时应更换叶片或叶轮。

2.5 主蒸汽、再热蒸汽温度与热耗关系是什么？

（1）锅炉主蒸汽温度、再热蒸汽温度 一般主蒸汽温度每降低1℃，热耗将增加

0.03%，机组供电煤耗增加 0.1g/(kW·h)。再热蒸汽温度每降低 1℃，热耗将增加 0.025%，机组供电煤耗增加 0.07g/(kW·h) 左右。提高锅炉主蒸汽温度、再热蒸汽温度的措施有：

① 通过燃烧调整试验，确定锅炉最佳的运行方式和控制参数。合理控制锅炉氧量、火焰中心位置、燃烧器投运方式，尽量利用燃烧调整保证锅炉的蒸汽温度。

② 对因设备问题使主蒸汽再热蒸汽参数达不到设计值，可进行技术改造，如增加受热面、改进燃烧器等。

③ 锅炉主汽温、再热汽温尽量投用自动控制。

④ 尽量减少喷水减温水量，特别是再热器减温水量。利用调整燃烧控制再热汽温和主汽温度。

（2）锅炉主蒸汽压力 一般锅炉主蒸汽压力每增加 1MPa，热耗将降低 0.55%～0.7%，机组供电煤耗降低 1.5～2.2g/(kW·h)。提高锅炉主蒸汽压力的措施有：

① 通过热力试验确定机组负荷与机组主汽压力的经济运行曲线，并严格执行；

② 保证锅炉主汽压力（定压运行）压红线运行；

③ 提高主汽压力自动投入率；

④ 保持主汽压力稳定，防止主汽压力波动超限。

2.6 劣质烟煤燃烧特性如何界定？

煤质差主要表现为煤中石头多、风化煤多、泥煤多、原煤少、煤含硫量高、煤中水分大（最大为 20%）、土多等。劣质烟煤主要指对锅炉运行不利的多灰分（A_{ad}>40%）、低热值（$Q_{net.ar}$<16.7MJ/kg）的烟煤、低挥发分（V_{daf}<10%）的无烟煤、水分高热值低的褐煤以及高硫（>2%）煤等。

（1）煤粉气流着火热、挥发分热值 不同煤种的着火热、挥发分热值见表 2-1。

⊡ 表 2-1 不同煤种的燃烧特性

序号	煤种	V_{daf}	V_{ar}	$Q_{net.ar}$ /(kal/kg)	煤粉气流着火热 /（kcal/s）		挥发分热值 /（kcal/kg）	
					吸热量	相对值	热值	相对值
1	淮南烟煤	41.2	28.75	5250	2564	100	2235	100%
2	低质烟煤	28.7	14	3606	3312	129.1	1044	46.7%
3	巨源原煤	22.6	9.21	3025	4014	156.6	720	32.26
4	高坑原煤	35.24	13.09	2642	3659	142.7	899	40.26

（2）V_{ar} 表征劣质烟煤的着火性能 用 V_{ar} 来表征劣质烟煤的着火特性更为合适，当 V_{ar} 低于 16% 时，燃煤在炉膛内（按常规烟煤设计）的燃烧稳定性就显著变差。劣质烟煤的着火特性接近贫煤。

(3) 可燃指数分析 当劣质烟煤的可燃基挥发分 V_{daf} 在 33%～37% 范围，灰分在 42%～47% 之间时，其可燃指数与 V_{daf} 在 11%～15%，灰分在 20% 左右的贫煤相当。

当劣质烟煤灰分增加至 55%～60%，而 V_{daf} 在 33% 左右，发热量在 10.45～12.54MJ（3000kcal）/kg（2500～3000kcal/kg）时，其可燃性指数甚至低于湖南、福建的无烟煤。

2.7　影响燃用劣质煤的因素有哪些？

(1) 劣质烟煤炉内燃烧稳定性的研究

1) 灰分的影响　通常情况下劣质烟煤 A_{ad} > 45%；惰性物质 > 50%。

灰分增加，影响挥发分的正常析出，推迟煤粉的着火。研究表明：当劣质煤灰分为 45%～50% 时，挥发分的初期温度从正常烟煤的 300℃ 左右升高到 370～450℃，并且灰分增加，导致理论燃烧温度降低，炉膛温度降低，使得烟气加热煤粉气流的能力降低，从而导致煤粉气流的着火推后。研究证明：当灰分由 30% 增至 50% 时，理论燃烧温度降低 100℃ 左右。

2) 煤粉气流着火热的影响　由于劣质烟煤灰分增加，发热量降低，同等负荷下的燃煤消耗量大幅增加，制粉系统的干燥剂需要量也相应增加，因而相同负荷下，通过单只燃烧器的煤粉气流量增加，从而使得煤粉气流加热至着火温度的热量显著增加，增加的幅度达 30%～50%。

3) 煤粉气流着火热的影响　从炉膛的热工况看，燃用劣质烟煤后，炉膛温度降低，因此，烟气加热煤粉气流的能力下降，两种因素叠加的结果必然是使煤粉气流的着火更加延迟，大大增加了发生燃烧不稳的可能性。

4) 煤质界限　研究表明，电厂燃用劣质烟煤最低技术低限和最低安全低限为：当燃煤的干燥无灰基挥发分 V_{daf} 在 16%～40% 时，电厂燃用劣质烟煤的技术低限为 12.54MJ（3000kcal）/kg，安全低限为 14.63MJ（3500kcal）/kg。

(2) 经济型研究

1) 锅炉效率　实践证明，当煤的灰分量显著增加时，对蒸发量小于 410t/h 以下的蒸汽锅炉，由于炉膛容积偏小，机械不完全燃烧热损失将显著增加，可使锅炉效率下降 5%～8%，燃烧经济性急剧下降。

但对于蒸发量大于 410t/h 的锅炉，由于炉膛容积大，煤粉停留时间足够，在煤粉细度 R_{90} 不大于 20% 的前提下，锅炉效率变化不明显。

2) 厂用电率　由于灰分增加，燃料消耗量增加，必然导致风机电耗、制粉单耗和输煤除灰系统的电耗增加，从而使厂用电率增加，根据炉型不同，如果燃煤发热量从 20.9MJ（5000kcal）/kg 降至 12.54MJ（3000kcal）/kg 左右，厂用电率将增加 0.5%～1%。

3）燃油消耗量　由于煤质劣化，导致燃用劣质煤的电厂锅炉燃烧不稳，频繁熄火，导致启动用油、助燃油大幅增加，严重影响电厂安全、经济运行。

4）其他费用　燃煤消耗量的增加还导致电厂运输费用、人工成本等一系列的生产成本增加。

2.8　燃用劣质煤对锅炉造成的影响是什么?

（1）严重影响锅炉的可靠性和经济性　劣质烟煤灰分高、热值低，造成燃烧不稳，容易灭火；灰分高，燃煤量大，使锅炉受热面、烟道、辅机磨损加剧，制粉系统和送引风机的故障增加；着火延迟，火焰中心上移，使过热汽超温爆管。所有这些都使整个锅炉机组的强迫停运率上升，临修增加，可用率和经济性下降。

（2）严重影响火电行业的节能减排工作　燃用劣质煤烟气量大、烟气中灰浓度高，电除尘器、脱硫系统负担过重而使粉尘、SO_2 排放超标；因燃烧不稳而难以实现低 NO_x 排放；助燃用油大量增加；制粉系统、烟风系统、除灰渣系统长期超额负荷运行。燃用劣质煤机组只能求稳燃效果，节能减排工作基本上无法展开。

（3）大容量电站锅炉燃用劣质烟煤面临的主要问题　大容量烟煤锅炉燃用劣质烟煤的危害严重：由于磨损爆管等原因造成机组停机后，机组损失的发电量远远高于小机组；机组启动、助燃、熄火后恢复所需的燃油消耗也远远高于小机组。燃用劣质烟煤后，有的电厂油耗每年上升到 1.8 万吨，有的电厂油耗指标从 1000t 增加到 6000～7000t，每年因此造成的损失达数千万元。

由于当前电站锅炉容量以 300～600MW 为主，所以劣质煤对锅炉的影响更大，锅炉实际燃用煤质与设计、校核煤种差别大，导致锅炉炉膛与燃烧器的设计均难与燃用劣质煤相匹配。

研究表明，当劣质烟煤的发热量在 14.63MJ/kg（3500kcal/kg）附近时，其燃烧特性已接近贫煤，显然对于按常规烟煤设计的锅炉而言，炉膛与燃烧器的设计很难适应如此大的煤质变化。

2.9　当前形势下大容量锅炉燃用劣质烟煤的对策有哪些?

（1）目前采用的对策

① 对采用等离子或小油枪等技术的锅炉，发电厂应准备一部分煤质发热量不低于 18MJ/kg，挥发分 V_{daf} 不低于 29% 的好煤，专门供应等离子或小油枪燃烧器使用。

② 在燃用热值为 14MJ/kg 的劣质烟煤时，建议煤粉细度 R_{90} 不大于 16%，磨出口温度不低于 95℃，风煤比不超过 1.7。

③ 在保证制粉系统出力的前提下，尽量采用较低的一次风率。

④ 二次风配风方式推荐采用缩腰方式。

⑤ 深入研究锅炉燃烧系统改造难题：改造工作量巨大而且有较高的技术风险。如果在炉内敷设卫燃带和在燃烧器改造方面采取过多强化燃烧的措施，则当煤质改善时可能导致结焦等严重的负面后果且难于解决。

与小机组上相对成熟的改造经验相比，对于改烧劣质煤的大容量锅炉，炉膛与燃烧器的技术改进措施将是今后一段时间内值得探讨的新课题。

(2) 经验教训　我国在燃烧劣质烟煤方面取得了大量的技术成果与深刻的经验教训，这些教训可为当前煤质劣化的电厂提供借鉴，为政府能源管理部门决策提供参考。

① 当前受煤劣质化影响的火电机组大多属于高参数、大容量的 300MW 及 600MW 机组。由于机组容量大，频繁熄火、大量投油造成的损失巨大，与燃烧经济性相比，燃烧安全是当前应该关注的首要问题。

② 生产成本、检修费用、设备故障率增加，经济效益下降，是燃烧劣质烟煤的必然后果，政府管理部门、发电集团应对发电企业的考核指标、生产成本、资金、技术上予以足够的支持，投入足够的人力、物力保证设备健康水平，对保证锅炉的燃烧安全有重要的意义。

③ 当煤质严重劣化时，采用燃烧调整手段对锅炉燃烧稳定作用有限；在大容量锅炉上实施炉膛和燃烧系统改造有较高的技术风险。因此当前应对燃烧劣质烟煤的主要措施是保证燃煤的发热量不低于安全低限 14.63MJ/kg。

④ 建议深入研究炉膛与燃烧器的技术改进措施，通过锅炉燃烧系统改造以适应燃烧劣质煤的需要。

2.10　燃用劣质煤对应的运行技术措施有哪些？

下面以 500MW 机组为例详细介绍。

(1) 给煤机蓬煤的处理技术措施

1) 一台给煤机蓬煤时的处理技术措施

现象：如果磨煤机出口分离器温度上升，热风门关小，冷风门开大，磨电流下降，机组负荷下降，燃料量增加则判断为给煤机蓬煤。

处理措施：

① 在机组满负荷的情况下，发现一台给煤机蓬煤，应解列该给煤机自动，手动调整该给煤机的出力至最小，派人到就地进行敲打；

② 根据给煤机蓬煤情况通过机组主控画面把锅炉热负荷和机组电负荷上限控制，防止给煤机突然下煤造成锅炉超压；

③ 给煤机蓬煤后严密监视磨煤机分离器后温度，必要时手动关回磨煤机热风门，开大磨煤机冷风门，防止磨煤机分离器温度高造成磨煤机掉闸；

④ 逐步增开煤闸板后，观察磨煤机电流和分离器后温度的变化，如果仍然不下煤则应再增开一个煤闸板，当 5 个煤闸板全部开启且就地敲打无效，超过 10 分钟，磨煤机电流下降至 60％以下，磨煤机振动严重，则应紧停该磨煤机的运行；

⑤ 如果蓬煤给煤机在采取敲打或切换、增开煤闸板后开始下煤，电流逐渐上升，这时要注意蓬煤的磨突然下煤后，锅炉热负荷上升引起压力超限。另外要及时开大磨煤机热风门防止磨煤机分离器后温度降低。

2）两台以上给煤机蓬煤的处理技术措施

现象：如果机组负荷突然下降，燃料量增加、磨煤机出口分离器温度上升，热风门关小，冷风门开大，磨电流下降则判断为给煤机蓬煤。如果磨煤机电流下降至 60A 左右则为严重蓬煤。

处理措施：

① 如果遇到多个磨煤机同时蓬煤的现象，必须继续限制锅炉热负荷，必要时投油助燃，处理过程中机组长要注意过热器、再热器超温和低温，主要防止分离器满水和缺水的发生；

② 如果遇到下排磨煤机蓬煤，锅炉二级过温度上升较快时，及时投入下排 8 支油枪；

③ 当多台磨煤机同时蓬煤时磨煤机运行台数不能少于 4 台，防止锅炉低汽温。在煤质比较差时尽量 5 台磨煤机运行；

④ 当给煤机下煤量逐渐增大（磨煤机电流上升），根据主汽压力和流量与电负荷参数的匹配关系，逐渐增加机组电负荷防止锅炉超压；

⑤ 严密监视锅炉主汽压力及锅炉主汽流量和温度的变化，发现锅炉主汽流量和主汽压力上升较快应再适当降低机组出力；

⑥ 在给煤机蓬煤期间，通过监视火检和锅炉负压判断炉膛燃烧情况，发现燃烧恶化或炉膛负压摆动大时，要及时投油助燃，防止燃烧恶化；

⑦ 当下排磨煤机有一台退出运行时，根据燃烧情况投入另一台磨煤机对应的油枪，值班人员每小时就地观察一次燃烧情况；

⑧ 如遇下排磨有检修工作，应尽量提前结束，运行应及时采取倒磨改变其运行方式。

(2) 燃用劣质煤时防止锅炉二级过热器超温的技术措施

现象：当锅炉燃烧劣质煤和下排磨煤机蓬煤时（在减温水门全开的情况下），锅炉二级过热器出口温度超温比较严重，尤其是 A 路和 D 路超温最为严重，较低时也在 510℃以上（设计允许最高 518℃），在燃烧劣质煤期间如果遇到下排或中排磨煤机蓬煤时，二级过热器出口温度会超得更多，最高时达 555℃。锅炉省煤器前烟温偏差大，最大左右偏差达 20℃。低温再热器出口温度严重超温最高至 500℃（设计 465℃），比设计温度高出 45℃。

原因:

① 左右侧烟温偏差大,火焰偏斜;

② 水冷壁左侧结焦比右侧严重;

③ 磨煤机独立燃烧特性差;

④ 两台上排磨运行,火焰中心上移;

⑤ 积灰、结渣较多;

⑥ 煤质差;

⑦ 水吹灰效果差;

⑧ A 路 0、1 级喷头部分堵。

处理措施:500MW 时,氧量维持在 3.0% 左右,送风量不宜过小。磨煤机一次风量控制在 7.6 万~8 万立方米。

① 磨煤机分离器后温度保持在 85~90℃ 之间;

② 适当加大引风机出力,使其比前序引风机大 5%;

③ 两台上排出力尽量小,一台在 20% 以下,另一台为 30%~40%。中下排磨较大,为 55%(增大煤粉浓度,就地着火较差与煤粉浓度小有关);

④ 负压稳定在 −10~0kPa 之间,减少抽吸烟气量;

⑤ 二次风门调整随煤种变化而及时调整,总的原则是"两侧较大,中间较小,下排较大,中间较小",上排磨 NG35S001、ND36S011 开度在 50%~75% 之间,中部燃烧器的二次风控制在 15% 左右,另外 S006 在 30% 为宜,油枪 5%;

⑥ 一次风压在 10.5kPa 左右,二次风压 1.3~1.4kPa;

⑦ 加强声波,水吹灰,空预吹灰;

⑧ 给水差压 1.4~1.5MPa,水位 20m;

⑨ 改善原煤质量,加强配煤管理,特别对锅炉下排磨煤机的煤质进行控制,保证下排磨煤机运行的可靠性。下排磨煤机蓬煤后及时处理缩短下排磨煤机的蓬煤时间;

⑩ 加强锅炉水吹灰,特别是锅炉左侧水冷壁 +23~+46m 之间的水吹灰器多增加投运次数。

(3) 锅炉燃用劣质煤的其它相关技术措施

① 在机组正常运行时,密切注意磨煤机分离器后温度、磨煤机电机电流、锅炉燃料量、锅炉二级过热器出口温度的变化情况,发现异常及时调整。

② 煤质差,石子煤含量大,磨煤机电流大,燃烧不稳时,密切监视运行磨的电流变化情况,均衡各磨出力,保证每台磨的电流最大不超 95%,磨分离器出口温度保持 80℃。否则可适当增加磨煤机风量,磨煤机启动前后及时排渣,经常检查渣箱情况,防止满渣现象的发生。

③ 发现磨一次风量和磨分离器出口温度下降,磨煤机电流全部偏大,排渣量过大,二级过热器汽温超过 510℃,当冷风门基本处于全关位置,热风门开大,则可判断为磨煤机煤湿或煤多,可能引起磨煤机满煤应申请值长降负荷或投油助燃。

④ 如果磨煤机电流继续上升，磨煤机一次风量下降，分离器出口温度快速下降至70℃以下，尽快将磨出力降至"0"，手动增加磨煤机风量至10万标准立方米。如果磨煤机风量加不起，电流100A以上不下，分离器出口温度继续下降，则应及时停止磨煤机的运行。

⑤ 当机组在400MW负荷以上时加负荷应缓慢，防止磨煤机突然加负荷造成磨煤机满煤；停磨时，注意其它磨煤机出力的变化，停磨后检查其它磨煤机的电流和一次风量是否正常，防止磨煤机渣箱突然满渣，发现不及时从而造成磨煤机满煤事故。

⑥ 磨煤机停运后要进行充分吹扫，吹扫时间不少于5min。

⑦ 当煤质太差时机组加负荷时应及早启磨，当机组降负荷时应推迟停磨。

⑧ 如果有一台下排磨煤机停运要及时投入另一台运行下排磨煤机对应的4支油枪，防止燃烧恶化，二级过热器出口超温。

⑨ 如果磨煤机电流开始下降，分离器出口温度回升，说明磨煤机满煤得到控制；此时还要监视其他磨煤机运行情况，如果磨煤机分离器温度普遍下降，一方面要增加一次风压，另一方面要申请降低机组负荷，如果不能满足机组负荷时要及时投油助燃。

⑩ 如果磨煤机风量加不起，电流100A以上不下，分离器出口温度继续下降，则应及时停止磨煤机的运行。

⑪ 当磨煤机电流突然下降至70%左右而且磨煤机渣箱突然满渣时应判断为磨煤机故障，应立即停运磨煤机。

⑫ 如果磨煤机出口分离器温度上升，热风门关小，冷风门开大，磨电流下降，机组负荷下降，燃料量增加则判断为磨煤机蓬煤。发现磨煤机蓬煤，应首先增开一个煤闸板，观察磨煤机电流的变化，汇报单员长并配值班员去确认哪个煤闸板没煤，同时联系输煤进行敲打。

⑬ 逐步增开煤闸板后，观察磨煤机电流和分离器后温度的变化，注意磨煤机分离器温度高保护，如果仍然没有下煤应再开启另一个煤闸板，当全部开启五个煤闸板且就地敲打无效，超过15min，磨煤机电流下降至65%以下，磨煤机振动严重，则应紧停该磨煤机的运行。

⑭ 在机组500MW满负荷的情况下，发现磨煤机蓬煤应在"主控"画面上，将机组热负荷给定上限改至450WM（煤质好时要限制在400MW）。将该磨出力降至"0"，磨一次风量保持在7万多，然后再进行蓬煤的事故处理。

⑮ 如果蓬煤磨在采取敲打或切换、增开煤闸板措施有效了，电流等参数恢复正常，这时要注意蓬煤的磨突然下煤后，锅炉热负荷回升再次引起压力超限。

⑯ 如果遇到多个磨煤机同时蓬煤的现象，必须尽快降负荷至350MW，必要时投油助燃，处理过程中更应该注意超压和超温以及低温和分离器水位满水和低水位等现象的发生。此时可立即停止一台蓬煤严重的磨，及时启动备用一台磨。

⑰ 合理组织磨煤机运行工况，尽量避免单台下排磨的运行方式，如遇下排磨有

检修工作，应尽量提前结束，运行应及时采取倒磨改变其运行方式。

⑱ 机组长和主值班员经常联系及时了解输煤上煤情况做到心中有数。

2.11　循环流化床锅炉技术在推广过程中存在的问题有哪些？

在国内，从第一台 35t/h 循环流化床锅炉问世至今已经 20 年时间。在此期间，该技术已经全面普及并日益大型化，超大容量超高参数的锅炉机组也将会在近年投运。这种技术的诞生和普及，对我国的节能减排事业起到了巨大的推动作用，使我国与发达国家在电站锅炉技术方面的差距不断缩小。但是应该看到，这项技术在发展的同时，还存在一些问题。

（1）重节能而不重减排　国外推崇这种新的燃烧技术，重视的是其洁净燃烧的特点，因为他们很少使用劣质煤。而在我国，社会各方面比较一致的看法是这种炉型就是要烧劣质煤的，很少有现场加石灰石，搞燃烧脱硫。环保部门的硬性规定则必须加装尾气脱硫装置，否则不给办理环评。有人担心加石灰石会影响锅炉热效率，其实对中高热值的煤种来讲，加入石灰石，恰好补充了灰分，增加了传热介质，锅炉热效率不但不会降低，反而还会提高。我们认为，不管采取何种手段，能否达到排放标准这是最重要的。

（2）科研、实践与教学不适应　目前，循环流化床锅炉技术推广很快，已经覆盖了中小热电近乎 100% 的市场，且正在逐渐占领电力市场。但许多工科院校还没有把循环流化床锅炉技术作为专业课教学的重点，只是将此技术作为一种炉型来介绍，而没建立完整的教学理论体系。市场上有关循环流化床锅炉机理性的书籍虽在增加，但大都不很完整、准确。各锅炉厂在设计时，更多的是靠的经验。而在现场，作为指导电厂进行职工培训的资料就更少。

几十年来，一个有趣的现象是：学锅炉的不学耐火材料。使得各攻关团队在当年我们进行攻关，遇到炉墙事故频繁，炉墙材料磨损严重的情况时，常常束手无策。国外在循环流化床锅炉发展的初期，也曾被炉墙事故困扰，20 世纪 90 年代初曾有报道称：影响循环流化床锅炉可用率的主要因素中，炉墙事故占了 70% 以上。在各工科院校相关专业中，炉墙结构设计及耐火材料均不作为重点，用较少的篇幅一带而过。这是专业基础教育的一种缺失。

（3）循环流化床锅炉在若干现场运行水平差距较大　随着循环流化床锅炉技术的日趋完善，相关技术及配套产业的兴起，在我国，循环流化床锅炉目前已经没有解决不了的技术难题。比如大灰分运行对受热面管束的磨损，对流受热面可采取降低烟气流速，消除烟气走廊、增设导流角等方式解决。对于水冷壁，可采取机械避让或采用电弧喷涂工艺等方式。这些方法实践证明是行之有效的，可以大大缓解甚至永久杜绝磨损。耐火材料的耐磨性能也有了很大提高，我们从事的工程实践已经创造了炉墙 3 万小时无大修的记录。硬件上去了，但在每个现场，实际的运行水平却是不同的，在一些现场，年运行达到或超过 7500h，按计划停炉已不是什么难事，但有些现场，锅炉故障很多，维修费用居高不下，锅炉效率低、出力不足等。这说明，对于循环流化床锅炉这项新技术而言，管理及运行水平相对要提高。

处理措施：企业的管理水平要提高，同时有关方面协助企业搞一些技术交流、有效的职工培训也是大有必要的。

2.12 超临界机组的优势是什么？

(1) 效率高 超超临界机组效率高可以达到 43％以上，超超临界机组效率比超临界机组高 3％～4％。表 2-2 给出了超超临界机组供电端的效率。

⊡ **表 2-2 超超临界机组供电端效率比较**

蒸汽参数	供电端效率/%	供电煤耗/[g/(kW·h)]
24.1MPa,538℃/566℃	40.94	300
31.0MPa,566℃/566℃/566℃	42.8	287
31.0MPa,593℃/593℃/593℃	43.1～43.3	284～285
34.5MPa,649℃/593℃/593℃	43.7～44.0	279～281

(2) 单机容量大 超超临界机组的单机容量可以达到 1000MW 以上，与其他洁净煤发电技术相比可以很大程度上降低机组的单位造价。

(3) 可靠性好 在目前的洁净煤发电技术中，超超临界机组发电技术运行可靠性能最高。可用率及可靠性比较超临界机组的设备可用率与亚临界机组相当，这点已被国内外超临界机组电厂的运行实践所证实。据统计美国 7 台 1300MW 超临界机组，可用率在 83.03％以上，平均年运行小时在 7000h 以上。日本的可用率在 90％以上；俄罗斯的可用率在 87.8％以上。我国已投运的超临界机组可用率也比较高。石洞口二厂二台机组的平均可用率为 88.02％。在可靠性上不存在超临界、亚临界两种机组的差异，也不存在机组容量越大、可靠性越小的问题。

(4) 可调性较好 同样完好的超临界机组与亚临界机组如能都配备有好的热工自动控制系统，便有良好的调节性能，超临界机组锅炉无厚壁元件（无汽包），变负荷性能好，可适应电网调峰的要求，其允许的最低负荷和负荷变化率与亚临界机组相仿，带中间负荷已经有成熟的经验。600MW 超临界机组晚间调峰负荷可为 300MW（50％ECR）左右，国内石洞口二厂单机最低负荷可达 180MW（30％ECR），亚临界机组调峰也只在 50％左右。无论超临界机组还是亚临界机组，都设计为复合变压运行，这种运行方式为定压—滑压—定压。在高负荷运行时保持额定压力，使机组具有最好的循环效率；在中间负荷范围采用变压运行，可使汽机的内效率较高和热应力较小；在低负荷时蒸汽比容大，运行经济性好，注意保持最低的许可供汽压力，防止压力过低出现流动不稳等现象，故有最佳的综合效益。这样超临界机组具有夜间停机、快速启动以及频繁改变负荷的能力，使机组在高负荷和低负荷时都保持高效率。总之，只要亚-超临界机组都配有好的自控系统，两者调节性能相差不大。

(5) 环保指标先进 超超临界机组具有明显的排放优势。超超临界机组在达到高发电效率的同时通过采用烟气脱硝、烟气脱硫等技术降低污染物的排放。

(6) 造价低廉 超临界锅炉价格比亚临界锅炉高出5%左右，汽轮机的价格变化不大，而整个火电机组价格增加2%～3%。虽然电站的投资费用增大2%左右（随着科技进步和单机容量增大，高级钢材的价格将有所下降，电站的单位造价将减少），但超临界机组的供电效率可提高2%左右，并且燃料的价格不断上涨，那么在4年左右能用所节省的煤量折价去抵消投资费用的增量部分，因此在我国煤价相对较高的东南部广大地区使用超临界机组是有利的。

表2-3中已有的数据看到300MW超临界机组的单位造价最高。理论计算和工程实践证实：大容量机组比同参数的较小容量机组效率要高。超临界机组蒸汽压力高、比容小，汽机高压缸叶片短，加上级间压差大，影响内效率，故超临界及超超临界参数更适用于大容量机组。600MW超临界机组和两台同参数的300MW超临界机组相比，它的投资可减少10%～20%，占地面积减少20%，热耗降低0.5%，并且制造和安装周期可缩短，由以上分析看出作为超临界机组300MW容量偏小，因此综合考虑我国电网的运行情况认为：我国选用600～1000MW范围超临界机组是比较合适的，并在金属材料许可的情况下，提高蒸汽参数，有利于提高热效率。

⊡ 表2-3 超临界机组不同容量造价比较

机组容量/MW	相对造价/%	单位造价/（美元/kW）	机组容量/MW	相对造价/%	单位造价/（美元/kW）
100	100	1538	800	67	1030
200	88	1353	1000	65	980
300	80	1230	1300	63	960
600	70	1100			

2.13 超临界锅炉特点是什么？

(1) 变压运行 现代超临界机组采用复合变压运行的方式，即在高负荷时保持额定的蒸汽压力，在低负荷时保持最低允许的供汽压力，在中间负荷时采用变压运行。也即在高负荷及低负荷区，负荷调节采用改变汽轮机调节阀开度的方式，而蒸汽压力保持不变；在中间负荷范围，采用变压运行，用改变锅炉主蒸汽压力的方式调节负荷。例如石洞口二厂的600MW机组，在85%负荷以上，采用定压运行，保持汽轮机进口汽压为24.12MPa；在85%到37%负荷，采用变压运行，蒸汽压力随负荷降低而降低，汽轮机进口汽压由24.12MPa降低到9.16MPa；在37%负荷以下，再采用定压运行，保持汽轮机的进口汽压为9.16MPa。这种复合变压运行方式可使机组在高负荷运行时保持额定压力，具有最佳的循环效率和良好的负荷调节性能；在中间负荷，采用变压运行，使汽轮机通流部分的容积流量基本不变，保持较高的内效率，并使汽轮机高压缸的蒸汽温度保持稳定，因而热应力较小，具有快速变负荷的能力；在低负荷时定压运行可防止压力过低出现流动不稳定等问题，因而具有最佳的综合性能。这样，采用变压运行可使机组具有夜间停机、快速启动以及频繁启停和变负荷的能力，并使机组在高负荷及低负荷时均保持高的效率，以及具有更低的最小负荷，因而是现代超临界机组发展的特点。可是，在超临界锅炉中，随着负荷的变化，工质压力要在超临界到亚临界的广泛压力范围内变化，由于工质物性的剧烈变化，使工质的传热与流动规律更为复杂，因而需要进行深入的研究，以确定其对锅炉传热、水动力、热偏差和动态特性等方面的影响。

日本首台超临界变压运行机组于 1980 年在广野电厂投入运行，其参数为 600MW，24.11MPa，538/538℃。在 100% 负荷时的净效率为 41.12%，在 50% 负荷时的净效率为 39.11%，比定压运行时可相对提高约 2%。在夜间停机后，从锅炉点火到满负荷的启动时间为 3 小时，周末停机后的启动时间为 6 小时，而同容量定压运行机组则需 11 小时。由于超临界变压运行机组能满足中间负荷和调峰的要求，因而得到广泛的采用，已成为超临界机组的主要形式。我国从俄罗斯引进的超临界机组为定压运行，其它超临界及超超临界机组均为变压运行机组。

(2) 热物性特点 水的临界压力为 22.1115MPa，临界温度为 347.112℃。在临界点上，水与汽的参数完全相同，两者的差别消失。在低于临界压力时，存在一汽化阶段，汽液两相处于平衡共存状态。其特点是定温定压，即一定的压力对应一定的饱和温度，或一定的温度，对应一定的饱和压力。这一阶段吸收的热量称为汽化潜热。随着压力增加，汽化潜热逐步减少，到临界压力时，汽化潜热为零。

工质物性对流体的传热有重大影响。在临界点处，水的比热容为无穷大。在超临界压力下，存在比热容的峰值区，通常称最大比热容点的温度为准临界温度。在这一区域内，流体的物性剧烈变化。如流体的密度显著减小，比容显著增大，黏度和热导率显著减小。准临界温度随压力增加略有增加，比热容的峰值随压力增加而显著减小，即越接近临界压力，比热容峰值区的影响越大。超临界锅炉水冷壁系统的设计既包含亚临界压力时的汽化区，又包含超临界压力的准临界区，也就是发生相变的主要区域，工质物性变化剧烈，有可能发生传热恶化、水动力不稳定、热偏差过大等问题，因此水冷壁系统的设计成为超临界锅炉设计的关键，对其水动力与传热特性必须有深入的研究。

(3) 水冷壁结构型式 对超临界变压运行锅炉，水冷壁结构型式主要集中在螺旋管圈水冷壁和由内螺纹管组成的垂直管水冷壁两种型式。其它的结构型式如多次垂直上升，垂直上升下降和多组水平回绕上升等管圈型式，由于在变压运行时，两相流分配困难，因而仅适用于定压运行锅炉。螺纹管圈水冷壁是首先应用于超临界变压运行锅炉的水冷壁型式。这是在炉膛的下部及中部即炉膛的高热负荷区，用螺旋盘绕的方式形成膜式水冷壁，到炉膛上部再通过中间混合集箱或分叉管过渡到垂直管水冷壁。螺纹管圈的主要优点是可以自由地选择管子的尺寸和数量，因而能选择较大的管径和较高的质量流速，管圈中每根管子能同样地绕过炉膛的各个壁面，因而每根管子的吸热量相同，管间的热偏差最小。由于这些优点使这种结构型式能安全地用于变压运行，并得到广泛的应用，至今仍是超临界锅炉水冷壁的主要结构型式。其缺点是螺旋管圈的制造安装支承等工艺较为复杂及流动阻力较大。

为了克服螺旋管圈的上述缺点，开发了采用内螺纹管的垂直水冷壁型式，日本三菱重工从1989年至今已有11台机组投入运行，容量为700MW和1000MW。由于垂直管圈的质量流速受到炉膛周界的限制，不能自由选择，因此只能适用于600MW以上的大型机组，应用内螺纹管来防止传热恶化的发生，以允许较低的质量流速。例如对600MW机组，选用$\Phi28\times6mm$的内螺纹管，最大负荷时的质量流速约为1600kg/(m·s)。由于炉膛热负荷分布不均匀，在水冷壁进口采用成组节流圈来补偿管子的吸热偏差，同时在后烟道中布置部分对流蒸发器，降低水冷壁出口的温度水平，以减小炉膛水冷壁在变压运行时的温度偏差。三菱重工认为垂直管水冷壁结构简单，支承方便；安装焊口少，可靠性增加；水冷壁落渣容易，使水冷壁的结渣减少；管内流速降低，压力损失减小；受热部分压力损失占水冷壁总损失的份额减小，由热负荷变化引起的流量变化小。由于具有这些优点，在今后将会有更多的发展。目前，两种水冷壁结构型式均已得到成功运行。

(4) 锅炉本体结构型式　超临界锅炉普遍采用的本体结构型式为双烟道布置和塔式布置两种（如图2-2所示）。双烟道布置是传统普遍采用的型式，烟气由炉膛经水平烟道进入尾部烟道，再在尾部烟道通过各受热面后排出。其主要优点是锅炉高度较低，尾部烟道烟气向下流动有自生吹灰作用，各受热面易于布置成逆流形式对传热有利等。其主要缺点是烟气流经水平烟道和转弯烟室，引起灰分的浓缩集中，使尾部受

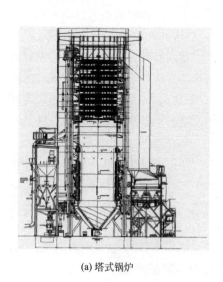

(a) 塔式锅炉

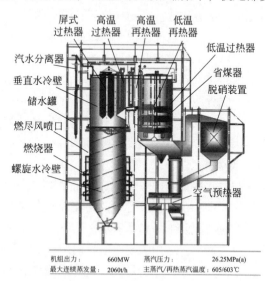

(b) Π形锅炉

图2-2　锅炉本体结构型式

热面的局部磨损加重；燃烧器布置比较困难，烟气分布的不均匀性较大；水平烟道中的受热面垂直布置不能疏水；炉膛前后墙结构差别大，后墙水冷壁的布置比较复杂等。我国电站锅炉普遍采用这种布置方式。塔式布置是将所有承压对流受热面布置在炉膛上部，烟气一路向上流经所有受热面后再折向后部烟道，流经空气预热器后排出。这种布置方式的最大优点是烟气温度比较均匀，对流受热面的磨损较轻，对流受热面水平布置易于疏水，水冷壁布置比较方便，穿墙管大大减少等，因而在大型锅炉中采用更为优越，在欧洲得到广泛的采用，积累了丰富的经验。上海外高桥电厂引进的 900MW 锅炉采用这种布置型式。

(5) 高温材料　超临界锅炉参数的提高主要受到材料的限制，尤其是过热器与再热器的受热管及集箱以及主蒸汽管道的高温材料。过热器与再热器是锅炉内金属温度最高的受压部件，所用材料应具有足够的持久强度、蠕变极限及屈服极限，还应具有较好的抗氧化性、耐腐蚀性及良好的焊接性能和加工性能，并具有合适的热膨胀、导热及弹性系数。对于 538℃级的汽温，一般采用 1%～2%CrMo 钢，566℃级的汽温采用 9%Cr 钢。对于 600℃级的超超临界锅炉，其高温段的受热面应采用奥氏体不锈钢，主蒸汽管道及集箱采用 9%Cr 钢。对于 650℃以上的汽温则应采用高温合金材料。从对材料的要求来看，我国目前已具有发展 566℃级的超临界锅炉的能力，在此基础上进一步开发 600℃级的超超临界锅炉。对于水冷壁管，由于其温度水平较低，对超临界锅炉可应用 15%CrMo 钢，对超超临界锅炉应用 1%CrMo 钢。

(6) 再热器　随着蒸汽压力的提高，汽轮机乏汽的干度下降，为此采用中间再热的方法，以提高汽轮机乏汽的干度。同时由热力学可知，采用再热循环可以提高朗肯循环的效率，一般可使机组的效率提高 2%～3%，因此在超高压以上的电站中普遍采用。在超临界机组中，采用两级再热，可以进一步提高热效率，但是管路系统复杂，成本加大，因此在一般超临界机组中，基本上都采用一级再热，当主蒸汽压力为 24～25MPa 时，再热蒸汽的压力约为 4～5MPa。

在超超临界机组中，丹麦和日本川越的机组采用两级再热，美国也倾向采用两级再热。一般认为采用两级再热可比单级再热提高效率 2%左右，同时由于采用两级再热可提高低压汽轮机排汽的干度，减少对汽轮机尾部动叶的磨蚀；可使汽轮机高压部分的焓降减小，提高汽轮机转子的稳定性；对锅炉来说，可使每级再热器的焓增减少，减小再热汽温的热偏差。因此在超超临界锅炉中采用两级再热更为有利。丹麦超超临界机组的主蒸汽压力 28.15MPa，两级再热蒸汽的压力分别为 7.14MPa 和 11.9MPa。根据热力学分析，当主蒸汽压力为 30MPa 时，最佳的给水温度为 340℃，最佳的再热蒸汽压力为 10.15MPa 和 21.4MPa。但是，为使锅炉水冷壁能采用 1%Cr 钢作为水冷壁管材料，锅炉给水温度不能超过 310℃，因此实际采用的再热蒸汽压力低于上述最佳值。但由于采用两级再热将使系统复杂，因此多数超临界机组仍采用一级再热。

(7) 汽温调节　过热汽温由煤水比作为粗调，同时装有三级喷水减温器进行细调。再热汽温一般由尾部烟道的烟气挡板及烟气再循环进行调节，同时装有事故喷水，在必要时应用。由于高压给水喷水调节再热汽温将使机组的热效率降低，因此在一般情况下不能用喷水调节再热汽温。

（8）炉膛及燃烧器 现代超临界锅炉一般都配备先进的燃烧系统，以降低 NO_x 的排放和飞灰中可燃物的含量。据三菱重工介绍，在新的超临界锅炉中，炉膛设计采用中间无隔墙的反向双切圆燃烧方式，采用 A2PM 低 NO_x 燃烧器，在轴向和经向均为浓淡分隔燃烧方式，既减少过量空气又利于煤粉的着火燃烧。采用先进的 MACT 燃烧系统进行炉内脱 NO_x 处理，在主燃烧器上方留有足够的空间作为 NO_x 的还原区，使 NO_x 与碳作用降低 NO_x 的含量。在 NO_x 还原区上方再供给空气实现未燃碳的完全燃烧。同时改进磨煤机的煤粉分离器，采用 MRS 磨煤机，在磨煤机出口原有的固定式分离器之外，增加一转动式分离器，提高煤粉的细度，实现超细煤粉燃烧，有利于煤粉的完全燃烧及降低 NO_x 的排放。

2.14 等离子点火煤粉燃烧器工作原理是什么？

等离子点火技术的基本原理是以大功率电弧直接点燃煤粉。该点火装置利用直流电流（大于 200A）在介质气压大于 0.01MPa 的条件下通过阴极和阳极接触引弧，并在强磁场下获得稳定功率的直流空气等离子体。其连续可调功率范围为 50～150kW，中心温度可达 6000℃。一次风粉送入等离子点火煤粉燃烧器经浓淡分离后，使浓相煤粉进入等离子火炬中心区，在约 0.1s 内迅速着火，并为淡相煤粉提供高温热源，使淡相煤粉也迅速着火，最终形成稳定的燃烧火炬。燃烧器壁面采用气膜冷却技术，可冷却燃烧器壁面、防烧损、防结渣，用除盐水对电极及线圈进行冷却。等离子点火器本体部分工作原理见图 2-3。

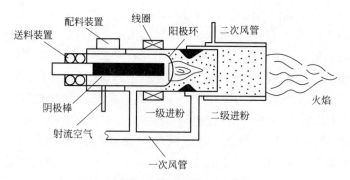

图 2-3 等离子点火器本体部分工作原理

2.15 等离子点火燃烧器系统运行方式是怎样的？

为保证机组的安全及等离子点火系统的正常运行，在炉膛安全监控系统（FSSS）

逻辑中，C磨煤机实现"正常运行模式"和"等离子运行模式"的切换。在"正常运行模式"时，第一层燃烧器实现主燃烧器功能；在"等离子运行模式"时，对C磨煤机的部分启动条件进行屏蔽，第一层燃烧器实现点火燃烧器功能。

（1）冷态等离子点火运行方式

① 按照运行规程的要求，锅炉上水到点火水位，风机启动，炉膛吹扫程序完成。

② 全面检查等离子燃烧器的各子系统，确认压缩空气、冷却风、冷却水等各项参数正常，等离子发生器具备启动条件。

③ 锅炉点火，投入一层对角油燃烧器，30min后，按照锅炉冷态启动曲线增投另一对角油燃烧器。

④ 置C磨煤机在"等离子运行模式"运行，检查制粉系统正常，二次风温达到90～130℃，启动一次风机、密封风机，磨煤机启动条件满足，C制粉系统投入暖磨。启动捞渣机、碎渣机运行。

⑤ 将等离子发生器给定电流设置为300A起弧，稳定5min后，根据煤种将等离子发生器功率控制在80～120kW范围内。

⑥ 调节第一层燃烧器周界风，维持风门开度在15％。

⑦ 启动C制粉系统。

⑧ 就地观察等离子燃烧器的燃烧情况，调整一次风量、周界风门开度，确定合理的一次风速及风门开度。

⑨ 等离子燃烧器燃烧稳定后，逐步减少油燃烧器，直至完全断油运行，并投入电除尘器第四电场运行。

⑩ 汽机冲转、定速、并网后逐渐增加燃料量。

⑪ C制粉系统出力达70％，投入上层煤粉燃烧器。此后按规程要求，升温、升压，并投入其它电除尘电场。

⑫ 运行负荷带到110MW，超过锅炉最低稳燃负荷时，置C磨煤机在"正常运行模式"，逐步停用四角等离子发生器，锅炉转入正常运行。

（2）等离子助燃运行方式

① 锅炉在低负荷助燃且所带负荷降到110MW附近时，将"正常运行模式"工作的等离子燃烧器逐支投入等离子发生器。当四角等离子燃烧器都投入等离子发生器后，根据需要，置C磨煤机在"正常运行模式"或"等离子运行模式"运行。

② 锅炉在滑停助燃并带负荷降到110MW附近时，投入等离子发生器，置C磨煤机在"正常运行模式"运行，按规程要求平稳降温、降负荷。

③ 当电负荷降至0，机组解列，等离子燃烧器退出，停运电除尘器，锅炉停炉。

2.16 等离子点火燃烧器系统运行控制参数有哪些？

（1）系统控制参数 为保证等离子发生器正常工作，对电源、压缩空气、冷却水、水质等均有控制要求：负荷电流200~375A，电弧电压250~400V；压缩空气压力0.12~0.3MPa，压缩空气体积流量60~100m³/h；冷却水压力0.15~0.40MPa，冷却水体积流量不大于10m³/h；水质为除盐水，水温不大于40℃。

（2）燃烧器控制参数 为保证等离子燃烧器在启动点火时及时着火、燃烧稳定，在不同的工况下对一次风速、膜冷却风速、给煤量、电弧功率、二次风等均有不同的要求，见表2-4。

⊡ **表2-4 燃烧器控制参数**

参数	冷态点火工况	热态助燃工况
一次风速/(m/s)	18~20	24~28
膜冷却风速/(m/s)	周界风门少开或不开	45~60
电弧功率/kW	≥110	90~110
给煤量/(t/h)	12~14	25
二次风	适当开启下二次风	正常开度

总之，调整等离子燃烧器燃烧的原则为：既要保证着火稳定，减少不完全燃烧损失，提高燃尽率，又要随炉温和风温的升高尽可能开大气膜或周界冷却风，提高一次风速，控制燃烧器壁温测点不超温，燃烧器不结焦，在满足升温、升压曲线的前提下，尽早投入其它燃烧器，尽快提高炉膛温度，有利于提高燃烧效率。

2.17　等离子点火燃烧器系统运行控制策略有哪些？

等离子点火燃烧器系统运行控制策略有以下几点：

① 启动C制粉系统前，将C磨煤机的出口分离器挡板角度调整至较小值。

② 等离子点火燃烧器投入运行的初期，要注意观察火焰的燃烧情况、电源功率的波动情况，做好事故预想，发现异常，及时处理。

③ 启动C制粉系统后，根据各角等离子燃烧器的燃烧情况，调整磨煤机对应的煤粉输送管道上的输粉风（一次风粉）调平衡阀门，保持各煤粉输送管道内风速合适、煤粉浓度一致、煤粉细度一致。

④ 等离子点火燃烧器投入运行的初期，为控制温升，上部二次风门要适当开大，注意观察烟温，防止再热器系统超温。

⑤ 在锅炉启动的过程中，对锅炉的膨胀加强检查、记录。

⑥ 在等离子点火燃烧器投入前，要根据给煤量与磨煤机入口风压、风量等参数，做好风粉速度、煤粉浓度等重要参数的预想，并在点火的过程中，根据煤粉着火情况，有根据地加以调整。

⑦ 等离子燃烧器投入后，还需投入其他主燃烧器时，应以先投入等离子燃烧器

相邻上部主燃烧器为原则，并实地观察实际燃烧情况，合理配风组织燃烧。

⑧ 气膜冷却风控制，冷态一般在等离子燃烧器投入 0～30min 内，开度尽量小，以提高初期燃烧效率，随着炉温升高，逐渐开大风门，防止烧损燃烧器，以燃烧器壁温控制在 500～600℃为宜。

⑨ 当 C 磨煤机在"等离子运行方式"下运行，4 支等离子发生器中的 1 支发生断弧时，光字牌将发出声光报警，此时运行人员应及时投入断弧等离子发生器上层的油枪，同时检查断弧原因，尽快恢复等离子发生器的运行。

⑩ 当 C 磨煤机在"等离子运行方式"下运行，4 支等离子发生器中的 2 支发生断弧时，保护系统将停止磨煤机的运行，此时应仔细检查断弧原因，待问题解决后再继续运行。

⑪ 当锅炉负荷升至断油负荷以上且等离子发生器在运行状态时，应及时将 C 磨煤机运行方式切至"正常运行模式"，防止因等离子发生器断弧造成磨煤机跳闸。

2.18 等离子点火燃烧技术优点是什么？

① 从运行情况看，在配置正压直吹式制粉系统的燃烟煤锅炉上采用等离子点火燃烧器冷态点火启动，与同类型锅炉对比，启动所需的平均耗油量减少约 20～25t；投粉时间可提前约 2～3h，成功实现少投油，早投电除尘器，并满足锅炉升温升压的要求。

② 在低负荷工况下使用等离子点火技术助燃，完全可以实现无油助燃，机组的经济效益和环保效益明显提高。同时，在等离子燃烧器投用以来，未出现锅炉尾部二次燃烧、烟温升高及燃烧不稳产生灭火打炮现象。停炉期间检查等离子燃烧器，燃烧室没有结渣现象，锅炉的安全性、稳定性得到保证。

③ 受场地限制，未在 C 磨煤机入口的一次风道上加装蒸汽暖风器，否则，可以实现冷态无油点火。

④ 等离子点火燃烧技术对于调峰大机组尤为适合，可大大减少昂贵的燃油和运行成本。

2.19 什么是微油点火技术？

微油点火技术是用微量的油（15～100kg/h），通过专门设计的燃烧器，点燃大量的煤粉（2～12t/h），从而达到锅炉冷炉气化微油点火、低负荷稳燃的目的，该燃烧器的节油率可达 90% 以上，可为电站锅炉冷炉和低负荷稳燃节约大量的燃油，给企业创造巨大效益。同时，在锅炉点火时，即可投入电除尘器，解决锅炉点火初期的冒黑烟问题。

微油点火的基本原理是：将煤粉分级送入燃烧器，并采用煤粉浓缩等技术，利用微量的油先点燃一部分煤粉，然后利用煤粉燃烧自身发出的热量再去点燃更多的煤粉。如此逐级放大，达到用微油量（100kg/h 以下）冷炉启动大型电站锅炉的目的，大幅度节省启动和助燃用油（节油率 98％）。

因第一级煤粉量较小，并采用了煤粉浓缩技术，使煤粉浓度提升，容易着火。因而用微量油即可点燃一级燃烧室煤粉。煤粉着火温度大致量级为：烟煤 600～650℃；贫煤 700～800℃；无烟煤 800～1000℃。

2.20 微油点火系统是如何构成的？

微油点火系统由微油点火燃烧器、油系统、压缩空气系统、助燃风系统、一次风加热系统、控制及检测系统组成。

(1) 微油点火燃烧器 微油燃烧器结构示意图见图 2-4，其中最主要的高强度油燃烧室的作用是使燃油在很短的时间内发生剧烈燃烧，产生高温火焰，为点燃第一级燃烧室中的煤粉提供初始热源。

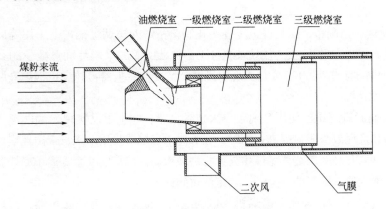

图 2-4 微油燃烧器结构示意图

火焰刚性强，长度短，火焰根部呈白炽状态，燃烧强度很高，火焰平均温度可达 1500～2000℃

(2) 气化油枪设计参数

燃油出力：30～100kg/h；

油压范围：0.7～3.0MPa；

压缩空气消耗量（每只枪）：1.5m³/min；

高压冷却风流量（每角）：600m³/h。

要视现场情况对原油系统进行过滤、减压。

图 2-5 为高强度油枪火焰。

(3) 压缩空气系统 压缩空气系统有燃油雾化和油路吹扫两部分。压缩空气作为气化微油燃烧器的雾化介质，对气化微油燃烧器的稳定运行至关重要，同时雾化空气

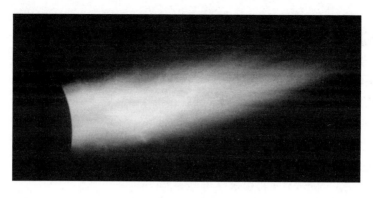

图 2-5　高强度油枪火焰

也是油枪供氧的重要来源。油路吹扫是避免残油炭化堵塞油枪的有效手段。压缩空气系统的空气压力调节范围为 0.2～0.6MPa。

（4）助燃风系统　助燃风系统作用：为气化微油油枪提供充分燃烧的氧量；为气化微油油枪及油燃烧室提供冷却；在气化微油系统停运时保持油燃烧室的清洁，防止管道内煤粉进入油燃烧室污染油枪及火检。

（5）一次风加热系统　一次风加热系统采用暖风器，以辅助蒸汽为热源自制热风，保证锅炉冷态启动时，磨煤机入口风温满足磨煤机干燥出力、一次风大于17m/s，不堵管的要求。辅助蒸汽来源于辅助蒸汽母管，压力为 1.2MPa，温度为290℃，汽耗≤4.9t/h；亦可采用邻炉热风、小油枪加热一次风。图 2-6 为暖风器管道系统图。

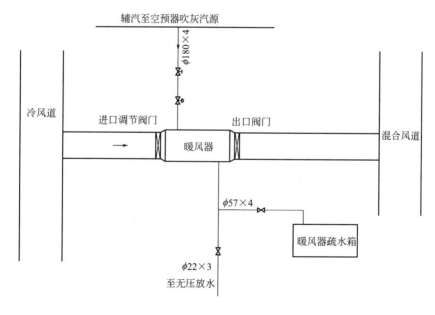

图 2-6　暖风器管道系统图

2.21 微油点火系统需要注意哪些问题?

(1) 锅炉升温升压速率要求

① 初始燃烧率应小于最大燃烧率的 5%;

② 炉水升温率小于等于 1.5℃/min;

③ 启动初期最高升压率为 0.035MPa/min;

④ 保证升温升压速率的措施;

⑤ 通过计算,确定最小投煤量(约 12~20t/h);

⑥ 对中速磨煤机出力进行调整;

⑦ 改变磨煤机挡板;

⑧ 减少一次风通风量;

⑨ 投用大油枪至启压前。

(2) 防止再热器干烧和管壁超温

① 严格控制炉膛出口温度在允许的范围内;

② 通过调整二次风配风,来确保炉膛出口温度。

(3) 微油点火技术与 FSSS 和 DCS 接口

① 微油枪自身带有火检,可判断着火情况;

② 在 DCS 设计磨煤机"正常运行模式"与"微油运行模式"两种运行模式,并可相互切换;

③ "正常运行模式"运行时,磨煤机维持原有的逻辑;

④ "微油运行模式"运行时,采用微油模式下的启动和保护逻辑。

(4) 冷炉微油点火基本条件

① 工程应用已经表明:当挥发分 V_{daf} 大于 20% 时,即可稳定点燃煤粉;

② 当冷态点火时,一次风速控制在 17~28m/s 均可点燃煤粉,具体数值通过调试确定;

③ 最低煤粉浓度约为 0.20kg(煤粉)/kg(空气)。

2.22 微油点火燃烧器突出优点有哪些?

(1) 冷炉升炉节油率(以煤代油)可达 95% 以上。用微量油即可实现超低负荷稳燃,经济效益非常显著。

(2) 可靠性高。由于采用多级气膜冷却,并对壁温实现自动控制。长时间连续运行,燃烧器不易发生结渣和烧坏。

(3) 安全性好。采用可靠工控设备,增加火焰检测,并与 FSSS(BMS)进行协调,炉膛保护性能很好。

（4）操作方便。对风速、煤粉浓度、煤质等参数变化无严格要求，适应能力强。

（5）系统简单，基本无维护工作量，便于生产管理。

（6）由于微油（气）燃烧时，不会生成高分子链聚合物，因此在锅炉启动和停炉阶段，可投入电除尘，解决了电站锅炉在启停阶段的环保问题。

2.23 常用的节油或节气点火稳燃技术有哪些?

目前，常用的节油或节气点火稳燃装置有等离子、高温空气、小油枪（气化小油枪或雾化小油枪）等几种。

（1）等离子点火稳燃技术 较多电厂煤粉锅炉采用，应用成熟。单点及系统设备昂贵、投资较高。切圆四角燃烧锅炉，价格范围内，仅四角4点配置（由于燃油价格高昂，近期逐步采用投资更为高昂的双层布置方式），对燃烧器各一次风煤粉喷口的稳燃，缺乏直接有效的调控手段，高水分、煤质波动时仍需投大油枪稳燃。

实际应用中，阴极阳极烧损严重，需频繁更换阴极、阳极，颇为麻烦，一旦故障即影响电站锅炉的安全可靠运行，并消耗较多的贵重钨等战略物资材料；使用大功率电源，价格昂贵、电耗及运行检修费用较高。燃用低热值煤种时，油耗依然较高。个别电厂效果不佳，被拆除恢复为原油枪点火稳燃。

（2）小油枪点火稳燃技术（气化小油枪或雾化小油枪） 较多电厂煤粉锅炉采用，应用逐步成熟。单点及系统设备价格相对较低、运行维护简单。切圆四角燃烧锅炉，价格范围内，仅四角4点配置（新近个别采用双层布置），对燃烧器各一次风煤粉喷口的稳燃，缺乏直接有效的调控手段，高水分、煤质波动时仍需投大油枪稳燃。

实际应用中，需更换燃烧器一次风煤粉喷口，由于牵涉锅炉复杂空气动力场、温度场的运行特性，实际煤种煤质、炉型、炉况的千差万别及动态变化，应用推广过程中容易出现理论与具体实践不一致的情况，投资及技术风险略高；需连续投油实现稳燃、动态调节范围较窄，个别用户使用情况不佳，年油耗仍然较高（由于供应煤质的波动，实际单只油耗已由 $20\sim45kg/h$，调整为 $150\sim450kg/h$）。

（3）高温空气无油点火稳燃技术 个别电厂煤粉锅炉采用，应用逐步成熟。单点及系统设备价格相对较低、运行维护简单。切圆四角燃烧锅炉，价格范围内，仅四角4点配置，对燃烧器各一次风煤粉喷口的稳燃，缺乏直接有效的调控手段，高水分、煤质波动时仍需投大油枪稳燃。

实际应用中，鉴于空气加热的温度，本身受金属许可壁温的限制，且空气本身热容量较低，煤质越差、含水量越高，其热容量越大，高温空气随时可能无法将煤粉加热至燃点而将其点燃，点火失败概率较高。应用受煤质影响较大，煤种适应性较差。应用推广缓慢。

2.24 几种节油燃烧器的比较结果是怎样的？

为节约电站锅炉燃烧用油，我国科研人员在燃烧器和油枪的设计上做了大量的工作，早期主要集中在燃烧器的设计上，积累了不同煤种燃烧特性的试验数据，提出了"三高区"的理论，开发了船体燃烧器、钝体燃烧器、浓淡燃烧器、双通道燃烧器等多种形式的燃烧器，收到了一定效果，但这些燃烧器早期改造的目的是节约低负荷稳燃用油，后期的改造主要考虑降低 NO_x 的效果。

在节约锅炉启动用油方面，目前应用和正在研发的关键技术实际上主要集中在点火热源上，比较典型、可行的有等离子燃烧技术、高温空气燃烧技术、微油点火燃烧技术。

(1) 等离子燃烧技术的点火热源是利用强磁场控制下的直流接触引弧，将压缩空气电离成高温等离子体，该技术的优点是等离子体的温度高，可达 4000℃以上，同时等离子体的化学活性高，易于煤粉引燃，缺点是阴极容易腐蚀，维护量大，设备比较复杂，且造价成本高。

(2) 高温空气燃烧技术是首先将部分空气加热到 800℃以上，然后利用该高温空气携带并点燃煤粉，该技术目前应用不多。

(3) 微油点火燃烧技术主要是用出力为 2025kg/h 的微油气化油枪代替复杂的等离子发生器，实现了煤粉的分级燃烧，燃烧能量逐级放大，达到点火并加速煤粉燃烧的目的，设备简单可靠，维修工作量小，改造造价低。

2.25 富氧稳燃系统设备的节油技术原理是什么？

对于直流、旋流燃烧器，富氧稳燃系统设备，先进、创造性地利用富氧气体，在锅炉调试、启动点火、调峰、停机等非正常状态，容易发生煤粉燃烧器灭火的低负荷时，通过向稳燃回流区内注入富氧气体（可由油枪瞬态投入进行点火），流经煤粉燃烧器稳燃回流区附近的局部顺流区域，进而区域内煤粉的燃烧速度、燃烧温度大大提高，确保稳燃回流区的高温状态，并由此形成狭长高温烟气带，使稳燃回流区的烟气温度在进入顺流区混合后，始终高于煤粉着火温度，避免了高水分、煤质波动、低负荷等状况下导致煤粉燃烧器的灭火，实现该煤粉燃烧器的节油可靠稳燃，并在稳燃回流区域以外，对顺流沿程周边的煤粉进行持续加热，使煤粉达到燃点而可靠着火，并进而强化燃烧，降低灰渣残炭量，提高锅炉燃烧效率，保证锅炉高效率运行，有效防止由于高水分、煤质波动、低负荷导致锅炉灭火的重大安全事故。

对于 W 火焰型锅炉，在锅炉调试、启动点火、调峰、停机等非正常状态，容易发生煤粉燃烧器灭火的低负荷时，沿炉心侧煤粉流场方向，通过向煤粉燃烧器附近的局部折焰区域注入富氧气体（可由油枪瞬态投入进行点火），进而局部区域内煤粉的燃烧速度、燃烧温度大大提高，确保局部折焰区域的适度高温状态，使局部折焰区域的烟气温度，在煤粉进入混合后，始终高于煤粉着火温度，避免高水分、煤质波动、低负荷等导致煤粉燃烧器的灭火，实现该煤粉燃烧器的节油可靠稳燃，并进而强化燃烧，降低灰渣残炭量，提高锅炉燃烧效率，保证锅炉高效率运行，有效防止由于高水分、煤质波动、低负荷导致锅炉灭火的重大安全事故。

这样，仅需短时间即瞬态投入油枪进行点火，就可避免长期性的投油枪进行稳燃，使原有的煤粉燃烧器，直接成为锅炉点火燃烧器和主燃烧器使用，满足锅炉启、停或低负荷过程中的安全、可靠稳燃要求，实现大幅度节油目标。

2.26 富氧微油（气）点火稳燃系统设备的技术原理是什么？

对于直流燃烧器、旋流燃烧器，SL富氧微油（气）点火稳燃系统，领先、创造性地利用燃油或燃气燃烧产生的高温烟气，流经一次风煤粉喷口稳燃回流区附近的局部顺流区域，或进一步完全燃烧，这样形成的狭长高温烟气带，对顺流相遇的富氧气、浓相煤粉进行持续加热，使煤粉达到燃点而着火，由于富氧气体浓度高、反应快、燃烧温度高，使稳燃回流区迅速达到高温状态，迅速加热引燃整个喷口的一次风煤粉，实现该燃烧器一次风煤粉喷口的可靠点火。

在锅炉启动点火、调峰容易发生一次风煤粉喷口灭火的低负荷时，通过向稳燃回流区内注入富氧气体或者同时注入高热燃烧烟气，进而区域内煤粉的燃烧速度大大提高，使稳燃回流区的烟气温度，进入顺流区混合后，始终高于煤粉着火温度，确保稳燃回流区的高温状态，避免了高水分、煤质波动导致燃烧器一次风煤粉喷口的灭火，实现该燃烧器一次风煤粉喷口火焰的可靠稳燃，有效防止由于高水分、煤质波动导致锅炉灭火的重大安全事故。

富氧稳燃、富氧微油（气）点火稳燃，节油技术机理先进，动态调节范围较宽，容易实现无烟煤、贫煤的可靠点火稳燃，对煤种、煤质的适应性优越。

并且，富氧稳燃、富氧微油（气）点火稳燃，有利于强化燃烧，降低灰渣残炭量，提高锅炉燃烧效率，保证锅炉高效率运行。

针对各种燃烧器及锅炉类型，安装应用简单，不影响燃烧器的性能技术参数，技术风险较低。对于多种燃烧器及锅炉类型的电厂，可避免节油系统设备种类过多，方便设备的运行、维护、检修及管理。且设备本身结构简单，价格范围内，可低廉实现任意层（点）的节油安全稳燃，技术经济性优于其它技术方式。

2.27 富氧点火及稳燃设备的特点是什么？

（1）在锅炉启停、调峰低负荷运行状态下，能节约大量燃油（气），节油（气）率99％左右。能大幅度节约燃油（气）采购、运输、储存、运行、管理等成本开支。

（2）无需更换燃烧器一次风煤粉喷口，投资少，回收周期短。价格范围内，可任意多层配置，投资伸缩性极佳，可低成本、低投资、低风险地完成节油（气）技术改造。

（3）对于老电厂，SL 富氧稳燃系统设备、SL 富氧微油（气）点火稳燃系统设备，改造工作量小，不动燃烧器一次风煤粉喷口，改造后不影响锅炉出力，不破坏原有的燃油（气）点火系统，可大大提高锅炉运行的安全性、可靠性。

（4）可实现烟煤、褐煤、无烟煤及其贫煤的稳定可靠点火和稳燃，燃烧器无烧损和结焦现象，有效防止由于高水分、煤质波动导致锅炉灭火的重大安全事故。

（5）主体部件免维护。运行维护量小，初期可投入电除尘，有利于环保。

（6）易安装和扩展，模块化部件设计，核心部件留有扩展接口，整个装置安装简便，扩展容易。

（7）柔性智能控制系统设计，系统简单、操作方便，对于风速、煤粉浓度、水分、煤质、炉况等参数变化适应能力极强。

（8）全自动运行自检，自动故障检测以及类型、位置报告、报警，自动故障解锁，自动化程度高，也适用于 DCS 改造的电厂。

（9）多级验证、多重安全互锁保护，系统自动限定安全运行参数，防止误操作造成危害。并与 FSSS 及 BMS 通讯进行协调保护，安全性可靠性较高。

（10）富氧燃烧方式，有利于减少排放烟气量，从而降低热能损失，减少送、引风机动力损耗。

（11）在配套的空气分离制氧机基础上，可提供惰性保护气体，方便制粉设备系统、回转空气预热器、电除尘器、电缆槽沟、油库等的消防灭火及安全维护检修，有效避免采用蒸汽、低温烟气灭火导致水分冷凝结块及腐蚀、电气故障等，缩短检修维护量，进而增加锅炉机组的发电时间以提高经济效益。并可提供氩气、氧气、氮气，方便焊接保护、切割用气需要，且可出售商品氩气、氮气、氧气满足社会需要。

（12）对于氢冷发电机组，可直接利用配套空分设备的氮气，进行相应的安全置换（取消原有的瓶装 CO_2 置换方式，方便生产运行管理）。

（13）对于氢冷发电机组，还有利于制氢站的综合节能利用。

对于氢气，可利用配套空分设备的氮气，进行适度稀释，用作燃气脉冲吹灰器的可燃气源，进行综合利用（氢气管路连接至燃气脉冲吹灰系统，并进行必要运行参数调整）。经济性明显，设备投资低廉，处理安全性较高。

对于氧气，则可以经储罐减压后，管路连接富氧稳燃系统或富氧微油（气）点火稳燃系统，进行综合利用。

2.28　如何优化磨煤机和燃烧器的协同配合？

提高火电机组超低负荷运行的能力将减少机组冷启动的次数，这就对燃烧系统提出了更高的要求。在没有备用点火系统的支撑下，传统无烟煤电厂允许的最低负荷约为40%锅炉最大连续蒸发量，这远低于未来电力系统对火电厂最低负荷的需求。然而，通过改变磨煤机运行数量和燃烧器运行范围可获得25%的最低负荷（2台磨煤机运行模式），如图2-7所示。在新建电厂中已经证实单台磨煤机运行也能够维持电厂系统稳定，将最低负荷进一步降低至20%以下，从而减少停炉次数。通过采用合适的燃烧器和单台磨运行模式，德国Heilbronn电厂7号机组已将最低负荷降至15%。

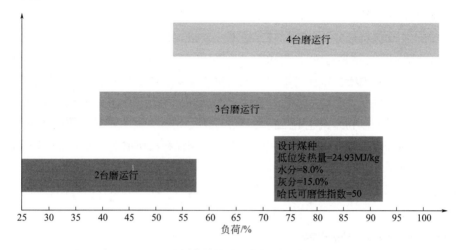

图2-7　配置4台磨煤机的燃烧系统运行范围

　　在四角切换燃烧系统中采用可倾斜的燃烧器也能提高系统的灵活性，通过减少再热调温过程，实现部分负荷下的高效率（效率大约增加0.5%~1%）。对于褐煤电厂，满负荷下一般运行六七台冲击式磨煤机进行制粉，可利用通入燃烧器中的空气对磨煤机和燃烧系统进行调整和优化。对于新建机组，系统最低负荷为40%，而旧的机组仅仅为50%。一般情况下，4台磨煤机可以带动机组40%的负荷。然而经过对空气供应的精细控制和对磨煤机速度的调整（从而确保燃烧稳定），可在3台磨煤机运行模式下进一步降低最小出力值。例如，对Vattenfall（褐煤）超临界电厂进行相关试验，结果显示锅炉最低负荷约为37%。因此利用这些方式，无论在新旧电厂中将最低负荷降至35%都被认为是可行的。

2.29　如何扩展燃料的灵活性？

　　生物质可作为掺烧燃料用于减少净 CO_2 排放量。针对大型的超超临界机组，在低负荷时可运行1台磨煤机并掺烧10%（热量基）生物质燃料。提前将磨煤机投入运行可用于优化火电机组的启动阶段。在一次风系统中配置额外的燃烧器能节省更多的能量，这部分节能若用于干燥燃料，将使磨煤机的出力更快。在启炉阶段，通过快速转换到最低负荷（煤与生物质掺烧），将节省高达 90％的启炉所需重油。

为了燃烧水分含量较高或热值较低的煤种，增加磨煤机前置预热干燥能力是必然的选择。若对电厂进行全面的升级改造，可采取大型的配置动态粒度分级器磨煤机、具有大出力的一次风机等方案。

2.30 安装仓储式制粉系统如何提高锅炉燃烧系统的灵活性？

仓储式制粉系统被成功地改造应用于煤粉锅炉而获得最低的锅炉负荷。它也能提高锅炉爬坡率和保持部分负荷下的较高效率。仓储式制粉系统涉及在磨煤机和燃烧器之间安装煤粉漏斗、相配套的管路和阀门。采用这种措施，瞬时燃烧率将不再由磨煤机随时间变化的出力所决定。磨煤和燃烧过程的分离导致了燃烧系统延迟惯性的明显减少。这样的布局允许燃烧的变化率高达 10％/min（常规燃烧系统的变化率为 2％～5％/min）。仓储式制粉系统也能维持燃烧过程的稳定性，避免启炉所需的重油燃料，当电力系统所需电力降低时，使更多的电力应用到煤粉的研磨上。如果电厂将仓储式制粉系统与灵活性的燃烧器协调使用时，最低负荷能降低至 10％。由于磨煤机能持续处于最优工况下运行，电厂效率在低负荷时也能有所提高。具体的仓储式制粉系统的优势参见表 2-5。

⊡ 表 2-5 仓储式制粉系统的相关参数

项目	直吹式制粉系统	仓储式制粉系统
最低负荷	25％～30％	≤10％
点火燃料需求	100％	5％
过量空气	15％	≤12％
磨煤过程	磨煤机在低负荷运行	磨煤机在最优工况下运行

若未安装仓储式制粉系统，常规电厂可采用立轴式磨煤机通过简单地控制煤粉流量而提高燃烧系统的性能。在磨煤机研磨压力可接受的范围内，增加磨煤机电流可使煤粉输出量在几分钟的时间内快速增加。因为原煤的输送不能迅速加速，磨煤机实际上起到了能量存储装置的作用。为了进一步提高效率，在仓储式制粉系统的基础上可增加褐煤预热干燥这一步骤。因为干燥的燃料可以在燃烧前输送至漏斗中存储。这个耦合系统不仅具有提高负荷变化率和降低最低负荷的能力，而且不需要重油的条件下能维持启炉时燃烧的稳定性。

2.31 监视与优化燃烧如何提高锅炉燃烧系统的灵活性？

近距离监视炉膛内的燃烧状态对机组运行是非常重要的，尤其是不断启停炉的工况。当达到非常低的负荷时可在炉内掺烧生物质，这将使燃料效率自始至终保持最高值。例如，美国佐炉科技公司（Zolo Technologies，Inc.）与斯坦福大学高温气体动力学实验室合作开发了 ZoloBOSS 激光测量网系统，它采用可调谐二极管激光吸收光谱（Tunable Diode Laser Absorption Spectroscopy，TDLAS）技术，无需插入探头或在锅炉旁边放置易损的电子仪器，无需参考气体、定期校验、气体取样，具有高灵敏度、高选择性及快速测量特点的新型技术。基于 ZoloBOSS 激光测量网系统的锅炉燃烧优化系统实时监测锅炉燃烧过程参数，并采用神经网络的"自我学习"技术，根据最新的燃烧过程数据在线自动完成对燃烧优化模型的调整和修正，使模型所包含的"工况点"随着时间的推移得到不断地扩充和完善，同时保证模型与变化的锅炉特性相匹配，使燃烧优化系统长期有效。它具有以下特点：

　　① 提高锅炉热效率，减少发电用煤的消耗；
　　② 增强锅炉对煤种变化的适应性，确保锅炉运行稳定；
　　③ 提高锅炉对电网调度升降负荷的响应能力；
　　④ 有效监测与防止锅炉结焦、燃烧失衡对水冷壁的损伤；
　　⑤ 帮助 DCS 取得最佳配风量等。

2.32　如何布置新电厂能充分提高电厂的灵活性？

　　(1) 多锅炉方式　布局新电厂时采用多个锅炉联合给单台汽轮机提供高压高温蒸汽，这也能充分提高电厂的灵活性。德国知名能源企业莱茵-威斯特法伦电力股份公司为未来褐煤电厂研发了一种 $1 \times 1100MW$ 蒸汽轮机配置 $2 \times 550MW$ 锅炉的新型发电机组。它不仅拥有与现代燃气轮机电厂相比的负荷变化率，而且具有更高的灵活性。负荷从 1100MW 降至 175MW（最低负荷约为 16%）将成为可能。

　　(2) 增加电极锅炉　电热锅炉技术在国际上主要分为电阻锅炉、电极锅炉、电热相变材料锅炉和电固体蓄热锅炉，其中做到高压电直接接入和大功率直供发热的方案是电极锅炉。它是通过消纳弃风、弃光来供热，在不影响机组运行的情况下，电极锅炉是快速实现深度调峰的一个有力手段。特别是在风、光、水、核等清洁能源发电资源丰富的地区，在国内如吉林白城风电供热项目、内蒙古包头光热供热项目和新疆高铁电供热项目中均使用了大功率的电极锅炉。它被安装在系统中的功能主要有三个：①在电网中进行峰谷电的平衡和风电、光电消纳；②增加热电厂的火电灵活性，在不干扰机组锅炉汽轮机系统的条件下，快速实现深度调峰；③电极锅炉配合过热器作为核电站和常规火电机组的冷启动的启动锅炉，提供小汽机冲转和大汽机的启动暖缸等蒸汽来源。

　　(3) 前置燃气轮机　加装前置燃气轮机，其功率最高为现有机组功率的 20%，好处在于不仅可提高电厂的输出功率、效率以及灵活性，还可将成本较高的燃料（燃气）的利用效率提高到80%左右（蒸汽燃气联合循环的燃料利用效率约60%），另外还可以加装前置蒸汽轮机提高锅炉的蒸汽输出功率。

2.33 火电灵活性改造技术的思路和可行方案还有哪些？

火电灵活性改造技术的思路和可行方案，具体如下：

(1) 优化电厂磨煤机和燃烧器的协同配合，降低入炉煤速率和提高燃烧稳定性，从而减少停炉次数；扩展低负荷时燃料灵活性，比如掺烧生物质燃料；通过更换高品质合金材料，降低管道壁厚增加锅炉给水受热均匀性。

(2) 增加仓储式制粉系统可实现磨煤和燃烧过程的分离，这不仅能维持燃烧过程的稳定性，避免启炉所需的重油燃料，而且当电力系统所需电力降低时，能使更多的电能应用到煤粉的研磨上；采用先进的炉内监视和诊断评估系统，实现长期优化燃烧。

(3) 在布局新建电厂时，宜采用多个锅炉配置单独汽轮机、电极锅炉和前置燃气轮机等手段，实现高效的火电灵活性调节。

(4) 除了以上手段外，还通过改善燃烧室内空气的分布、加装省煤器旁路、给水泵回流管和更新锅炉DCS控制系统等手段优化锅炉系统，从而增大负荷区间，提高灵活性。同时如果能提升效率，就能（部分）弥补和平衡在低负荷运行时的经济损失。

2.34 双流化床锅炉（DFBB）及其高效洁净燃烧工艺的工艺原理是什么？

双流化床锅炉（Dual-Fluidized Bed Boiler）是将循环流化床与鼓泡流化床进行协同组合而形成的一种创新设备。在常规循环床锅炉炉膛侧面至少设置一组鼓泡床，作为循环床锅炉的燃煤预处理部件，鼓泡床以烟气与空气的混合物作为流化风，燃煤的挥发分在鼓泡床还原性气氛中全部燃尽，半焦进入循环床中燃烧。双流化床锅炉(DFBB)结构示意如图2-8所示。

双流化床燃烧工艺过程：燃煤按照含硫量掺入一定比例的石灰石，根据锅炉负荷需要连续均匀地给入鼓泡床炉膛中。鼓泡床流化风由烟气和空气混合组成，调节鼓泡床流化风（烟气＋空气）流量，可以控制鼓泡床流化状态；调节流化风中空气比例，即调节流化风的含氧量，可以控制鼓泡床内燃料燃烧强度，从而控制鼓泡床温度。加入的燃煤在鼓泡床内被加热，析出挥发分并在强还原性气氛中进行缺氧燃烧。循环床循环物料及燃煤全部来自鼓泡床的溢流，鼓泡床炉膛内物料量及粒度结构一定的情况下，通过调节鼓泡床流化风量，可以调节鼓泡床密相区流化高度，从而调节自鼓泡床炉膛经过溢流口进入循环床炉膛中的物料数量、速度。

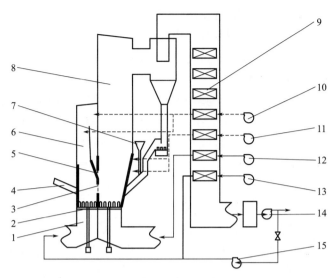

图 2-8 双流化床锅炉（DFBB）结构示意图

1—鼓泡床风室；2—鼓泡床布风板；3—鼓泡床溢流口；4—给煤口；
5—鼓泡床炉膛出口烟窗；6—鼓泡床炉膛；7—钙质脱硫剂给料管；
8—循环床炉膛；9—循环床竖井受热面；10—鼓泡床二次风机；
11—循环床二次风机；12—循环床一次风机；13—鼓泡床一次
风机；14—引风机；15—鼓泡床一次风烟气风机

2.35 双流化床锅炉高效洁净燃烧技术的特点是什么?

(1) 循环流化床易于实现更高质量的循环流化工况 双流化床锅炉循环床的循环床物料全部为来自鼓泡床溢流的半焦和灰渣，粒径筛分特性较窄，平均粒径小，趋于"流态重构"理论的理想状态。

(2) 对关联参数进行解耦，使锅炉更容易操控，运行指标更容易优化

① 鼓泡床流化与燃烧解耦。鼓泡床流化状态和床层高度，通过调节鼓泡床流化风速来控制；鼓泡床燃烧强度及床层温度，通过调节鼓泡床流化风中空气含量，即流化风含氧量来控制，从而实现鼓泡床流化状态和燃烧强度（温度场）分别调节。

② 脱硫、脱硝参数控制解耦。脱硝、脱硫可分别通过调节鼓泡床、循环床运行状态进行控制，对烟气含氧量、温度场等参数的需求和调节互不干扰。

(3) 可靠实现 NO_x 的超低排放

① 燃煤在鼓泡床中加热、析出挥发分、挥发分燃尽过程均处于绝对还原性气氛中，进行低温燃烧，消除了 NO_x 的产生条件，从而抑制了燃煤挥发分中 N 向 NO_x 的转化。

② 焦炭 N 随半焦进入循环床燃烧，循环床炉膛下部密相区焦炭相对（气泡）集中在乳化相，上部湍流或快速床状态，颗粒易形成团聚，焦炭集中燃烧的区域氧气相

对不足，焦炭 N 难以转化为 NO_x；同时焦炭为还原剂，焦炭 N 随炭的燃烧而迁移，即使生成 NO_x，也很容易随即被焦炭还原分解。

因此，双流化床锅炉 NO_x 的排放浓度将远远低于 $50mg/m^3$。

（4）稳定实现 SO_2 超低排放

① 鼓泡床脱硫。研究表明，燃煤中的硫分在强还原气氛中燃烧主要产物为 H_2S，在鼓泡床中加入石灰石等钙质脱硫剂，在 $>830℃$ 时，H_2S 容易与 CaO 或 $CaCO_3$ 反应，生成 CaS，可以使 90％以上的 H_2S 固化，大幅度降低含硫气体的逃逸，CaS 随固体物料进入循环床。

② 循环床脱硫。CaS 在循环床氧化气氛中被氧化，在 $700～900℃$ 范围内直接转化为 $CaSO_4$，比 CaO 与 SO_2 反应更容易。

双流化床锅炉中的循环床实现了流态优化重构，通过调整风煤配比，多层二次风的调配，可以使循环燃烧温度场均匀；不必像常规循环床再考虑分段燃烧，全炉膛配以较富裕的氧量，并调控适合炉内喷钙脱硫的温度需要；同时补充加入石灰石等钙质脱硫剂颗粒，使循环物料保持较高的 CaO 浓度，烟气处于浓厚的 CaO 气氛中，可以达到高效脱硫，实现 SO_2 "超低排放"。

（5）锅炉热效率高

① 燃烧效率高。燃煤进入锅炉后，挥发分在鼓泡床内基本燃尽，细颗粒粉煤（不能被旋风分离器回收的部分）随烟气在鼓泡床内燃烧后进入循环床继续燃烧，其燃烧时间比常规循环床增加 50％以上；循环床物料的优化，易于实现流态优化重构和燃烧优化的统一，同时热态燃煤由鼓泡床进入富氧的循环床炉膛即可进行剧烈燃烧，总体燃烧效率可以接近或大于煤粉锅炉。

② 排烟温度低。由于在锅炉内脱除了 SO_2、NO_x 等酸性气体，锅炉排烟酸露点将大幅度降低，因而锅炉设计排烟温度可以大幅度降低，从而降低锅炉排烟损失。

（6）运行稳定性、可靠性高 双流化床锅炉的鼓泡床和循环床均为低风速流化，由于磨损与流速 3 次方成正比，所以本锅炉部件磨损很轻甚至消除。

2.36 双流化床（DFB）燃煤锅炉及燃煤电厂超低排放燃烧技术优势是什么？

目前我国燃煤电厂及燃煤锅炉都在进行烟气污染物"超低排放"改造，以双流化床锅炉为核心设备，仅需配置高效除尘器，就可以形成更简捷高效的"超低排放"燃煤电厂和燃煤锅炉技术路线。与常规技术相比，主要有如下优势：

（1）通过技术创新，实施燃烧源头治理，实现超低排放，消除了 SCR 催化剂二次污染，不使用氨基脱硝剂，符合清洁生产理念。

（2）排烟温度低，便于直接配置低低温除尘器，无需增加管式换热器降低烟气温度。

（3） 锅炉后部烟气治理系统简单，场地占用少。

（4） 系统投资省。新建常规燃煤电厂，其脱硫、脱硝超低排放系统投资为 200～300 元/kW；新建常规燃煤锅炉，其配套脱硫、脱硝超低排放系统投资不低于锅炉本体的投资。

（5） 运行电耗低。双流化床锅炉的鼓泡床和循环床均为低风压、低风速流化；与目前常规超低排放燃煤电厂、燃煤锅炉相比，减少了烟气脱硝系统、脱硫系统、烟气再热器（GGH）、湿电除尘器等环节，节省了相应系统电耗，同时锅炉后部烟气阻力可降低 50% 左右，风机电耗大幅度降低。

（6） 运行费用低。脱硫、脱硝运行成本较常规电厂至少可降低 0.015 元/kW 左右。燃煤锅炉脱硫运行费用可降低 50% 左右，脱硝运行费用全部节省，并节省相应系统检修、维护费用。

（7） 无废水产生、排放。

（8） 烟气系统为干态，烟道、烟囱及相关设备无需防腐，可大幅降低建设投资及维护、修理费用。

（9） 干烟气排放，无需烟气再热，无"烟囱雨"问题，无景观污染。

2.37 煤粉细度自动调节系统如何实现燃烧系统的最优运行方式？

制粉系统调整是锅炉机组燃烧调整的主要内容之一。不合理的运行方式，不仅会使制粉经济性降低，而且会影响炉内的燃烧和尾部受热面的传热。通过对制粉系统的调整，测量和了解制粉系统的各种运行特性，以作为运行调节及确定制粉系统运行方式的依据。

自动取样式煤粉细度在线测量系统，是一款基于图像处理的全自动取样式煤粉粒细度在线测量装置，可实时准确地测量煤粉细度，从而指导锅炉燃烧与制粉系统进行优化调整工作，达到优化燃烧、提高锅炉效率、降低锅炉污染物排放的目的，对节能减排、提高电厂经济效益能够起到关键性作用。

通过制粉系统调整和自动取样式煤粉细度在线测量系统，可制定出制粉系统的最优运行方式，其主要包括以下内容：

① 各台磨煤机的负荷分配方式，尽量避免多台磨同时低出力运行；

② 钢球装载量与球径分配，补球方式，衬瓦更换判据；

③ 磨煤机出力，给煤机转速；

④ 制粉风量，各风门开度，风机电流；

⑤ 煤粉细度的控制值，粗粉分离器挡板开度。

通过基于在线煤粉细度的制粉系统节能优化，实现燃烧系统的最优运行方式。

第3章
汽轮机节能技术

3.1 汽轮机节能项目有哪些？ 节能潜力如何？

电厂汽轮机的节能项目潜力分析，是根据对部分电厂了解的情况，列出了部分有节能潜力的项目。由于各个电厂机组容量不同、型号不同、系统有差别等原因，项目差别较大，需要进行详细摸底实验才能列出有针对性的和较为准确的项目，以下分析仅供参考。

以下计算基于常规再热机组的热力计算，对典型系统进行改进后，然后用等效热降法进行计算得到的节能结果。但并不代表所有机组都存在以下问题，通过计算只说明通过对某些系统的改进，机组确有节能改进的潜力。以下以某电厂的机组为例，解剖再热机组可能存在的节能潜力分析，仅供参考（见表3-1，见下页）。如果进行具体的改进时，需要对具体的机组进行详细的计算和试验，才能得到准确的节能潜力分析。

3.2 汽轮机能量损失有哪些？ 应如何处理？

(1) 汽轮机本体通流效率低，检修时不注意调整焓降只注意调整间隙。

机组检修时，为了提高效率一般非常重视调整间隙，清理污垢提高叶片光洁度等。但是很少有人注意调节级间焓降的工作，由于运行中各种原因会造成各个级间的喷嘴的面积发生改变，造成焓降分配与设计值有偏差，造成通流效率下降。

例如，运行中发现调节级压力低，在同负荷时比设计值偏低，说明调节级的焓降偏大，可以检查高压缸喷嘴面积，并适当调整（利用专用工具矫正），因为调节级压力低不利于运行。原因是调节级的运行效率低（因为级间效率67%～40%变化）且变化大（而变工况时，机组调节级和低压末两极变化最大，工况时损失在两头最大，而中间级效率高且变化很小），调节级焓降大会造成高压缸效率整体下降过多，造成机组热耗增加。

治理方法如下：

表3-1 某电厂机组节能潜力分析

序号	项目名称	项目的实施措施	节能后效益确认方法
1	抽气系统（专利技术）	真空系统改进并增加外置空气式空气冷却器，提高真空，实验证明可提高0.5～2kPa(由于个别机组没有此效果，须实验后确定)，煤耗降低1～4g/(kW·h)	现场可以进行实验，并用热耗修正曲线查取
2	厂用汽系统	冬季厂用汽系统改进，用汽量为机组汽量的1%时，改变抽汽系统，并能满足厂用汽要求时，在冬季运行期间可降低煤耗2～3g/(kW·h)	根据现场实验数据，通过等效热降法，进行计算
3	除氧器系统	1. 定压与滑压运行。根据原定运行的参数不同，煤耗可变化0.9～0.1g/(kW·h) 2. 高加疏水改进，相当于在3段抽汽前增加一个混合式蒸汽冷却器的效果，煤耗下降0.22g/(kW·h)	根据现场实验数据，通过等效热降法，进行计算
4	蒸发器连接系统	改善内部流动状态，尽可能保证内壁光滑，采取更优的连接方式可降低损失	根据现场实验数据，进行计算
5	喷水减温系统	1. 过热喷水按0.05计算时，系统改进后煤耗下降0.4～0.8g/(kW·h) 2. 再热喷水按0.05计算时，系统改进后煤耗下降0.3～0.7g/(kW·h) 3. 锅炉调整方法改进后喷水减少0.05计算时，系统改进后煤耗下降2.1～4.7g/(kW·h)	根据现场实验数据，通过等效热降法，进行计算
6	排污及利用系统	锅炉连运定排一级扩容至除氧器系统改进，按排污0.01计算，改进后煤耗降低0.3g/(kW·h)。改为多级扩容至除氧器煤耗可降低0.38g/(kW·h)	根据现场实验数据，通过等效热降法，进行计算
7	加热器	1. 由于各种原因造成加热器端差增大，如果找出问题减少端差2℃，每个加热器可以使煤耗下降0.05～0.17g/(kW·h)（各加热器的位置不同而不同） 2. 利用3抽出3抽来加热给水的系统改进，使给水温度提高3℃，可使煤耗降低0.22～0.24g/(kW·h) 3. 通过系统改进，减小抽汽压损。如果能减少压损50%，每个抽汽位置可以降低煤耗0.07g/(kW·h) 4. 各个加热器的散热增加2%，对于每个加热器煤耗会增加0.2～0.009g/(kW·h)（各个加热器煤耗的影响不同） 5. 如果汽机调节级压力限制了带高负荷时，系统又必须采用短路高负荷，甚至停高加的办法提高带负荷出力。但是经济性下降。一般高加煤耗增加8～12g/(kW·h)(不同机型，影响不同)，如果2号高加小旁路不同，假定泄漏5%，机组煤耗增加0.06g/(kW·h) 6. 高加和低加在逐级下一级前，先在外置式加热器中加热给水后，再自流到下一级。各个加热器节能量不一样，在0.05～0.25g/(kW·h)之间	根据现场实验数据，通过等效热降法，进行计算

序号	项目名称	项目的实施措施	节能后效益确认方法
8	疏水冷却器	有的机组没有疏水冷却器，如果增加疏水冷却器，效益是正的。但是要根据投入产出比和回收年限确定是否进行，一般根据疏水加热器的抽汽位置不同而不同，对每一个加热器而言煤耗影响为：0.03~0.22g/(kW·h)之间	根据现场实验数据，通过等效热降法，进行计算
9	疏水泵及系统	现在有些大机组取消了疏水泵，采用疏水自流或疏水冷却器的方法，煤耗增加数分别为：0.3g/(kW·h)和0.1g/(kW·h)	根据现场实验数据，通过等效热降法，进行计算
10	蒸汽冷却器	高加一般都有蒸汽冷却器，但是3抽高加过热度太高，造成能源损失。改进后增加外置串联式后，煤耗会降低0.6g/(kW·h)	根据现场系统和实验数据，通过等效热降法，进行计算
11	过冷度	一般过冷度增加1℃，影响煤耗0.084g/(kW·h)	通过等效热降法，进行计算
12	余热利用	如果排烟温度未达到设计要求的排烟温度，可利用热量回收达到节能目的，如果用低压省煤器的方法降低排烟温度(锅炉效率不变)25℃经济效益约2.5g/(kW·h)(视原有排烟余热利用情况确定)	根据现场系统和实验数据，通过等效热降法，进行计算
13	冷却塔节能改造项目	通过简易改造，经济效益约0.2~1.5g/(kW·h)(视运行状况而不同)出塔水温同等条件下，降低0.2~2℃	可通过相对比较方法，结合实验，获得节能确认
14	汽动给水泵节能改造项目	目前汽动给水泵的设计效率不低，但是由于设计工况与运行工况相差较远，造成实际效率较低，通过改造可以改变泵的效率最高点的位置，经济效益0.16~0.41g/(kW·h)	通过微温差法进行效率试验，然后用等效热降法计算煤耗变化
15	循环水泵节能改造项目	循环水泵的节能改造效益分两部分，一部分为效率提高的电量，另一部分为水量增加对凝汽器真空影响产生的效益，假定节电100kW水量增加5%(按一台330MW机组两水泵同时改进后凝汽器约100kW约降低煤耗0.1g/(kW·h)，水量增加5%，排气温度下降0.3℃，降低煤耗0.26g/(kW·h)	通过试验结合查取背压修正曲线得到煤耗降低数值
16	轴加来汽系统与轴加疏水节能改造项目	系统设计不合理，造成温差较大的工质混合，造成系统效率的下降，根据不同机组和系统设计，经济效益约0.02~0.05g/(kW·h)潜力(视原有系统情况确定)	根据现场实验数据，通过等效热降法，进行计算

续表

序号	项目名称	项目的实施措施	节能后效益确认方法
17	抽汽阻力大查找原因	低加端差大，尤其是低加管道阻力，是由于设计管道走向不合理，有的过长，有的有"U"弯，造成管道积水，增大阻力，油汽系统改造项目，经济效益约 0.02~0.5g/(kW·h)（视原有系统情况确定）	通过现场检查找出问题，再用等效热降法计算经济效益
18	相当多的水泵并不运行在设计工况	凝结泵、闭式泵和水源地水泵泵头合理匹配节能改造项目，根据某电厂调查，大致有 200~600kW 的节能潜力，经济效益约 0.2~0.6g/(kW·h)（视原有系统情况确定）	根据现场试验确定，根据节省的电换算成煤耗
19	凝泵余量大和不匹配造成浪费的潜力分析	凝结泵与负荷匹配进行节能改造[节能提效率改造，消除余量，运行工况与设计工况吻合处理，汽蚀无水位泵的消振动改造等。有 0.08g/(kW·h) 的节能潜力（视不同机组和原有系统情况确定）	根据现场试验确定，根据节省的电换算成煤耗
20	冷却塔闲置利用节能	由于目前系统负荷较低。经常停机备用，通过系统改造，可以使停运的冷却塔充分让运行机组使用，使塔内水密度和淋水降低大大降低，使循环水温度降低约 2℃，使运行机组煤耗降低约 1.5~2g/(kW·h)	根据运行时间和试验数据，查背压修正曲线，得出煤耗变化值
21	汽机负荷微量调度节能	通过试验计算出不同机组不同负荷的经济性，为运行人员提供运行参考，自动系统微增调度软件时间长短和负荷深度可以单机降低（视调度合理性与运行性是否有热量有关）经济效益约 0.01~2.3g/(kW·h) 的开发与实施（视原有系统情况确定）	根据是否按微增要求调度，及幅度时间调度计算出差值，计算效益
22	冬季供热系统热源系统改进	冬季供热系统热源系统改进，采用低参数加热器，另外增加高压冷凝器供热，供热量按设计值时，全年平均约 0.25g/(kW·h)[与原系统相比在供暖期间与供热量有关]经济效益约 1~1.02g/(kW·h)]	根据现场系统和实验数据，通过等效热降法，进行计算
23	检修时注意调整缸降	大修时应根据检修前的数据分析查找本体可能存在的问题，有针对性地进行检修，不应只作大修前后对比；某电厂大修前调节级压力比设计低 1MPa，检修时测量喷嘴面积，后针对性降调整，使调节级降减小，加大压力分级降结降，使高压缸效率提高。因此检修时不应注意调整间隙，还要注意调整缸降，提高效率	理论计算或修正后实验，高压缸级效率提高对比得出效益

序号	项目名称	项目的实施措施	节能后效益确认方法
24	轴封渗漏及利用系统	1. 再热机组高压门杆漏气，总损失为 4.7kJ/kg，回收 2.6kJ/kg，回收率 55%，经济性降低 0.104%，煤耗减少损失前减少损失 0.328g/(kW·h)。通过改进，回收率可达 70%，经济性只降低 0.07%，与改进前相比减少损失 0.033%，煤耗变化 0.10g/(kW·h)。 2. 高压汽封漏汽。总损失 9.4kJ/kg，回收 4.8kJ/kg，回收率可达 51%，经济性降低 0.232%，煤耗增加 0.728g/(kW·h)。通过改进，回收率只降低 61%，经济性只降低 0.185%，与改进前相比减少损失 0.047%，煤耗变化 0.16g/(kW·h)	根据现场实验数据，通过等效热降法，进行计算
25	其他	1. 暖泵水从出口引出，电耗大。出口引出时 7.5～9.5kW/t。前置泵引出 0.2kW/t，一般需要 3～5t(通过差压和节流量计算流量)，可节电 30～40kW 2. 凝结水泵各个用水对系统经济性的影响。再回水系统的，应最好温度大致接近，否则损失，大小与位置和温差。例如给水泵迷宫式回水对热水井，对经济性是影响的 3. 疏水泵的疏水方向一般到凝结水管道，但是有些则为了减少系统或系统不方便(在冷凝器内部)直接疏水到凝汽器，经济性差些，影响 0.08%～0.12%的热耗 4. 轴加：温升过高说明漏气量超标，应注意查找 5. 阀门泄漏：高参数影响很大，主要主汽门前疏水、导汽管疏水、调节级疏水，各个高加危急疏水等 6. 平衡试验不明泄漏量应达到 0.25%以内，有难度，通过工作可以达到 0.5%以内 7. 有的电厂循环水泵吸水池排入比循环水温度高的回水，影响经济性 8. 阀门泄漏影响经济性 9. 射水器或真空泵冬夏天冷却水温高时应及时切换较冷的水源，否则造成真空降低热耗增加 10. 循环水泵启停不合理，只顾厂用电小指标，该启动时不启动，造成供电煤耗增加 11. 汽动泵检修不及时，造成经济损失，大约同负荷时前平均转速上升 30 转，泵效率下降 1%，影响煤耗 0.08g/(kW·h) 12. 循环水充不满凝汽器的处理办法，加小水抽处理，提高经济性 13. 运行中及使控制压力、温度、氧量等参数对经济性影响巨大	

① 通过热力试验，检查各个级效率是否与设计值有偏差。

② 根据实验数据，检查偏差可能造成的原因，然后制定检修方法和检查重点，有的放矢。是否调节级焓降分配不合理，根据设计值重新调整。

③ 大修时，不仅要把重点放在各个间隙上，同时更要重视影响效率的其他因素。

(2) 各个机组运行方式和参数与中调分配负荷不匹配造成热耗增加。

由于通盘调度负荷，造成机组往往不能在最佳运行负荷下运行，造成热耗增加。但是热耗增加与负荷并非完全线性的。

对于高压缸而言，效率变化是大致线性波浪变化。波浪形态可以通过调节门的重叠度进行一定范围内的调整，使机组尽量避开调阀节流损失较大的负荷点运行，可根据调节门的特性重新调节重叠度，在满足机组变负荷时不但能平稳，同时使机组在经常负荷下节流损失最小。这样就可以根据调度负荷的规律或机组之间的特点综合考虑使运行机组的损失最小，安排机组的负荷。

对于低压缸和排汽损失而言，效率变化是大致抛物线形态，最高效率点在比额定负荷低一些的位置。要使机组达到最佳的运行状态，必须综合考虑，或通过较为准确的热力试验（修正后），掌握机组的能耗规律，作出微增调度曲线供运行人员参考，只有这样才能达到运行方式最为合理，热耗损失最小，达到降低煤耗的目的。

变负荷时，如果负荷变化太大时，往往造成无法避开调阀节流损失的位置，此时可考虑是否采用滑压运行方式更经济。但是滑压运行方式和定压运行方式有一个切换点，当定压运行降到某负荷等于或大于滑压同等负荷下的热耗时应及时改变运行方式，进行滑压运行方式，这样可以使机组在不同负荷下的热耗总处于相对较小的水平上，达到降低热耗的目的。定滑压的切换点可以通过实验确定。实验方法如下：可以使汽机在不同参数下带不同负荷时求出此工况下的热耗，然后进行参数修正，画出定压和滑压的两条曲线，两条曲线的交点就是切换点（即过去的微增调度曲线的基础上进行主动调节）。

降低发电成本，另外选择机组在低负荷下的优化运行方式，也可以重新调整调节阀的开度和顺序，一方面适应中调的调度曲线同时尽量在最佳运行方式；另一方面使运行工况落在调门开度节流损失最小的位置上，从而达到节能降耗的目的。

(3) 凝汽器的内部结构不合理，造成端差大。

真空对经济性的影响较大：大约真空变化1kPa，热耗影响1%，2~4g/(kW·h)。不同机组略有不同，与末级叶片长度有关（以制造厂修正曲线为准，一般越长影响越大）。目前存在问题有：

① 根据统计，老式凝汽器由于空气抽汽口结构不同，影响机组的经济性，根据不同情况应进行改进。

② 在真空严密性以及其他参数接近的情况下，由于内部结构的不同，造成端差差异较大。例如真空泵有的抽出的蒸汽量太大，造成真空泵抽吸能力下降，端差大。有的真空泵抽出的蒸汽量很小，端差较小。

根据经验进行判断，当循环水温相同的情况下，凝汽器不同的端差差异所对应的原因及处理方法，如表 3-2 所示。

表 3-2　凝汽器不同的端差差异所对应的原因及处理方法

现象	原因	处理方法
空气管抽气温度高(比循环水温高 7℃以上)，端差大	结垢，凝汽器抽气口结构不合理，循环水温度太低	及时投用胶球或冲洗铜管，凝汽器抽气口改造
空气管抽气温度高，端差不大	真空泵抽吸能力大，或真空严密性较好，循环水温度高	不进行处理
空气管抽气温度低，端差大	真空严密性较差，真空泵抽取能力差	真空检漏，检查真空泵或降低真空泵工作水温
空气管抽气温度低，端差不大	真空严密性较差，循环水温度太高，泵抽取能力差	真空检漏，检查真空泵或降低真空泵工作水温

根据以上情况确定凝汽器是否存在问题，如果有问题应该及时进行改进，具体改进的结构可参考 600MW 机组和进口机组的结构形式。

(4) 射水器或真空泵夏天冷却水温高时不及时切换水源，造成真空降低，热耗增加。

真空泵或射水抽气器的工作水温度对真空影响较大，越到夏天时影响越大，可以采用置换地下水方法，也可以找专门制造真空提高装置的制造厂家对不同的机组进行分析（因为不同机组对更换水源水温敏感性相差很大，有的效果很大，有的几乎没有效果），彻底解决此问题。实践证明真空提高装置的使用是一项节能效果很好的措施。

有的制造厂家提出向冷凝器喉部喷洒制冷水，达到提高真空的目的，目前还没有确切的实验数据证明有效果。

冷凝器疏水方式会影响真空。应冷水向上，热水向下。在系统设计和系统改造时应注意。

(5) 系统严密性差。提高真空严密性，是一项长期艰苦的工作，但是也是一项节能降耗效果非常明显的工作。因此各个电厂应进一步投入更大的精力进行。

(6) 胶球清洗装置等设备的性能。胶球清洗装置的好坏直接影响凝汽器端差，也就直接影响着机组的真空，也是节能降耗的重点工作之一。但是有些厂胶球清洗装置一直不正常。根据有的电厂实验，一星期不投胶球，真空会降低约 1kPa，真空降低 1kPa，对不同机组影响的煤耗达 2.2～4.8g/(kW·h)。所以胶球清洗装置设备虽然较小，但是对电厂的经济性影响很大，必须重视。

(7) 冷却塔的换热效果差。冷却塔的冷却效果直接影响机组的真空，出塔水温每变化 1℃，影响大约 1g/(kW·h)。然而各个电厂对冷却塔的重视程度远远不够，对于同一个电厂同类型机组的冷却塔同负荷时出塔水温相差 2～3℃，真空也相差 1kPa左右，应找出原因，使出塔水温降到最佳状态。所谓最佳状态，可用经验大致判断：在设计状态下，正常出塔水温应当比当时的湿球温度高不大于 6℃ 为正常，大于 6℃甚至大于 8℃以上均属不正常水塔，应及时处理，处理方法并不困难，只是比较辛苦，一般处理方法为：

① 在冷却塔运行中调整各个渠道的分配水量均匀；

② 整理或更换喷嘴或溅水碟，防止形成水柱或堵塞；

③ 清查填料是否存在堵塞或通天孔；

④ 清理淤泥和树叶等杂物，防止流道堵塞；

⑤ 检查淋水密度是否均匀。

以上工作技术没有难度，只是重视不足，如果整理后出塔水温降低1℃，大约 $0.8\sim1g/(kW\cdot h)$ 的经济效益，也是非常客观的。

(8) 汽水系统损失大，阀门不严，补水率高，工质短路，降低系统效率。

① 暖泵水从出口引出，电耗大。出口引出时 $7.5\sim9.5kW/t$。前置泵引出 $0.2kW/t$，一般需要 $3\sim5t$（通过差压和节流孔大小计算流量），可节电 $30\sim40kW$。

② 凝结水泵各个用水对系统经济性的影响。例如给水泵轴封到泵内部和到低加疏水管道，对经济性影响是不同的。

③ 疏水泵的疏水方向（一般到凝结水管道，但是有些机组为了减少系统或系统不方便在冷凝器内部）直接疏水到凝汽器，经济性差些，影响 $0.08\%\sim0.12\%$ 的热耗。

④ 轴加温升过高说明漏汽量超标，应注意查找。

⑤ 阀门泄漏对参数影响很大，主要影响主汽门前疏水，导汽管疏水，调节级疏水，各个高加危急疏水等。

平衡试验不明泄漏量达到 0.25% 以内有难度。但是，通过工作可以达到 0.5% 以内。

(9) 抽汽系统缺陷，造成高低加的凝结水温升达不到设计值。

低加温升小，抽汽阻力对系统有影响。尤其是低压抽汽管道，有时积水，设计不合理，存在 U 形弯，往往温升小于设计值很多。

(10) 辅机系统设备匹配不合理造成辅机设备效率低。

在辅机设备中，水泵是重要的辅机设备之一，但是大部分水泵选型不合理，造成设计工况与运行工况偏离太多，造成能源浪费，下一步应当对 $100kW$ 以上的水泵进行全面摸底，进行改造或更新。

(11) 设备运行方式不合理造成热耗增加。

① 除氧器应滑压运行，定压运行会造成循环效率下降，造成热耗增加。

② 除氧器排汽量应改为自动的（根据水含氧量自动控制）或改为加氧运行方式，解决热损失问题。

③ 锅炉定排与联排应随指标进行，尽量减少，并注意回收。

④ 给水泵节流调节与转速调节并用，造成给水单耗上升。

⑤ 凝结泵水量用再循环调节，节流调节，造成电耗上升。应改为变频。

(12) 减温水系统设计不合理造成热耗增加。

① 过热减温水一般从泵出口（即从高加前）引出，由于此减温水未经过高加，造成高加抽汽减少，致使循环效率下降，通过计算可知，减温水量为主汽量的 5％，影响煤耗 0.5～0.8g/(kW·h)。

② 再热减温水喷水量对经济性影响较大，理应从锅炉侧对再热气温进行调整，但是由于喷燃器调节不过关，造成大量用再热喷水减温，造成热耗增加，理论计算可知，从给水泵抽头引出，抽水量为主汽量的 5％时，影响供电煤耗 3.77g/(kW·h)，但是如果再热喷水从高加后引出影响煤耗 3.0g/(kW·h)，如果用喷燃器调节，对热耗几乎没有影响。

(13) 循环水泵启停不合理，只顾厂用电小指标，该启动时不启动，造成供电煤耗增加。

(14) 给水泵运行效率检测不到位，长期在低效区运行，造成常用电增加或小汽机汽耗增加，影响供电煤耗。

汽动给水泵效率低的原因有工况偏离，无监视手段试验方法，间隙过大看不出能耗等。用微温差法测给水泵的效率，可以现场监视，判定是否应当检修（准则确认，一般是振动，瓦温异常才检修）。

(15) 循环水泵运行效率低，设计工况与运行工况不吻合造成电耗增加。

(16) 凝结水泵调节方式节能和其他水泵（例如，闭式泵、水源地升压泵等）设计工况与运行工况不吻合造成电耗增加。

(17) 疏水系统设计不合理造成能耗增加。

① 凝结水泵各个用水系统对经济性的影响。例如给水泵轴封到泵内部和到低加疏水管道，对经济性影响是不同的。

② 疏水泵的疏水方向一般到凝结水管道，但是有些机组为了减少系统或系统不方便在冷凝器内部，直接疏水到凝汽器，经济性差些，影响 0.08％～0.12％的热耗 [影响 0.3g/(kW·h)]。

③ 泵的密封水应根据水质确定排放量，有的电厂可达到补水在 0.5％以下仍能满足系统对水质的要求。

3.3 抽汽量是如何确定的?

(1) 采暖、生活热水、空调热负荷需要抽汽量

$$d = \frac{3600q}{\eta(i - i_1)}$$

式中　d——供热抽汽量，t/h；

　　　q——热负荷，MW；

　　　i——采暖抽汽焓值，kJ/kg；

　　　i_1——采暖抽汽疏水焓值，kJ/kg；

η——热网加热器换热效率,%。

(2) 工业热负荷按压力分类,确定不同压力等级工业抽汽量。

3.4 影响 300MW 等级汽轮机供热抽汽量的因素有哪些?

影响供热抽汽量的因素主要包括:主蒸汽流量,低压缸最小冷却流量,抽汽口最大流速,低压缸排汽冷却方式,给水泵驱动方式,厂内辅助蒸汽量。

(1) **主蒸汽流量** 当汽轮机容量、背压、给水泵驱动方式确定后,主蒸汽流量是一定的。例如 300MW 湿冷汽轮机背压 11.8kPa 汽泵时,汽轮机名牌出力(TRL 工况)时主蒸汽流量为 976t/h,VWO 工况时主蒸汽流量为 $1.05 \times 976 = 1025$ (t/h)。

(2) **低压缸最小冷却流量** 当汽轮机低压缸转子以 3000r/min 旋转时,如无蒸汽流过时会产生鼓风,为保证低压缸不产生鼓风,低压缸内必须通过一定量的蒸汽来冷却,保证低压缸安全运行的最小蒸汽流量值与低压缸末级叶片高度、背压(空冷与湿冷)等因素有关。300MW 级汽轮机低压缸最小冷却流量为 80~180t/h。

300MW、330MW 亚临界、350MW 超临界机组低压缸最小冷却流量见表 3-3。

▣ 表 3-3 300MW、330MW 亚临界、350MW 超临界机组低压缸最小冷却流量

机组		给泵形式	上汽			哈汽			
			采暖抽汽压力/MPa	低压缸最小冷却流量/(t/h)	低压末级叶片高度/mm	采暖抽汽压力/MPa	低压缸最小冷却流量/(t/h)	低压缸末级叶片高度/mm	回热系统总抽汽量/(t/h)
300MW	湿冷	汽泵	0.379~0.63	100	905	0.40	140	900	245.5
		电泵	0.379~0.63	100	905	0.40	140	900	247.4
	空冷	汽泵	0.379~0.63	150	665	0.40	180	680	319.9
		电泵	0.379~0.63	150	665	0.40	180	680	307.5
330MW	湿冷	汽泵	0.379~0.63	100	905	0.40	140	900	277.3
		电泵	0.379~0.63	100	905	0.40	140	900	262.4
	空冷	汽泵	0.379~0.63	150	665	0.40	180	680	300.8
		电泵	0.379~0.63	150	665	0.40	180	680	288.1
350MW	湿冷	汽泵	0.379~0.63	100	1050	0.40	140	1029	295.8
		电泵	0.379~0.63	100	1050	0.40	140	1029	282.1
	空冷	汽泵	0.379~0.63	150	665	0.40	180	680	283.8
		电泵	0.379~0.63	150	665	0.40	180	680	268.1

(3) **抽汽口最大流速** 汽轮机抽汽口处蒸汽流速最大不允许超过 76m/s,改造机型供热抽汽只能从中、低压缸连通管抽出,供热抽汽最大管径为连通管管径。

(4) **低压缸排汽冷却方式** 汽轮机低压缸排汽冷却方式不同,汽轮机的背压不

同，一般湿冷机组背压范围为 4.9～11.8kPa；空冷机组背压范围为 12～35kPa。背压影响机组名牌出力，工况时主蒸汽流量及低压缸冷却流量：如机组名牌出力 300MW，当背压为 11.8kPa 时主蒸汽流量为 976t/h，低压缸最小冷却流量 100t/h；当背压为 33kPa 时主蒸汽流量为 1014t/h，低压缸最小冷却流量 150t/h。

(5) 给水泵驱动方式　给水泵的驱动方式有两种，一种为电动机驱动，另一种为汽轮机驱动，当采用汽轮机驱动时，驱动汽轮机的正常汽源来自主汽轮机四段抽汽，汽量约 40t/h，这部分抽汽量影响采暖抽汽量。

(6) 厂内辅助蒸汽量　厂内辅助蒸汽用汽包括：锅炉一次和二次风暖风器、补水除氧器、生水加热器、燃油系统加热等厂内系统及设备用汽，正常用汽量为 20～50t/h，这部分抽汽量影响采暖抽汽量。

3.5　供热抽汽量是如何确定的?

汽轮机最大出力工况（VWO）：汽轮机主汽调节阀 100％全开工况，其主蒸汽进汽量为汽轮机最大保证出力工况（TMCR）时主蒸汽进汽量的 1.03～1.05 倍。

如果调节阀长期 100％全开运行，当负荷波动时，调节阀已开到最大，容易引起调阀卡涩，影响汽轮机安全运行，该工况只能表示汽轮机的最大能力，不允许连续运行，汽轮机最大保证出力工况为 TMCR 工况，在此工况下汽轮机可长期连续稳定运行，汽轮机的最大采暖抽汽量按 TMCR 工况确定。

供热抽汽量＝主蒸汽量－回热系统抽汽量－低压缸最小冷却流量－轴封及阀门漏汽－汽泵供汽量－辅助蒸汽系统用汽量。

供热抽汽量与抽汽口最大流速限制确定的流量对比，其最小值为该汽轮机最大对外供热抽汽量。

3.6　汽轮机抽气点与改造项目有哪些?

(1) 从中、低压缸连通管上抽汽供热　在现役机组中、低压缸连通管上加装调节蝶阀，供热抽汽管道从调节蝶阀前连通管上接出，供热抽汽管道上依次装设安全阀、快关阀、气动止回阀向外供热。

① 安全阀：主要防止连通管道超压，安全阀的排放量、启跳压力、回座压力应严格按汽轮机厂要求设置。

② 连通管上调节蝶阀：调节连通管上供热抽汽压力，该阀要求进汽机 DEH 控制，该阀的最小开度应保证汽轮机低压缸冷却流量。

③ 快关阀：不调节，具有快速关闭功能，可防止汽轮机超速及进水。

④ 气动止回阀：具有快速关闭功能，主要防止汽轮机超速。

⑤ 供汽压力：完全取决于现役汽轮机 THA 中、低压缸分缸压力，压力可调节的

范围较小。

⑥ 提高分缸压力：受低压缸设计温度限制。

⑦ 降低分缸压力：受连通管管径限制。

⑧ 维持压力：负荷在 65％～100％范围可维持。

⑨ 采暖蒸汽压力：按热网循环水供水温度及供汽压力确定。

(2) 从再热冷段管道上抽汽供热　当用户要求供汽压力较高（压力≤冷段压力）、温度适中（温度≤冷段温度）的过热蒸汽时，可考虑从再热冷段上抽汽，每台机组再热冷段可外供抽汽量受锅炉及汽轮机安全运行的限制。

① 锅炉限制。从再热冷段上抽汽后（抽汽量大小可调整），进入锅炉再热器的蒸汽流量减少，锅炉再热汽温主要依靠摆动燃烧器或调节烟气挡板位置来调节，减温水为辅助调节，加大抽汽量，影响锅炉再热汽温的控制。

② 汽轮机限制。从再热冷段上抽汽后，如汽机中联阀不能维持再热系统压力，使压力值下降，导致汽轮机高压缸末级前后压差增大，严重影响汽轮机安全运行。

③ 再热冷段可供汽量。以锅炉厂及汽轮机厂核准的冷段最大可外抽汽量为准，用户不可随意加大汽量，以免影响主机安全运行。

④ 经验数据。再热冷段可抽汽量≤10％再热器额定蒸汽量，具体数值以主机厂提供的数据为准。

(3) 从再热热段管道上抽汽供热　从再热热段管道上抽汽供热，不影响锅炉安全运行，抽汽量的大小只受汽轮机高压缸末级叶片强度的限制，以下两种情况可考虑从再热热段管道上抽汽：

① 用户要求供汽压力较高（压力≤热段压力）、温度高（温度≥冷段温度）的过热蒸汽时，可考虑从再热热段上抽汽。

② 用户要求的供汽参数再热冷段可以满足，按冷段抽汽核算，如果汽轮机厂给定的安全抽汽量大于锅炉厂给定的安全抽汽量，冷段抽汽量不满足要求，热段抽汽量满足要求时可考虑从再热热段上抽汽。

抽汽量：按汽轮机厂提供的最大抽汽量为准。

(4) 在汽轮机中压缸上加装旋转隔板向外供汽

① 反动式汽轮机。无论高、中压合缸或分缸，由于受轴向推力、级间结构紧凑、叶片短、轴系短等因素影响，目前尚提不出一个可行的技术改造方案。

② 冲动式汽轮机。高、中压合缸，加装旋转隔板向外供汽从技术上来说是可行的，通过改造加装旋转隔板向外抽汽，使机组结构更改过大，改造费用高，改造后纯凝工况下汽耗高，内效率低。

如果现役汽轮机为冲动式结构，高、中压分缸（三缸结构），通过改造加装旋转隔板向外抽汽从技术上来说是可行的，机组改造费用较大，改造后纯凝工况汽耗大，内效率低，这种结构的汽轮机改造前应进行综合经济比较。

现役汽轮机加装旋转隔板向外供汽，对汽轮机结构及汽耗影响很大，如果汽轮结构允许改造，亦应和连通管供汽方案进行综合经济比较，充分考虑改造初投资、停机损失、施工费及供汽参数效益等综合因素，优选出最佳供汽方案。

3.7　连通管道上抽汽供热参数值是多少?

连通管道上抽汽供热参数见表 3-4。

▣ 表3-4　连通管道上抽汽供热参数表

名称	供汽压力/MPa	供汽温度/℃	最大可供汽量/(t/h)	备注
125MW 等级机组	0.7~1.0	260	200	分缸压力 0.7~1.0MPa
	0.25	250	200	分缸压力 0.25MPa
200MW 等级三缸两排汽机组	0.245	245	400	
200MW 等级三缸三排汽机组	0.245	245	150~200	
300MW 等级机组	0.7~0.9	310~350	500	适用哈汽、上汽、东汽
330MW 等级机组	0.3~0.6	205~250	600	适用北重
600MW 等级机组	0.7~1.0	310~360	800	

3.8　供热改造后热力系统及辅助设备有哪些?

机组供热改造后，除抽汽系统、加热器疏水系统、主凝结水系统及补水系统参数发生相应的变化外，其余热力系统不产生变化。

(1) 抽汽系统及加热器疏水系统　中、低压缸连通管道上供热抽汽后，各级抽汽压力及抽汽量相应发生变化，表 3-5 为某重型机器厂提供的 330MW 汽轮机在额定纯凝工况与额定供热工况（采暖抽汽量 400t/h）热平衡图中有关参数。

▣ 表3-5　额定纯凝工况与额定供热工况回热系统参数对照表

名称	纯凝额定工况			供热工况（采暖抽汽 400t/h）		
	压力/MPa	温度/℃	流量/(t/h)	压力/MPa	温度/℃	流量/(t/h)
第一级抽汽	4.2969	335.48	93.21	4.3547	337.18	88.15
第二级抽汽	2.0378	444.95	44.1	2.1167	448.47	55.03
第三级抽汽	1.0754	355.85	44.69	0.9637	339.31	60.56
第四级抽汽	0.5202	274.41	62.57	0.3	206.16	24.2
第五级抽汽	0.1427	145.54	24.69	0.0634	93.35	9.27
第六级抽汽	0.072	90.7	28.59	0.0331	71.43	11.65
第七级抽汽	0.0297	68.88	19.5	0.0136	52	10.81

供热改造时，对抽汽系统管径及压降进行核算，确认在供热工况下各级回热抽汽管道流速控制在允许范围之内，压降不超过纯凝工况汽轮机热平衡图中各级抽汽给定的压降。

供热抽汽后由于各级抽汽量发生变化，导致各级加热器疏水量亦发生变化，改造时应核算各级疏水管道流速及加热器水位调节阀是否满足要求。

(2) 主凝结水系统

① 热力系统。供热工况下主凝结水量减少，系统管径肯定能满足要求。

② 凝结水泵。如果供热抽汽为采暖抽汽，热网疏水回水进入除氧器，供热工况下主凝结水量减少，凝结水泵长期运行在低负荷工况，运行效率低，可考虑改装变频泵或加装一台出力较小满足供热工况凝结水量的凝结水泵。

③ 除氧器。由于各级抽汽压力发生变化，改造机组各级加热器上端差及下端差一定，各级低压加热器主凝结水出口温度随抽汽压力发生相应的变化，根据某厂提供的热平衡图，供热工况下除氧器进口处主凝结水温度为130.8℃，纯凝汽工况下除氧器进口处主凝结水温度为150.42℃，供热抽汽后除氧器进口处的主凝结水温度下降了约20℃，改造时应由除氧器制造厂重新核算其除氧效果能否满足要求。

(3) 补水系统

1) 采暖疏水回收　按热网加热器疏水温度，将疏水回收到与凝结水温度相近的主凝结水系统，提高机组循环热效率。

2) 工业抽汽补水　工业抽汽损需要补水，这部分补水属于常温除盐水，可补充到凝汽器或经低压除氧器后补入高压除氧器。

① 补入凝汽器。在喇叭口内加装盘式恒速喷嘴（holland strock），对补水除氧，制造厂保证经过喷嘴后凝汽器内凝结水含氧量小于 42×10^{-9}。

该方案补水温度与凝结水温度相差较小，经济性高，且最易实施，投资最少。

② 设低压除氧器及中继水泵补入高压除氧器。低压除氧器大气式运行，运行压力0.15MPa，每台机组设一个低压除氧器，20℃的除盐水补入低压除氧器，除氧水经中继水泵升压后进入高压除氧器进口主凝结水管道，经高压除氧器喷嘴除氧后进入高压除氧器。

由于低压除氧器荷载较大，现有主厂房土建结构无法满足新增低压除氧器的荷载设计要求，只能将低压除氧器布置在主厂房外适当处，影响厂区美观，且投资大，经济性相对较小。

低压除氧器大气式运行，运行压力0.15MPa，运行水温度111.37℃，高压除氧器运行压力1.235MPa，运行水温度189.3℃，补水与高压除氧器间的水温差189.3－111.37＝77.93℃，4号低加主凝结水出口温度为127.2℃，与补水间的温差为127.2－111.37＝15.83℃，这些温差影响机组的循环效率。

(4) 循环水系统　供热抽汽后，低压缸排气量大大减少，最小时为170t/h，冬季循环水量应相应减少，对循环水系统进行核算改造。

3.9 300MW供热机组选型方案有哪几种？

抽汽凝汽式汽轮机的容量和参数范围较大，能够充分满足大型区域性热电厂的选型要求。结合热电厂的实际情况，在满足"以热定电"的前提下，可按照以下两家汽轮机厂的设备作为选型方案。

(1) 上海汽轮机厂的300MW抽汽凝汽式汽轮机 上海汽轮机厂与美国西门子-西屋公司合作设计的300MW抽汽凝汽式汽轮机，是在引进型300MW凝汽式汽轮机的基础上，根据积木块设计原则设计的。它具有设计先进、安全可靠、经济性好、自动化水平高、负荷适应性广、机组运行灵活等特点。天津杨柳青电厂采用了该型汽轮机。它的结构仍采用亚临界参数、中间再热、高中压合缸、单轴、双缸双排汽结构，供热抽汽口设在中压缸排汽处，在供热抽汽管、中压缸至低压缸的连通管上分别设置调节阀。当不抽汽时，中低压连通管上的控制阀门全开，此时，完全是一台纯凝汽式300MW机组。在冬季，当供暖抽汽投入时，通过连通管及抽汽管上的调节阀门来调整抽汽压力以满足热用户对抽汽温度的要求，俗称"双阀调节"。这种调节模式已有成熟的运行经验，对机组的安全可靠性及满足用户对蒸汽品质的要求提供了一定的保障。还可以根据用户的供热需要进行改进。

(2) 东方汽轮机厂的300MW抽汽凝汽式汽轮机 东方汽轮机厂开发的300MW亚临界一次中间再热抽汽凝汽式汽轮机，是以300MW纯凝汽式汽轮机为母型，按热电联产汽轮机进行设计。太原第一热电厂、唐山发电厂均采用了该型汽轮机，其主要技术参数见表3-6。它的供热抽汽口也设在中压缸排汽处，在中压缸至低压缸的连通管上设置一个调节阀。当不抽汽时，中低压连通管上的控制阀门全开；抽汽供热时，

⊡ 表3-6 300MW抽汽凝汽式汽轮机技术参数对比表

型号	上海汽轮机厂	东方汽轮机厂
额定功率	300MW	300MW
主蒸汽压力	16.7MPa	16.67MPa
主蒸汽温度	538℃	537℃
再热蒸汽压力	3.184MPa	3.127MPa
再热蒸汽温度	538℃	537℃
主蒸汽流量(凝汽工况ECR)	916t/h	916t/h
额定供热工况下发电功率	257.3MW	约220MW
额定供热量	约281MW	约350MW
采暖抽汽压力	0.196～0.637MPa	0.2～0.55MPa
额定供热抽汽量	约432t/h	约550t/h
额定工况发电热耗率(纯凝运行)	7971.9kJ/(kW·h)	7858kJ/(kW·h)

通过控制调节阀的开度，调节抽汽压力。同上海汽轮机厂的产品相同，这种供热机组也可在一年中供热期比较短的情况下，大部分时间按纯凝汽工况运行，有较高的效率（热耗仅比同容量的纯凝汽机组高 0.2%～0.3%），而设备利用率较高，可收到最大投资效益。此外，这种设计与同容量同形式的纯凝机组在本体结构上有很大的通用性，设计修改工作量很小。

从以上对比可以看出，两厂 300MW 供热机组各有所长，均能根据业主的需求，生产出合格的产品。其主要技术参数近似，但额定供热工况下发电功率、额定供热量和供热抽汽量、采暖抽汽压力有所不同，使用厂家可根据热负荷的实际情况，结合投资及维护费用、售后服务、长期协作等因素，进行机组选型。

3.10 为什么采用"功、热、电"联产汽轮机？

随着煤价的不断上升，抽凝机组的运行是一桩亏本的买卖，目前大多数热电厂均技改成全背压运行方式。除氧器及高压加热器等厂内自用蒸汽均需通过背压机组的排汽来节流供给，为了减少这部分节流损失，大多数热电厂均把部分电动给水泵技改为汽动给水泵，即采用热功联产小型工业汽轮机替代电动机拖动给水泵运行，小汽轮机做功后的蒸汽，供厂内自用，然而热功联产技术的应用条件是非常苛刻的，因为只有当除氧器和高压加热器等厂内自用蒸汽量和汽轮机拖动额定功率下的给水泵或其它动力设备的用汽量相等时，即达到热功率平衡时，热功联产技术的节能效果最好；当除氧器或高压加热器的用汽量小于工业汽轮机用汽量时，所拖动设备的动力将不足，难以使用；但是当除氧器或高压加热器的用汽量大于工业汽轮机的用汽量时，剩余汽量仍需通过背压机排汽节流补充自用蒸汽，还是存在一定能量损失。故采用"功、热、电"联产汽轮机应用技术来解决上述问题。"功、热、电"联产是将给水泵、汽动泵、异步电动机同时连在一起同步运行。这样，当除氧器或高压加热器的用汽量小于工业汽轮机用汽量，致使汽轮机功率不足时，电动机将会弥补这部分功率；当除氧器或高压加热器的用汽量大于工业汽轮机的用汽量时，汽轮机将会拖动异步发电机发电。

3.11 "功、热、电"联产汽轮机技术方案及异步发电机工作原理是什么？

某公司将 4 号电动给水泵（电动机功率 355kW、给水泵出力为 85t/h）改为"功、热、电"三联产的组合设备，购买一台 700kW 小型汽轮机放置在给水泵与电动机中间，小型工业汽轮机采用双轴伸、前后连接给水泵及电动机，考虑到该公司节流蒸汽量较多，把原 355kW 电动机换成 560kW 电动机，配套接线等作相应变动。该组合设备可整体运行也可只拖动给水泵做功或只拖动异步发电机发电。技术改造系统见图 3-1。

发电机采用普通的异步发电机，并且采用发电机的常态接法，直接并网，省去了

图 3-1 "功、热、电"联产汽轮机技术改造系统图

同步发电所需的励磁柜、并网柜、保护柜及其他相关电气及热工仪表等，因而管理极为方便，不需要专门的专业值班人员，需无管理和维护，甚至连并网也不需要专门的电气管理人员，目前在国外这种小型发电设备大都采用异步发电方式，而不是同步发电方式。和同步发电方式相比，异步发电有投资少、见效快、管理方便、易于操作、并网简单。值得注意的是，异步发电必须在网内才能实现，即在进行异步发电时，异步电动机必须先并入电网作空载运行。有下列三种运行方式，都能保证给水泵向锅炉可靠供水：

① 当汽轮机驱动给水泵的转速超过电网频率时，异步电动机就成为发电机运行，向电网送电能；

② 当汽轮机进汽量减少，驱动转速低于电网频率时，异步电动机就需消耗部分的功率，补充汽轮机拖动给水泵的不足；

③ 当汽轮机进汽量为零时，电动机带动给水泵，保证向锅炉可靠供水。

电机发电功率随汽轮机进汽量的增减而增减，在满足锅炉给水泵需求的同时，自用蒸汽用量完全可通过汽轮机进汽调节阀来实现需求平衡，不受外界条件的限制，基本消除了因蒸汽节流而造成的能源浪费损失。必须指出：小汽轮机的进汽量，决定其排汽的充分利用效果。

3.12 "功、热、电"联产汽轮机技改技术要求是什么？

（1）技改系统设有以下主要安全保护

① 超速保护。分为机械保护和电保护，机械保护是转速超过一定值后，使飞锤动作通过杠杆关闭主汽门，电保护是转速超过一定值后，紧急停电动机，同时电磁铁动作，关闭主汽门及进汽调门。

② 失电保护。当电动机出线开关失电跳闸后，机组应能使紧急停机，并电磁铁动作，关闭汽轮机主汽门、进汽调门，以防超速。

③ 紧急停机。指汽轮机出现失电保护、超速保护或任一种保护失灵时，现场及远程均可操作"急停"按键，来实现关闭汽轮机主汽门及进汽调门。

④ 远程、就地均可操作增减汽轮机进汽量，从而方便调节机组负荷，以适合后续用汽设备的需求。

（2）启动及运行注意事项

① 每次启动前应对机组做紧急停机试验，看其是否动作灵敏。

② 经常对主汽门及调门做严密性试验，及时消除不严密性的存在。

③ 机组开机时，利用汽轮机冲动，当转速达到 2800r/min 以上时，即可对电动机进行合闸并网，注意并网时转速不可超过 2950r/min。

3.13 工业供热融合邻机加热技术应用实例

某公司一期工程安装 2×630MW 超临界燃煤机组，汽轮机为东方汽轮机厂生产制造的，型号为：N630-24.2/538/566，超临界、一次中间再热、单轴、三缸四排汽、双背压、纯凝汽式汽轮机。锅炉为哈尔滨锅炉厂制造的型号为 HG-1987/25.4-PM1 超临界参数变压运行直流炉，单炉膛、一次再热、平衡通风、露天布置、固态排渣、全钢构架、全悬吊结构 Ⅱ 型锅炉。两机为单元制设计，即一台炉对应一台机，投资少，结构简单。

两机单元制设计，通过邻机加热改造技术可以在点火前，利用邻机抽汽加热除氧器及＃2 高加的给水，实现机组锅炉冷态和热态启动清洗，减少汽轮机固体颗粒侵蚀、降低启动费、改善机组启动方式，提高机组安全可靠性。

设计思路：供热高压汽源管路利用冷段抽汽母管供给，而邻机加热系统由两级加热器组成，第一级为除氧器，把给水加热至 150℃；第二级为＃2 高加，将经过除氧器加热后的给水进一步加热至 180～210℃，以满足锅炉的启动冲洗需要。

(1) 抽热供热及邻机加热汽源设计 在＃1、＃2 机组之间增加抽汽供热母管（即邻机加热联络母管路），设计参数：$P=5.69\text{MPa}$（g），$T=326℃$；管道为 20G 无缝钢管，通流能力为 100t/h，分别从＃1、＃2 机组冷再至辅汽联箱的管路上引出一根蒸汽管道至供热母管，管道为 20G 无缝钢管，单机最大抽汽能力为 50t/h 的冷段蒸汽（注意监视控制：再热器超温及调节级压力和各监视段压力超限）。为了保证机组的运行安全在引出管道上分别安装带气动执行机构的止回阀、电动闸阀和压力调节阀，在供热母管上设置两个压力、温度测点分别进入＃1、＃2 机 DCS，用于调节供热母管压力，通过在供热母管上的调节阀、安全阀、逆止阀、隔离阀、流量计、疏水器等设备，可向外提供工业性供热热源，通过实现机组供热。

由于各单位用汽不允许被中断，一般情况，宜采用双线供汽的管网型式，每根母管各承担 50%～75% 的热负荷，当一根管线发生事故时，可通过提高另一根管线的初压来保证用户生产工艺的连续用汽。但考虑到双线管网的投资成本，且经过现场勘察，沿线最小通过距离仅为 1.5m，最终确定为单线供汽；为保证供汽的质量和稳定性，在＃1、＃2 机组冷再抽汽管道之间设置联络母管，从联络母管上开口提供工业蒸汽。

(2) 邻机加热系统设计 给水二级加热汽源设计，在邻机加热联络母管上分别引出蒸汽管道接至原＃1、＃2 机组的＃2 高加抽汽管道（20G 无缝钢管），作为机组启动时锅炉给水的加热蒸汽，在引出管道上分别安装电动调节阀及手动闸阀，电动调节阀用于调节进入＃2高加的蒸汽量从而控制给水温度。

(3) 疏水再利用设计 在＃2高加正常疏水电动阀前，新增加一路＃2高加疏水至除氧器的管路，由于空间所限接入＃3高加至除氧器疏水调阀前，用以回收邻机加热时＃2高加的疏水，疏水管路分别安装电动闸阀、气动调节阀、逆止阀及手动闸阀。利用气动调节阀控制水位在正常范围内，疏水管道20G无缝钢管。＃2高加的疏水依靠压力差流至除氧器。

蒸汽系统管道疏水均采用就近原则，母管疏水排至低等级的抽汽管道，以便再利用加热凝结水。

(4) 逻辑保护 为保证机组运行安全和防止＃2高加干烧受损，对重要电动阀和气动逆止阀增加逻辑以保证汽轮机跳闸后切断汽源和防止＃2高加干烧。

冷段至邻机加热母管逆止阀逻辑为：允许开启条件，＃2高加水位高二和高三信号不同时发；联锁关闭条件，主汽门全关、发电机出口开关跳闸、冷段至邻机加热母管逆止阀关到位延时1s联关压力调节阀后电动阀。

邻机加热母管至＃2高加电动调节中停阀逻辑为：允许开启条件，高加进水电动阀开到位、高加出水电动阀开到位、高加旁路电动阀关到位，＃2高加水位高二信号不发、＃2高加水位高三信号不发；联锁关闭条件，＃2高加水位高三值，高加进水电动阀关到位，高加出水电动阀关到位。

3.14 如何对上述邻机加热系统进行调试优化?

(1) 安装后进行管路吹扫 在邻机加热母管至＃2机＃2高加进汽管处接一根 $\phi159\times7$ 的临时管道，利用＃1机组冷再至邻机加热母管汽源进行管路吹扫，采用降压方式，将系统压力升至1MPa后开启邻机加热母管至＃2机＃2高加进汽电动调节阀吹扫5min，吹扫3次，确保管道内干净。

(2) 邻机加热系统的优化

① 在机组启动锅炉上水时选择高于垂直段水冷壁温30℃的水温，通过投运除氧器加热，使给水温度达到锅炉上水所需要的温度，锅炉开始上水。上水过程中根据除氧器温度下降情况调整抽汽至除氧器加热进汽量，缓慢提升除氧器水温至120℃以上(控制除氧器给水温升率不大于1.5℃/min)。锅炉贮水箱水位正常后，启动炉水循环泵，保持小流量向锅炉供水(给水流量维持在100~200t/h)冲洗。由于锅炉水冷壁温度升高强化了冲洗效果，使炉水水质尽早合格，节约了除盐水用量，减少了热态冲洗时间2h，可节约锅炉燃油4t左右，且晚2h启动锅炉风机，节约厂用电12000kW·h左右。

② 邻机负荷在450MW以上，锅炉垂直段水冷壁温度达110℃以上，通过控制邻机加热至母管调门开度，调节母管压力，对应缓慢提高＃2高加出口水温至150℃

（控制高加出水温升率≤1℃/min），#2高加的汽侧压力高于除氧器压力0.3～0.5MPa时，#2高加疏水倒至除氧器。此时锅炉已产汽，通过控制#2高加出口水温升，来降低水冷壁产汽时，膨胀期温度上升较快的速度，使受热面温升均匀，防止锅炉"干烧"而产生氧化皮的脱落；小流量给水在锅炉内不断的循环加热过程中，逐渐升高水冷壁温度，锅炉水冷壁温度达到120℃，启动风烟系统，锅炉开始点火。

③ 汽轮机冲转后，此时蒸汽品质已合格，将邻机加热汽源逐渐倒至本机带，有效利用本机的汽源，低旁开度从100%逐渐关至40%，减小进入凝汽器的热源，减小了凝汽器所需冷却水量从而降低凝泵电流，邻机还能多带负荷约10MW，达到启动中的节能降耗。发电机并网后，即可投入#3高加。由于此时邻机加热汽源已切至本机冷再带，与#2高加汽源为同一汽源，可直接将#2高加汽源无扰地切至正常运行方式，退出邻机加热汽源，汽轮机切缸后，随着机组负荷的升高，将除氧器汽源倒至四抽带，逐渐关小辅汽至除氧器进汽调整门，疏水倒至正常运行方式，退出#2高加邻机加热系统。

3.15　上述投运邻机加热需要注意的问题有哪些?

(1) 在锅炉省煤器入口压力对应的饱和温度低于省煤器入口温度前，投运邻机加热后#2高加出口水温不宜超过150℃，由于给水调整门后的给水会部分汽化与炉水泵出口水进行热交换，造成给水管道振动和异响。

(2) 当投入邻机加热系统时，需监视邻机高压缸调节级及排汽压力不能超限，再热汽温度、汽轮机轴向位移及推力轴承温度等参数。

(3) 锅炉升温、升压过程中关注#2高加疏水端差（设计值5.6℃）。如：疏水端差超标，增大除氧器进汽量，提高除氧器的水温和减小#2高加进汽压力，降低#2高加出口水温来控制#2高加端差扩大。另：#2高加疏水温度与进水温度之差不超过11.1℃，防止疏水冷却段汽水混流，产生冲蚀性危害，使#2高加管子损坏。

(4) 锅炉燃料量与给水调节要缓慢，给水流量不可大幅波动，防止引起#2高加出水温度大幅波动，高加出口水温升超标，导致高加泄漏。

3.16　上述案例改造效果是怎样的?

供热改造及邻机加热系统的改造，实现了在锅炉未点火的情况下，提高了给水温度，对锅炉进行热态清洗，有效控制了汽温上涨过快导致氧化皮脱落的现象，提高了锅炉启动和运行的安全性，而且减少了启动过程中的燃油、燃煤和厂用电，达到节能降耗的目的。

主要对如下方面进行分析：

(1) 提高安全性、可靠性等方面　改造后机组运行稳定，启动过程中，杜绝了锅炉点火启动初期水冷壁尚未进入饱和态前的过热器、再热器先承受"干烧"及而后蒸汽进入后的"骤冷",并导致氧化皮脱落的现象,从而改善机组启动方式,提高机组效率及安全可靠性。

(2) 改善对环境的影响、社会效益等方面 机组启动初期不点火进行热态清洗,节约能耗,可节省热态清洗时间 6h,启动时间约 2h。

(3) 提高系统和本单位综合生产能力与经济效益的计算分析

① 机组改造邻机加热系统以后,180℃给水→锅炉,不点火进行热态清洗,节约能耗,在此温度下锅炉热态清洗时间约 4~6h。热态清洗完毕后锅炉开始点火,采用邻机加热后可节省热态清洗时间 6h,启动时间约 2h。

② 考虑到启动少用燃料 46t/h、邻机由于抽汽增加的煤耗约 17.7t/h 等,节约用煤为 28.3t/h,在不考虑节省厂用电的情况下,一次冷态启动可节省折合煤价 21.5 万元。启动省时 6h,厂用电节省折合人民币约 36 万元,共 57.5 万元。

③ 而两机邻机加热系统需增加初投资约 336.652 万元,机组约需 6 次冷态启动就可回收成本。

④ 供热管网建设改造实现后,实际投运 90 天,初期流量目前不足计划近期流量的 30%,已经累计完成供热 53038GJ,经济效益 215.86 万元,投资总计约 1400 万元,一年半可回收成本,随着热用户的投产扩大,用汽增长,预计一年内可收回成本。

3.17 上述改造中的亮点及可推广经验有哪些?

工业供热母管兼顾邻机加热母管技术的实现,并优化供热及机组启动时邻机加热调节的兼容性,实现机组运行安全可靠。

(1) 为了便于供热母管压力的调节,将原"邻机加热技术"设计在高加入口的调节阀改为运行机组供热抽汽出口进行调节,供热初参数实现本机调节,并保障邻机启动两机独立控制,兼容性好。

(2) 为了保障系统的有效退运,各设备与主系统的隔离,均采用双道隔离阀设计。

(3) 系统的疏水设计,高加疏水需要利用热源输至除氧器;管路的常态暖管疏水尽量输至低等级的加热器利用热源,或采用高品质的 DFS 倒置浮杯使自动疏水器尽量减少系统漏汽的可能,并确保介质的流失降低。

(4) 改造后自行调试优化逻辑试验,使改造系统与老系统兼容性能得到保障。

3.18 请举例介绍热网系统改造应用实例

某发电厂安装有两台型号为:NC330-17.75/0.39/540/540 型,亚临界参数、一次中间再热、单轴、三缸、双排汽采暖抽汽凝汽式汽轮机。机组采用中压缸启动方式，并设置了两级串联的高、低压旁路系统，其中高旁容量为70%，低旁容量为2×22.5%。每台机组配备的热网加热器为辽宁华标压力容器有限公司制造的型号为HB1700-1.9/0.6-1200-QS/W卧式加热器，管侧设计压力1.9MPa、温度130℃、流量1310t/h；壳侧设计压力0.6MPa、温度250℃、流量180t/h。热网加热器抽汽来自中压缸23级后四段抽汽，设计平均抽汽工况压力0.39MPa、温度227.98℃、流量337t/h；最大抽汽工况压力0.39MPa、温度227.94℃、流量526t/h。

该电厂所带热负荷均为民用采暖供热，居民采暖供热关系民生，热电联产机组供热能力大，带的热用户越多，社会责任越大，对热网系统运行的可靠性要求更高。由于机组热负荷的切换速度较慢，为防止汽轮机和电气部分故障影响供热，在主汽门前设供热减压站，当锅炉正常，汽轮机和发电机故障时，主蒸汽经减温减压直供热网加热器，接带热网供热。采取的改造方式为：利用两级串联的高、低压旁路系统，在A、B两侧低压旁路调节阀后至凝汽器管路上分别安装截止阀，在截止阀与低旁压力调节阀之间接引管道并装有手动蝶阀与热网加热器进汽管道相连。

3.19 上述热网改造后的使用及要求是什么？

（1）热网直供操作步骤

① 锅炉点火启动后，投入汽机高、低压旁路系统，保持高旁开度40%、低旁开度20%左右。

② 逐渐提高主、再热蒸汽参数，继续开大高、低压旁路开度，控制主蒸汽压力3.0～4.0MPa、温度290～320℃；再热蒸汽0.3～0.6MPa、温度280～300℃。

③ 逐渐关小低旁至凝汽器手动蝶阀开度，检查低旁压力调节阀后至凝汽器管路压力0.05～0.1MPa时，开启低旁至热网手动门前、后疏水门，保持热网加热器进汽门20°开度进行暖管（检查四抽至热网快关阀后、逆止门前后疏水开启）。

④ 低旁至热网暖管结束后，开启低旁至热网手动门，同时继续关小低旁至凝汽器手动蝶阀开度（稍开10°左右），保持低旁压力调节阀后至凝汽器管路压力0.15～0.25MPa、温度220～240℃。

（2）热网直供期间的注意事项及相关要求

① 严格按照参数控制要求，保持热网参数在规定范围内调整。

② 热网系统运行异常时，及时关小低旁开度，或开大低旁至凝汽器手动门（低旁至热网手动门两侧各开启10°），严格控制就地低旁出口压力不超过0.30MPa。

③ 加强热网加热器换热效果及漏泄情况的巡视检查，加热器温升不均及时进行水侧、汽侧排放空气操作。

④ 锅炉低负荷投油稳燃运行期间，加强少油油枪及油系统管路、附件检查。发现渗漏及时联系检修处理，并做好防范措施，必要时增投大油枪稳燃，投油超过两只大油枪通知除灰值班员。

⑤ 锅炉低负荷长期运行，易造成局部水循环恶化，加强定排，视锅炉蒸发量低可增加定排次数，定排时加强水位监视调整。

⑥ 加强水位、汽温监视调整，按汽机要求控制参数。给水手动控制期间勤于调整，做到微调、细调。减温水压力低防止汽温超限。可通过控制汽泵转数及给水小旁路调节门开度综合控制汽温正常。调节过热器一级减温水禁止大幅增减影响水位。

⑦ 低负荷运行期间，保持 A、B、C 任意相邻两台磨运行，另一磨盘运行备用（供汽量一台磨能够满足时必须保证有相邻一台磨盘运行备用）。

3.20 超临界 630MW 机组供热节能降耗的实施及控制技术优化措施案例

(1) 中排供热改造部分 某公司二台 630MW 超临界燃煤机组改造为供热机组，采暖供热改造是从中低压联通管上加装三通，并在抽汽联通管三通后加装调节蝶阀实现可调整供热；中排抽汽额定供热抽汽量 300t/h，最大供热抽汽量 400t/h；抽汽压力范围 0.60～1.0MPa，供热温度 360～380℃。抽汽管道上增设逆止阀、快关阀、安全阀等满足供热工况运行的要求，图 3-2 为改造后的主系统示意图。

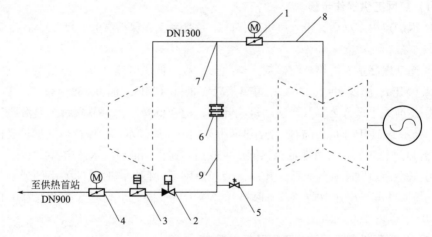

图 3-2 改造后的主系统示意图

1—抽汽压力调控蝶阀；2—抽汽逆止阀；3—抽汽快关阀；4—抽汽关断阀；
5—安全阀；6—补偿器；7—三通；8—高、低压连通管；9—抽汽管道

(2) 热网供热首站循环水系统流程及主要设备 来自 #1 机组或 #2 机组的蒸汽对通过热网加热器的循环水进行加热后，通过热网循环水泵（热网电动液偶循环水泵和热网汽动循环水泵）供给城市热负荷用户，如图 3-3 所示热网首站主要设备及循环水系统流程。

热网首站内设置 1、2、3 号热网高压加热器，#1、#2 热网低压加热器，1、2、3 号热网高压加热器疏水泵，1、2 号热网低压加热器疏水泵，热网电动液偶循环水

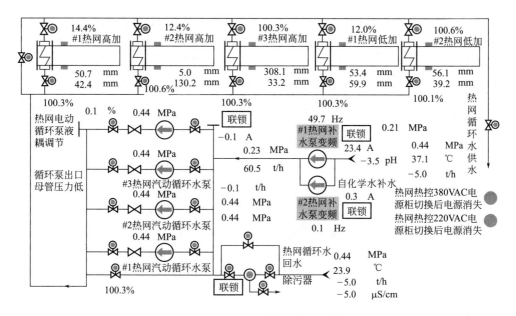

图 3-3　热网循环水系统流程图

泵，1、2、3 号热网汽动循环水泵，#1、#2 热网补水泵及相关设备和设施。

3.21　上述案例对抽汽的改造对汽轮机本体的影响有哪些?

(1) 回热系统的影响　抽汽后，由于抽汽参数的变化，将对加热器产生影响。经过计算，抽汽后的抽汽管道流速变化不大，可以认为抽汽对加热器的运行及抽汽管道基本不会产生较大影响，抽汽后回热系统仍能保持正常运行。

(2) 轴向推力校核的影响　供热抽汽后，通流级反动度及部分轮毂上承受的压力发生变化，从而引起轴向推力发生变化。经计算，抽汽后，轴向推力有所下降，总推力有负向增大的趋势。在较低工况抽汽时，将会产生零推力或负向推力，因而需对最低供热负荷提出限制，要求最低投供热电负荷为 420MW，即在此负荷以上方允许投入供热，以避免产生零推力或负向推力，并确保抽汽管道的安全，避免影响机组的运行安全。

3.22　如何对上述案例中排供热设备控制进行优化分析?

(1) 中排抽汽被控对象分析　中排调整抽汽主要原理是通过控制连通管上蝶阀的开度，从而改变由连通管通向两个低压缸的进汽量，以满足抽汽供热的需求。在冷凝工况运行，蝶阀全开时中压缸排汽通过连通管进入低压缸。当需要抽汽时，关小蝶阀，使一部分中压缸排汽由连通管上接出的抽汽管道转移到热网。

(2) 中排抽汽调节控制分析 抽汽调节属于独立调节与汽轮机原有功频 DEH 调节系统不牵连，蝶阀由智能电动执行器直接控制，对应调整蝶阀开度从零到全开，根据抽汽压力给定和实测抽汽压力，在 DCS 设置单回路控制，对阀门输出进行速率限制使阀门控制比较平稳，抽汽调压系统与功频调节系统除了机内蒸汽热力参数的内部联系外，外部没有任何联系。两者之间是互为独立的。功频系统只控制高、中压调门。抽汽调压系统只控制蝶阀，不因为抽汽压力和抽汽量的调整而直接改变高中压调门的阀位开度。

通过 DCS 使蝶阀执行机构逐渐关小，抽汽压力逐渐提高，待抽汽压力略高于热网抽汽母管内的压力值时，开启供热抽汽快关阀、逆止阀，逐渐开启抽汽供热的电动蝶阀，接带热负荷，调整抽汽点压力到所需压力，使供热蝶阀投入热网调节。在 DCS 系统中设置自动调压回路自动调整蝶阀开度，保证供热负荷，维持给定抽汽压力。若机组在供热工况下甩负荷，此时 DCS 接收信号，关闭供热抽汽逆止阀及供热抽汽快关阀，机组维持空转，整个过程由调节系统自动控制。

(3) 中排供热调节蝶阀逻辑优化 首先对抽汽调节阀投自动进行了优化，在以下条件满足情况下抽汽调节阀投入自动：电动隔离阀全开、气动逆止阀全开、液动快关阀全开、供热抽汽调节蝶阀前压力三个信号都正常、供热按钮已投入全部满足。自动时阀门阀位指令低限由原来的 5% 调整到 20%，来保证抽汽时阀门误关对主机造成冲击，保证低压缸最小的进汽量，来减小因热网出现故障供热退出影响整个机组的安全，保证主机的安全运行。

调节阀自动运行时对被调量的压力设定值进行了优化，压力设定值 SP 由运行人员根据需要操作 DCS 手动重新设定，然后与厂家给定的主蒸汽流量与抽汽压力关系曲线设置值（加偏置）比较，取两者低值给出适合满足热负荷需求的压力给定值，避免了运行期间热网系统出现故障和扰动时给定压力设定不当引起阀门的大幅度摆动，影响机组的安全稳定运行。

3.23　如何对上述案例供热网首站设备控制进行优化分析？

(1) 热网首站加热器汽侧控制方式 大型热网首站采用母管制系统较少，主要有以下原因：

① 供热蒸汽母管运行，一台机组调度调整负荷时引起抽汽压力波动，会影响到另一台组的抽汽量和负荷，运行调整困难。

② 由于蒸汽侧流量孔板测量精度较差，母管制运行模式下两台机组疏水回水很难与供汽量调整到一致，而且需要根据负荷波动一直调整；疏水泵出口调节阀跟踪热网加热器液位调节还是跟踪供汽量和疏水回水量调节难以选择。

③ 单台热网加热器事故或一台机组事故时对另一台机组也有影响，会引起连锁反应。综上所述，该公司采用扩大单元制系统，既满足相互供汽的要求，又避免两台

机运行和事故工况的相互影响。

该公司1、2、3号热网高压加热器汽侧采用扩大单元制，1号机组对应3号热网高压加热器，2号机组对应1号热网高压加热器，中间的2号热网高压加热器通过阀门切换可由1号机组或2号机组供汽；正常运行时，1号机组带3号热网加热器和1、2、3号热网循环水泵汽轮机，2号机组带1号和2号热网高压加热器。通过阀门切换，也可1号机带2号和3号热网高压加热器，2号机组带1号热网加热器和1、2、3号热网循环水泵汽轮机。

(2) 热网首站加热器循环水控制方式　热网高、低压加热器循环水侧采用并联方式，以减少水侧阻力、减少某台热网加热器事故时的相互影响；热网循环水回水60℃同时进入热网高、低压加热器，加热到120℃供给城市供热管网。

(3) 热网首站加热器凝结水疏水控制方式　1、2、3号热网高压加热器疏水侧采用扩大单元制运行，设置1、2、3号永磁调速热网高压加热器疏水泵；1号热网高压加热器对应1号热网高压加热器疏水泵，3号热网高压加热器对应3号热网高压加热器疏水泵，2号热网高压加热器疏水通过阀门切换，可疏到1号或3号热网高压加热器疏水泵前；2号热网高压加热器疏水泵作为1、3号热网高压加热器疏水泵公用的备用泵；正常运行时，两台机组各向自己对应的热网高压加热器供汽，由对应的热网高压加热器疏水泵回水，两台机组的供汽侧和疏水侧单元制运行。

1、2号热网低压加热器，设置1、2号变频调速热网低压加热器疏水泵，正常运行时一用一备，热网低压加热器的疏水经热网低压加热器疏水泵增压后，进入热网高压加热器疏水泵出口调节阀及旁路阀后，与汽源情况对应回到1号机组或2号机组侧。疏水导电度合格时，疏水回到主机凝结水7号低加后。疏水导电度不合格时回至凝汽器，热网加热器事故或高二水位情况下，疏水进入循环水前池。

(4) 热网系统调节方式　由于热网循环水系统流量变化会产生水力失调，故对热负荷调节采用质、量双调方式。质调方式：外界热负荷的变化通过主机中低压连通管上的供热蝶阀开度来实现；对于短时间内的热负荷变化，则借助热网加热器蒸汽入口管上带点动调节的电动蝶阀来控制蒸汽量和供水温度。量调方式：根据热负荷的变化调节热网循环水泵运行台数以及通过小汽轮机控制热网循环水泵流量，从而控制供热量。

3.24　请举例介绍严寒地区低压缸切除供热项目可行性

某市年平均气温为−1～−2℃，全年约200天以上气温低于0℃，按照现行国家标准《民用建筑热工设计规范》（GB 50176）的规定，其属于严寒地区（日平均≤5℃的天数，一般在145天以上地区），城市居民供热安全尤为重要。

该市某热电厂1号、2号机组系超高压200MW供热机组。两台机组采暖抽汽为六段调整抽汽（中压缸排汽）。采暖抽汽参数：$P=0.29\text{MPa}$，$T=272℃$，主汽流量

610t/h 额定采暖工况采暖抽汽流量 280t/h，主汽流量 670t/h 最大采暖工况采暖抽汽流量 375t/h。根据设计参数估算，在最大抽汽条件下，单台机组的供热能力约为 225MW，供热指标设计值 69.23W/m²，则供热面积 325 万平方米，两台机组只能供 650 万平方米。根据当时的该市实际情况测算，要求该市热电厂两台机组带最大供热面积为 738 万平方米，其供热能力已不能满足发展需要。

该电厂要求根据供热需求和机组实际情况，给出供热增容方案。

3.25 如何对上述案例进行可行性研究?

(1) 热负荷分析 通过高背压循环水供热改造，机组供热能力大幅提高，对 1 号机组进行改造，改造前供热能力为 225MW，分析可知改后达 330MW，增加 105MW，供热面积增加约 150 万平方米，总供热面积为 800 万平方米，满足 738 万平方米的要求。

(2) 经济性分析 从节能角度考虑，通过高背压循环水余热利用供热改造，由于机组冷源损失全部得到利用，主要损失仅集中锅炉燃烧效率和管道散热损失，另外机组总热效率将大幅提高，达到 89％以上，机组的发电指标与纯凝机组及抽汽供热相比较也得到了大幅改善，其发电热耗率仅有 3900kJ/（kW·h）左右，节能效果十分可观。

(3) 方案优选

1）方案简介

方案一：高背压循环水供热方案。高背压循环水供热是将汽轮机原凝汽器循环冷却水出入口直接介入供热系统，由热网循环水充当凝汽器冷却水。高背压循环水供热可采用串联式两级加热系统，热网循环水首先经过凝汽器进行第一次加热，吸收低压缸排汽余热，然后再经过供热首站蒸汽加热器完成第二次加热，生成高温热水，送至热水管网通过二级换热站与二级热网循环水进行换热，高温热水冷却后再回到机组凝汽器，构成一个完整的循环水路，供热首站蒸汽来源为 1 号机组中低压联通管抽汽。图 3-4 为高背压循环水供热方案示意图。

方案二：低压缸切除供热方案。中压缸排汽全部进入热网加热器，热网循环水系统及原机组循环水系统不再做改变。即热网循环水仍直接进入热网加热器。采用一根光轴直接连接中压转子和发电机转子。图 3-5 为低压缸切除供热方案示意图。

2）方案对比。两种方案都涉及双转子互换问题，高背压循环水供热方案需要在采暖期使用动静叶片级数相对减少的经过改造的高背压低压缸转子，凝汽器高背压运行；而低压缸切除供热方案需在采暖期使用没有叶片的低压光轴转子，相当于低压缸切除运行。在非采暖期使用高效的纯凝转子，排汽背压恢复至正常水平，机组恢复至改造前的正常纯凝工况运行。

对两种方案进行分析，对比见表 3-7。

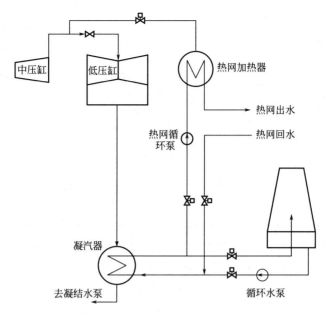

图 3-4　高背压循环水供热方案示意图

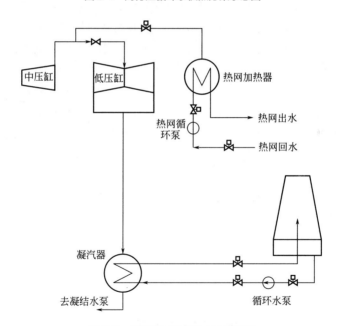

图 3-5　低压缸切除供热方案示意图

⊡ 表 3-7　方案分析对比表

项目	高背压循环水供热	低压缸切除供热
预估投资	3900 万元	1400 万元
冬季专用汽轮机低压转子	少两级叶片	光轴

项目	高背压循环水供热	低压缸切除供热
低压缸进汽量	107～455t	5～10t
运行背压	40～45kPa	5～7kPa
排汽温度	75～80℃	30～40℃
凝汽器	加固改造	无需改造
给水泵(汽动)	增设独立低背压凝汽器	无需改造
凝结水系统	无需改造	改造
开式冷却水系统的要求	改造	无需改造
厂内供热管网接口	改造	无需改造
供热季前后停机更换转子	停机检修2次	停机检修2次
维护	工作量大	工作量少
运行	比较复杂	灵活简单

若采用高背压循环水供热方案，应考虑解决以下问题：

① 当供热量需求较大时，低压缸进汽量较少，进汽压力也将大幅下降，则低压缸的有效焓降也将大幅减少，与改造前相比，低压缸做功能力大幅降低，约3～10MW。当供热量需求较小时，低压缸进汽量较大，低压缸保持相对较多的做功量，但由于供热量需求减少，凝汽器热负荷增加，会使低压缸排汽压力上升较多，产生诸多安全影响，还需减少主汽流量，在供热量不变情况下，降低发电量，减少低压缸进汽量以保证安全。

② 凝汽器循环水压力和排汽温度大幅升高，需对凝汽器管板进行加固改造，并采用电化学防腐方法。供热循环水水质差，需要选择合适的缓蚀阻垢剂。

③ 背压升高将导致给水泵小汽轮机排汽参数被抬高，其出力不足。为解决此问题，小机应单独设置凝汽器或对小汽轮机进行增容和安全改造，以保证供热期间小汽轮机的安全性和出力能满足运行需要。

④ 若采用高背压循环水供热方案，开式冷却水没有来源，应从工业水接一路来，冷却开闭式系统。

相对于高背压供热改造方案，低压缸切除供热方案不涉及几个大系统改造，改造费用大幅下降。同时运行调整方便，转子更换耗时及工作量也将大幅下降。推荐采用低压缸切除供热方案进行改造。

3.26　上述案例性能试验情况是怎样的？

对改造项目进行了改后性能试验，安装了专用试验仪表按照汽轮机性能试验规程ASME PTC6进行，试验结果表明主汽流量620t/h时，热耗率为4002kJ/(kW·h)，供热量292.8MW。修正到主汽流量670t/h最大供热工况，是可以达到可研的预期。表3-8为性能试验主要结果。

试验工况	主蒸汽流量 /（t/h）	电功率/MW	中排至热网 加热器流量/（t/h）	试验热耗率 /［kJ/(kW·h)］	供热量/MW
105MW	426.9	103.9	301.1	4097.2	209.6
120MW	489.1	121.0	342.6	4048.9	236.6
140MW	576.1	138.9	409.5	4009.4	280.2
150MW	620.6	150.4	427.1	4002.0	292.8

3.27　什么是 DEH 伺服控制系统？

伺服控制系统是机组 DEH 系统关键部件，其工作可靠性将直接影响到机组的安全稳定运行。伺服控制系统由阀门伺附控制卡（VCC）、功放卡、电液转换器（DDV阀）、油动机、LVDT 等构成。DEH 控制器将发电机的转速、功率、主汽压力以及其它状态信号处理后，输出阀门开度指令信号。通过阀门伺服控制卡，经功率放大后去控制电液转换器，由转换器转换成相应的控制油压信号，控制油压送入相应的油动机以控制各个阀门的开度，从而改变机组的转速或功率。DEH 系统工作原理如图 3-6所示。

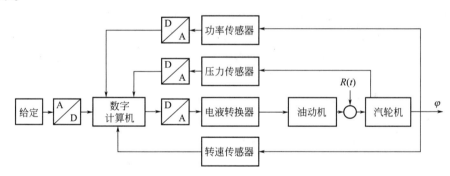

图 3-6　DEH 系统工作原理图

3.28　举例说明 DEH 伺服系统优化方案

某电厂 DEH 系统由上海汽轮机厂配供，该机组为上海汽轮机厂 N140-13.2/535/535 型凝汽式机组，4 个高压调门，2 个中压调门，2 个主汽门，共计 8 个调门，每个阀门由 1 块伺服卡、1 个电液转换器（电液转换器的控制电流为：0～350mA）执行机构响应 DEH 信号，控制油动机的位置，以调节汽轮机各蒸汽进汽阀的开度，实现调门的控制功能。

该公司二期 DEH 系统自基建以来一直使用 SVP 卡驱动电液转换器（电液转换器

的控制电流为：0～350mA）实现调门的控制功能，原伺服卡 SVP 硬件老化故障率高，主要表现在插头松动、脱落，LVDT 线圈开路或短路；且卡件已停产，公司已无法买到相应设备，严重影响了机组的安全稳定运行。

3.29　上述伺服卡改造方案是什么？

(1) 原 SVP 伺服卡升级更换为 FBMSVL 伺服卡，以确保 DEH 对油动机的可靠、准确的控制，提高机组的安全运行系数。

(2) 增加 FBMSVL 伺服卡底板、24V DC 电源、接线端子、电缆等，不改变现场其它设备，保留原有的控制功能及信号接口。

(3) 上海汽轮机厂提供伺服卡升级改造所需硬件，负责 FBMSVL 伺服卡系统的硬件配置、制造及安装调试。

(4) 上海汽轮机厂根据该工程设计要求及规范，提供相关图纸资料，以便电厂今后检修维护。

(5) 上海汽轮机厂根据电厂确定的该工程项目进度，安排和组织工作进度，并在 10 个工作日内完成 DEH 伺服卡系统的改造、安装和调试工作。

(6) FBMSVL 伺服卡为低压油伺服卡件，本控制卡用于闭环控制系统气动或液动伺服的阀位控制。输入指令 4～20mA 或 0～10VDC，反馈输入可来自 LVDT 的 0～10V 信号或压力变送器的 4～20mA 信号，DEH 指令与 LVDT 反馈电压进行 P 调节之后，输出 0～350mA 电流去驱动伺服阀。

组件采用外接两路 24V DC 电源，可在相应的输入端子上接入。组件面板上装有电源指示灯。

(7) 伺服卡接线图如图 3-7（见下页）所示，本次项目中使用的接线口有通道 1（阀位显示输出）、通道 2（指令输入），通道 7、8（伺服输出），通道 9、10、11（LVDT 初级、次一、次二线圈），B 端 14、15、16（伺服卡调试电缆的 2、3、5 端）。

3.30　新 FBMSVL 伺服卡优越性有哪些？

(1) FBMSVL 伺服卡为双反馈低油压阀门控制模块，阀门控制模件（IOM4145）检测汽轮机 LVDT 信号的输入，经运算调节，输出直流电流控制伺服阀。模件还具有接收直流指令输入，模式控制数字量输入功能，同时自配 RS485 调试通信接口。阀门控制模件有以下通道：

① 两路六线制 LVDT 交流输入通道；

② 两路两线制 LVDT 直流 4～20mA 输入通道；

③ 两线制直流 4～20mA 指令 AI 输入通道；

④ 直流 4～20mA 阀位显示输出通道；

A		B	C	D
控制模件——接线图				
A(低)		A	B	B(高)
		L1-	L1+	
		L1-	L1+	
阀位显示输出(4-20mA)A01+		1	1	阀位显示输出(4-20mA)A01-
指令输入(4-20mA)AI1+		2	2	指令输入(4-20mA)AI1-
清零信号输入(开关量),DI1+		3	3	清零信号输入(开关量),DI1-
自调整控制(开关量),DI2+		4	4	自调整控制(开关量),DI2-
输出控制(开关量),DI3+		5	5	输出控制(开关量),DI3-
D0常闭		6	6	D0公共端
伺服输出1(±27mA/±50mA/ 0～350mA/4～20mA)A02+		7	7	伺服输出1(±27mA/±50mA/ 0～350mA/4～20mA)A02-
伺服输出2(±27mA/±50mA/0～350mA)A03+		8	8	伺服输出2(±27mA/±50mA/0～350mA)A03-
LVDT1初级(棕)		9	9	LVDT1初级(黄)
LVDT1次级1(绿)		10	10	LVDT1次级1(黑)
LVDT1次级2(兰)/DC1VDT1+		11	11	LVDT1次级2(红)/DC1VDT1-
LVDT2初级(棕)/DC1VDT2+		12	12	LVDT2初级(黄)/DC1VDT2-
LVDT2次级1(绿)		13	13	LVDT2次级1(黑)
LVDT2次级2(兰)		14	14	LVDT2次级2(红)
D0常开		15	15	485A
D0公共端		16	16	485B

图 3-7　伺服卡接线图

⑤ 两路直流电压−10V～＋10V 伺服输出通道；

⑥ 三路 24VDC 数字量输入通道；

⑦ RS485 调试模式接口，两线制。

(2) 通道与运算控制部分采用隔离技术，实现数字与模拟、设备与现场的隔离。模件是智能化、高可靠、低功耗、易维护的。有卡件运行状态指示，在安装、接线故障时自动报警。

(3) 阀门控制模件通过 I/O 模件基座安装在标准导轨上。导轨式模件基座为模件提供了方便、安全的安装能力。I/O 模件基座上配有可直接连接现场电缆的接线端子。模件支持热插拔操作，模件插拔无需拆卸模件基座。

(4) 硬件结构灵活可靠，内置"看门狗"电路，LED 指示模件工作状态方便故障排除和查询。阀门控制模件面板上有七个发光二极管 LED，用于指示模件的工作状态。

(5) 卡件可工作在以下四种模式：正常模式、调试模式、自校正模式、输出细调模式。

① 正常模式：根据阀门开度指令输入，现场阀门位置反馈，伺服输出电流信号使油动机开度跟随开度指令变化。

② 调试模式：根据上位机软件设定的伺服输出电流值，输出电流信号使油动机开度变化，并实时显示控制模块和阀门的状态信息。

③ 自校正模式：自动校正阀门位置反馈的零位和满位。输出零位和满位的初值。

④ 输出细调模式：闭环整定输出的零位和满位值。

(6) 模件可以通过卡件上 X5、X6 拨码盘设置选择 LVDT 线路输入方式：当拨码盘从左到右的 1～4 位（往上拨到 ON 为 1）显示为 1010 时为 6 线制 LVDT 交流线路输入；显示为 0101 时为两线制 LVDT 直流线路输入；模件可以通过卡件上 X8 拨码盘设置 LVDT 输入程序设置，当 X8 上的 1 位往上拨到 "ON" 为直流模式，当下拨不为 "ON" 时为交流模式；模件可以通过 S1 拨码盘设置 RS485 通信地址，地址为 8 位拨盘的从左到右的 1~4 位，左边的第 1 位为最低位，第 4 位为最高位，地址范围为 0~15 (0000~1111)；例如地址为 5 时，拨码盘从 1~4 位为 1010，地址为 10 时，拨码盘从 1~4 位为 0101。

（7）阀门控制模块总体设计如图 3-8 所示。CPU 通过 SPI2 连接 4 块 AD，分别采样 6 线制交流 LVDT1 输入或两线制直流 LVDT1 输入、6 线制交流 LVDT2 输入或两线制直流 LVDT2 输入、指令电流输入、输出 1 检测和输出 2 检测。通过 SPI1 连接 2 块 DA，实现两路伺服输出和阀门显示输出。通过模拟 SPI 实现 5043 的读写。通过 RS485 通信实现与上位机监控软件的交互。通过 GPIO 口与 LVDT 检测、清零开关、自动调整开关、输出关断开关、拨码盘及若干 LED 灯连接。

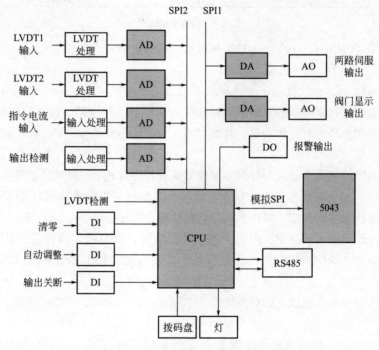

图 3-8 阀门控制模块（SVP-DL）组成构架

（8）阀门控制模块通过指令电流输入通道接收阀门开度指令，通过 6 线制交流 LVDT 或两线制直流 LVDT 输入通道接收阀门开度反馈，通过伺服输出通道输出 0~10V 电压信号拉动阀门动作。通过自动调整开关通道控制模块的工作模式，DI 开路，模块工作在正常模式，DI 通路，模块工作在自校正模式。若清零开关通道通路输出最小电流值，若输出关断开关通道通路则关断输出。模块通过串口与上位机软件连接通信，可在正常模式、自校正模式、调试模式、输出细调模式间切换。

第4章
辅助设备节能技术

4.1 辅机变工况如何优化运行?

(1) 首先辅助设备正常方式的运行台数要符合设计规定,要回归设计,不是多转设备就安全的概念;其次机组辅机出力按照额定负荷设计,而机组调峰负荷 50%~100% 内变化,负荷低于额定负荷,辅机耗电率上升,故降低辅机厂用电率的关键是减少机组低负荷时的辅机耗电率,此措施降低厂用电潜力 0.1%~0.3%。

(2) 关注机组启动和停机后辅助设备的投停规定,降低辅助设备的耗电。

(3) 电除尘控制优化,降低除尘器单耗;全厂空压机优化,尤其是脱硫、杂用空压机;循环水泵优化,根据季节和机组负荷。

4.2 循环水直供技术的工作原理及主要考虑因素有哪些?

循环水直供技术小型供热机组的循环水废热利用已经在我国取得了极大的成功,利用循环水直接用于城市采暖供热。这种方式改造工作量小,经济效益显著,在许多小型供热机组中得到了推广应用,并取得了宝贵的运行经验和大量的运行业绩。但是在如 300MW 供热机组上尚无此方面的成功运行业绩。对于大型供热机组,可否采用循环水直供,是一个值得深入研究的问题。

对于大型汽轮机,原设计为纯凝汽式发电的机组,要提高背压,实现低真空循环水供暖方式,实施改造是困难的,图 4-1 为循环水直供技术改造前后的示意图。主要考虑的因素为:

① 原设计的动静间隙小,难以适应长期高背压的运行工况。

② 大机组由于采用了双层缸,轴系复杂,所以其膨胀系统设计复杂,当汽轮机背压升高后,会引起膨胀规律的变化。

③ 汽轮机末级叶片运行工况恶化。由于背压高,排汽温度升高,导致末级叶片温度升高,其可靠性降低;由于背压高,还会导致容积流量减小,使得末级的流动规律变化,出现叶根或者叶顶的脱流、倒流甚至漩涡,从而增加了引发叶

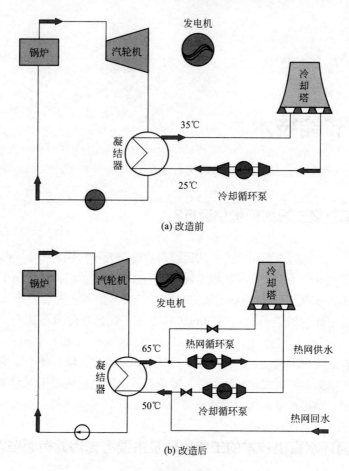

(a) 改造前

(b) 改造后

图 4-1 循环水直供技术

片颤振的可能性。

④ 背压升高后，汽轮机的各级焓降发生变化，使得相对内效率降低，尤其是末几级影响最大。

⑤ 背压升高，还会导致汽轮机的低压排气缸的工况发生变化。排气缸的气动性能则由于容积流量的减小而变化，排气缸的温度也会升高。

⑥ 凝汽器的工况变化大，需要对其进行加固改造，而这一点的工作量极大。

4.3 采用热泵技术的优点有哪些?

采用热泵技术，以发电厂循环水为热源，辅助以消耗电能或者蒸汽热能，以提高循环水的温度，满足对外采暖供热的要求。

与上述循环水直供技术相比，采用热泵技术的优点也是明显的:

① 供热负荷自由，可以根据外界需要，取用相应的循环水量;

② 循环水的温度和流量都稳定，一般都保持在 20℃ 以上，蒸发器不会出现结霜现象；

③ 利用了循环水的余热，可以减少冷却塔向环境的散热和冷却水的蒸发损失，减少污染，节约水源；

④ 能降低凝汽器循环水进水温度，提高汽轮机凝汽器的真空度，增加机组的通流量和发电功率。

热泵可以采用吸收式热泵，利用蒸汽、燃油、燃气等作为驱动热源，也可以采用压缩式热泵，利用电力作为驱动能源。根据循环水源热泵系统的运行工况分析，采用压缩式热泵的 COP 可以达到 4～7，采用吸收式热泵的 COP 可以达到 1.7～2.3。即如果采用电力驱动的压缩式热泵，系统制热量是耗电量的 4～7 倍；如果采用蒸汽驱动的吸收式热泵，系统制热量是耗电量的 1.7～2.3 倍，节能效果显著。

4.4 影响冷却塔冷却效果的因素有哪些?

冷却塔的工作是重要的，直接影响到循环水的温度，从而影响到真空。据研究，循环水温度每降低 1℃，供电煤耗可以降低 1～2g/(kW·h)。如果冷却塔的冷却效率不高，则循环水的损失更大。目前冷却塔的冷却效率仅仅在 50% 左右，处于比较低的水平，所以研究提高冷却塔的冷却效率对于节能和节水同样重要，可以一举两得。导致目前冷却塔冷却效果差主要有填料、配水、环境三方面的因素。

4.5 循环水冷却塔投入运行后存在的问题有哪些? 应如何改造?

(1) 循环水冷却塔出口水温度偏高，造成机组循环热效率下降 由于循环水泵以及循环水管道阻力特性与设计不相符，会造成单台循环泵运行时冷却塔不能造成虹吸配水，二台循环水泵运行时内区不完全配水的情况。某公司二台机组投产后发现冷却塔出口循环水温度偏高，经过检查发现在单台循环水泵运行时冷却塔只有外区配水，内区没有水，这样整个冷却塔只有不到 1/2 的利用率，造成出口循环水温度升高。为了解决这一问题，经过对循环水泵以及循环水管道的性能特性进行了重新计算，确认了冷却塔的技改方案，经技术论证对冷却塔竖井内区虹吸配水的虹吸沿降低 750mm，降低后冷却塔虹吸沿标高为 14.4m。技改后启动循环水泵，检查冷却塔内竖井水位标高大约在 14.5m 左右，内区、外区全部配水。由于虹吸罩也相应降低，配水量明显增大，将虹吸破坏门关闭后，竖井水位又下降了 100mm 左右，相应配水量也增大，开启虹吸破坏阀后又恢复原水位。变更前后循环水泵出口压力、凝汽器循环水出入口压力没有变化，单台泵运行时循环水泵出口压力 0.165MPa，凝汽器循环水入口压力 0.155MPa，凝汽器循环水出口压力 0.13MPa；二台循环水泵运行时出口压力 0.23MPa，凝汽器循环水入口压力 0.21MPa，凝汽器循环水出口压力 0.155MPa。在同样的工况下经过技改后的冷却塔出口循环水出口温度下降了近2℃，凝汽器真空提高了1～2kPa。

(2) 循环水蒸发量大于设计值，造成机组发电水耗率大于设计值　在机组投入运行后，发现冷却塔蒸发量大，冷却塔排出的蒸汽带水严重。冷却塔蒸发量大不仅造成机组的发电水耗率增大，另外将会使发电用各项成本费用上升：供水泵的电耗率上升，发电用水费上升，发电厂用电率上升。按每吨水水费1元，每供1t水用电费0.25元计算，每台机组每天节约1000t水，一年可节约90多万元。经过分析，发现造成冷却塔蒸发量大，排汽带水的主要原因是冷却塔除水器工作效率低、冷却塔内风速大。针对这种情况对蒸发量比较大的冷却塔外区采用十字交叉布置增加一层除水器，这样一是可以降低冷却塔内蒸汽的流速，二是延长了蒸汽经过除水器的时间和接触面积，增加了除水的效果，解决了排汽带水的问题。

(3) 冷却塔填料、冷却水喷嘴损坏严重　冷却塔填料、冷却水喷嘴损坏后对冷却塔的效率影响比较明显，冷却水喷嘴损坏不仅会造成循环水温度上升，冷却效果差，而且也会造成冷却塔填料的损坏。冷却塔填料损坏的直接原因是冷却塔喷嘴损坏后，进入冷却塔内的循环水不能良好雾化，不是以小水滴的形式溅落在填料上，而是以高流速的水柱直接喷射在填料上造成填料的损坏。冷却塔填料损坏造成的后果：一是因为冷却面积的降低，淋水密度增大，冷却塔对循环水冷却效果差，循环水温度升高，机组的经济性能下降；二是因损坏的填料进行循环水系统堵塞循环水滤网、凝汽器冷却水管道，严重时直接威胁机组的安全运行，机组降负荷进行凝汽器单侧清理。经过对冷却塔主、副配水管道的改造，合理分配内外区循环水的配水量，增加配水面积，更换损坏的填料和喷嘴，解决了冷却塔填料、冷却水喷嘴损坏的问题。

(4) 循环水流量对冷却塔性能的影响　影响冷却塔传热性能的另一个重要参数是循环水量，增加循环水量有益于凝汽器侧热交换，可提高汽轮机的效率；但对于冷却塔来说，当出塔空气的相对湿度未达到饱和时，增加循环水量，可使出塔空气已无法被空气吸收，出塔水温反而很快升高，且增加循环水量还需要多消耗泵的功率，降低机组效率。实际上是以循环水泵耗功来补偿冷却塔出口水温的，循环水量不能无限增加，因此应根据负荷的变化、季节的变化，及时调整循环水泵的运行方式选择一个最佳运行工况。

(5) 冷却塔通风能力对冷却塔性能的影响　冷却塔的冷却效率与通风能力有着直接的关系。地理位置特殊四面环山的厂区，受环境及季节变化的影响不大，为了提高冷却塔的效率，在冷却塔下部进风区十字交叉布置安装了堵风板，有效地防止了穿堂风对冷却效率的影响，解决了夏季环境温度高时循环水出口温度高凝汽器真空低对机组效率的影响。

侧风进风进风量减少，出口阻力增大进风量减少，塔内空气动力场形成漩涡，也会使冷却塔性能恶化。

提高塔的冷却效果：全周进风均匀，增大冷却塔进风量，改善塔内空气动力场，冷却塔优化进风技术有全周安装翼型导风板，可在全周形成多个进风通道平衡全周进风，消除漩涡。

安装导风板（见图4-2）后循环水温度可以降低 $1\sim1.5℃$，改善冷端冷却条件，实现冷端节能、节水、降噪的统一。引导进入塔内的气流产生旋流运动，强化传热与传质，实际上增加了气流的切向风速，冷却塔优化进风技术实施。此项技术无需停机，只在进风口实施，已完成 200MW、300MW 机组冷却塔的改造，现在正在进行 600MW 机组的改造。

图4-2 导风板

冷却塔进风整流优化改造后的效果：塔的进风量增大，塔的进风均匀，抵抗侧风的能力增加，塔的冷却效果增强，循环水温降低，汽轮机真空改善，循环水泵耗功减少，厂用电降低，煤耗率下降。

本项技术有如下特点：

① 消除侧风的影响，提高冷却塔的冷却效率；

② 诱导涡流流动，提高传热传质速率，提高冷却塔的冷却效率；

③ 增大径向分速，塔内气流流动更为均匀，提高冷却塔的冷却效率；

④ 可以减轻和防止冬季结冰；

⑤ 可以在一定程度上减少冷却塔的噪声；

⑥ 施工时不需要停塔，不影响机组正常发电；

⑦ 配合循环水系统改造，有利于节水。

4.6 如何提高凝汽器工作性能？

(1) 采用先进的管子排列方式，主要是从提高换热系数，降低汽流阻力，减小水阻，减小过冷度等角度去排列凝汽器的换热元件。

（2）采用表面改性的管子，例如采用可以实现珠状凝结的换热管，在凝汽器的汽侧蒸汽冷凝时，不是传统的膜状，而是以珠状的形式，可以大幅度提高换热系数。据山东大学的研究，当用于凝汽器时，单侧换热系数可以提高2～4倍，整体换热系数可以提高50％以上。这样对于保持凝汽器的高真空是有意义的。

（3）提高真空泵的工作效率。据研究，真空泵在夏天工况下，由于其工作水的温度升高，将导致其抽吸效率下降。因此在夏季，降低真空泵的工作水温度是重要的。已经可以采取措施，实现这一功能。

4.7　凝汽器低真空运行的电厂循环水供热方式有哪些？

传统的低真空运行循环水供热方式，为了适应采用传统散热器形式作为末端散热设备的热用户，循环水在凝汽器中通常被加热到50～60℃，此时汽轮机排汽压力由0.04～0.06bar（1bar＝10^5Pa）提高到0.3bar左右。这种供热方式多年来已经在各地不少小型机组和少数中型机组上成功运行。

如果对于现代大型机组进行低真空运行改造，在变工况运行的同时，还涉及排汽缸结构、轴向推力的改变、轴封漏汽、末级叶轮的改造等多方面问题的限制。尽可能降低供热系统的水温，而不是恶化真空，提高凝汽器温度，对大型机组的安全可靠高效运行有重要意义。大型机组循环水在凝汽器进口允许的最高温度一般在33℃左右，对应的出口温度不超过45℃。此温度水平恰好能够满足某些高效散热器（如地板辐射采暖）的要求。因此可以采用适合于现代大型机组的低真空运行方式，即在用户侧采用低温供热末端，如地板辐射采暖等，同时保持机组排汽压力不超过厂家规定值，以40℃左右的循环水直接供给采用低温辐射采暖系统的热用户采暖，同时部分循环水仍然通过冷却系统排放，调节供热热量与冷却系统排放热量之比，实现热电负荷的独立调节。

由于采用40℃左右的低温水供热，因此必须单独铺设低温供热管网，与汽轮机中间抽气制备的高温热水系统分开独立地运行。低温供热供回水温差远小于高温热水系统，循环流量大，管道粗，循环泵能耗高。为此，低温供热系统的供热半径应远小于常规的高温供热系统，否则会由于初投资和循环水泵运行费高而失去经济性。

采用上述适合现代大型机组的低真空运行循环水供热方式的主要优点是对机组改造的投资相对较小，经济性好，工程周期短见效快。

除需要独立的低温热网进行低温供热外，低真空运行循环水供热方式的致命缺点为：在周边用户负荷偏低时，如果供热热量远小于机组的凝气排热量，此时大部分热量从冷却塔排走。而为了保证供热温度，凝汽器压力又不能降低，这就影响了发电效率。当低温供热热量占总的凝气热量之比低到一定的程度时，这种方式从能源利用效率上看实际上是得不偿失的。

4.8　利用热泵技术的电厂循环水供热方式有哪些?

由于低真空运行循环水供热方式固有的局限性,在更多的应用场合,可以采用热泵技术直接提取循环水中的低位热量用于供热。利用电厂循环冷却水作为热泵低位热源进行供热的基本形式如图4-3所示,汽轮机排汽经过凝汽器后冷凝的凝结水被重新送到锅炉去。根据用户侧热负荷需求的情况,直接将来自凝汽器的一部分循环水送入冷却塔,完成正常的冷却循环,另一部分通过循环水管网送入设置在用户处的热泵装置的蒸发器作为热泵的低位热源,驱动热泵的高位能量加上从低位热源提取的热量作为热泵产热用于加热用户侧的二次网回水。循环冷却水在热泵蒸发器放热降温后返回到凝汽器入口与流经冷却塔的冷却水汇合,再被送入凝汽器吸热升温。如此实现将电厂循环水低位余热用于供热的目的。

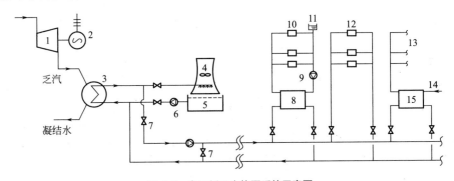

图4-3　电厂循环水热泵系统示意图

1—汽轮机;2—发电机;3—凝汽器;4—冷却塔;5—循环水池;6—循环水泵;
7—旁通阀;8—中央热泵(吸收式或压缩式);9—用户侧循环水泵;
10—室内末端(暖气片、风机盘管、低温辐射采暖等);11—膨胀水箱;
12—户式热泵;13—热水供应系统;14—冷自来水管;15—热泵型热水器

利用热泵技术的循环水利用方式与上述凝汽器低真空运行方式相比,机组的发电量和安全运行不受影响,同时供热系统还可根据热负荷的大小和分布来确定热泵的配置和运行方式。通过灵活的分布式热泵形式,选择不同的热泵供热温度,可以满足地板采暖、风机盘管、暖气片等不同形式末端散热设备的要求,从而使整个循环水余热利用系统的运行更加高效。当电厂循环水余热的利用份额较小时,这种热泵回收循环水余热的形式更加适合。当然,由于需要增加热泵设备,使得这种供热形式的投资较大。当电厂循环水余热利用比例大、供热温度低的情况下,其能效不如凝汽器低真空运行方式高。

与图4-3中所示系统将热泵置于用户处的供热方式略有不同,还可以采取将热泵直接放置在电厂内的供热方式,直接在电厂内将循环水余热提取出来用于加热热网回水。这种方式便于利用电厂内丰富的高温高压蒸汽资源,同时避免了敷设独立的循环水管网，而可以直接并入高温热网中。在常规热电厂系统中，相对于热网供回水温度而言，汽轮机抽汽参数较高。例如，一般热网供回水温度在120℃/60℃，而汽轮机，尤其是大容量的汽轮机，用于供热的抽汽压力往往在4~10bar，远高于加热热网所需要的参数要求。为此，利用该参数下的抽汽驱动吸收式热泵，可以回收电厂循环水的余热，产生60~90℃热量。用于这种工况下的吸收式热泵COP为1.3~1.4，即一份抽汽热量可以回收0.3~0.4份循环水余热。由于汽轮机抽汽本来就用于加热热网，因而所回收的余热从运行成本上看是无代价的。图4-4给出了这种利用吸收式热泵回收电厂循环水余热的示意图，热泵将热网回水由60℃加热到一定温度，然后再用抽汽加热至要求的供水温度，即120℃。

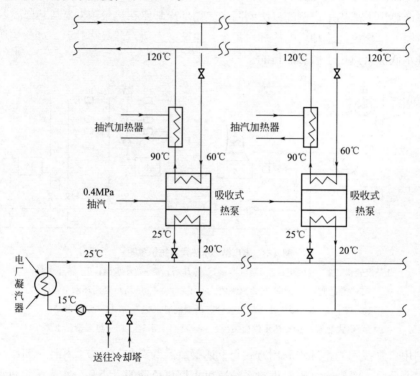

图4-4 利用吸收式热泵回收电厂循环水余热的示意图

由于热泵制热温度相对较低，机组抽汽往往不能全部用于驱动热泵回收循环水余热，而需要一部分抽汽进一步加热热网供水以满足要求的供水温度。因此，受热泵效率和制热温度的制约，为了保证热网供水温度的要求，系统可回收的余热量与驱动热泵的抽汽量之间存在一定的匹配关系。表4-1给出了两个典型容量的汽轮机组循环水余热回收系统各热量之间的匹配关系。其中热网供水温度为120/60℃。热泵制热系数为1.33。两种机组抽汽压力不同，其制热温度分别为90℃和80℃。可以看出，这两种大机组的循环水余热不能全部被吸收式热泵回收利用，可回收的比例只有50%~60%。当然，有些机组循环水余热量相对较少，例如小型供热机组等，循环水余热可能全部通过吸收式热泵得以回收。因而循环水余热可回收的比例取决于机组形式和容量等因素。

⊡ 表 4-1　典型供热机组的循环水余热回收系统的热量匹配关系

汽机容量/MW	抽汽压力/bar	抽汽热量/MW	循环水余热量/MW	热泵耗热量/MW	热泵制热温度/℃	余热回收热量/MW	循环水余热回收比例/%
300	5	360	100	150	90	50	50
200	2.45	290	50	78	80	26	56

4.9　如何降低锅炉风机的耗电量？

锅炉风机是发电厂重要的辅机设备，主要包括一次风机、送风机、引风机和排粉风机等。发电厂锅炉风机的耗电量很大，各类风机总耗电量约占整个厂用电的30%～40%。由此可见，提高风机的效率，降低耗电量是减少厂用电、提高发电厂供电能力、降低成本的一个重要途径。目前我国有很多电厂锅炉风机存在着"大马拉小车"的现象，再加上这些设备常常处于低负荷运行状态，运行工况点常常偏离高效点，使用效率很低，造成风机电耗过高、高效风机低效运行的局面，大量的电能消耗在节流损失中。于是，为了降低风机的耗电量，大多采取加装机械调节装置、切割风机叶片、加装变频器等措施。

4.10　锅炉风机经济运行的前提是什么？

风机选型的合理与否，是风机经济运行的前提。风机一旦选定，它将在发电厂中运行若干年。选型合理会带来方便和效益，选型不当会造成浪费和烦恼。所以，风机的选型是一项非常重要的工作。由于风机制造技术的不断进步，现在各类离心风机、轴流风机的效率普遍提高，可达85%～90%，进一步提高风机的效率，其上升空间已有限，而目前在我国往往是由于风机的选型不恰当，造成风机在实际运行中存在裕量过大，电厂风机的设计出力往往是其实际运行最大出力的120%～130%，甚至更大，从而导致风机的运行效率大大低于其最高效率。风机长期在低效区运行大幅度地降低了风机的使用效率，形成高效风机低效运行的局面。对于调峰机组来说，风机还需要在长时间内处于更低的负荷下运行，因此，应将风机的合理选型作为发电厂风机节能的前提条件。先天的不足是难以通过后天弥补的，如果风机的选型不合理，在投入运行后再进行技术改造，以期达到经济运行只能算是亡羊补牢，需投入大量的额外资金，额外增加了发电厂的运行成本。

4.11 锅炉风机调节的必要性是什么？

发电厂各风机的出力裕度主要决定于电力生产的特点，因为电力的生产和消费是同时进行的，发电设备必须保证长期连续运行。同时，为确保发电设备的满出力，在设计时汽轮机的出力必须大于发电机的出力，锅炉的出力必须大于汽轮机的出力。作为锅炉的辅助设备，风机的出力又必须大于锅炉的出力。为此，在火电厂的设计规程中规定，发电厂的风机必须在风机系统的最大流量和阻力的基础上，再增加5%～10%的裕量。风烟系统的最大流量和阻力又必须考虑到下列因素：在机组的一个大修期内，因设备腐蚀等多方面的原因而发生泄漏所增加的风量和因积灰堵塞等原因增加的阻力；锅炉燃用煤种可能发生的变化所引起的风量和阻力的变化；并联风机中的一台发生了事故或故障需要停下来检修时，其余的风机还需要保证锅炉的稳定燃烧，并使机组尽可能带较大的负荷。而现在设计大容量机组时，尽管都设计有联通管道或联通容器，但是，空气预热器的出口和除尘器的出口基本上是相对独立的，即当锅炉只有一台风机运行时，锅炉风烟系统中阻力最大的两个设备：预热器和除尘器并不能实现并联运行。因而，当只有一台风机运行时，系统的阻力比正常运行时还要大，由于上述原因，致使发电厂风机的使用效率大大地低于其最高效率。运行情况调查表明，即使采用了高效率的风机，风机运行效率低于70%的占50%，低于50%的占12%。有的发电厂对裕量较大的离心风机采用切割叶片的方法以提高风机的工作效率，但其施工工艺有严格的要求，一般还需要进行动平衡试验，当系统阻力发生变化时，往往会出现风机出力不足的现象，难以彻底解决问题。因此，为了降低发电厂风机的电耗，实现风机经济运行，主要应提高风机在低负荷时的运行效率，其主要途径就是要采用合理的风机调节方式。

4.12 几种不同的风机调节方式的比较是什么？

发电厂锅炉风机采取不同的调节方式，都可达到所需要的参数，但节能效果各不同。

发电厂锅炉风机风量的调节方式主要有两种：一种是风机风道入口处装设进口导叶进行调节，进口导叶调节是一种改变风机本身特性曲线的风量调节方式，它是使气流在风机叶轮入口处产生"气流预旋"来达到调节风量的目的。进口导叶方式投资少、调节灵活，因而在锅炉风机风量的调节中得到广泛的应用。风量的进口导叶调节归根结底是一种节流调节，风机均采用恒速电机驱动。当风机风量减少时，驱动电机输出功率并未随之大幅度减少，这部分本可以节省下来的电能被消耗在风机入口段。在挡板调节的风机中运行时存在很多问题：挡板功耗大，浪费了大量的能源；故障较多，不宜长期频繁调节；设备易损，维修量与维修费用大；风机启动时对电动机的冲击大，降低了电机的使用寿命；设备容量不能充分利用；系统很难投入自动运行，降低了系统的自动化水平。因此，从节能的观点来看，风机采用进口导叶调节风量是不理想的。这种调节方式不仅节流损失大，而且还会带来一系列其他的相关问题。

另一种是风机驱动部分的变速调节，它是利用风机风量与风机转速的正比关系，改变转速来达到调节风量的目的。当负荷变化时，调节带动风机的电动机，转速随之变化，可降低功耗，节约电能。由风机原理可知：对同一台风机而言，当管道阻力不变时，风机的风量 Q 与转速 n 成正比，风机的风压 p 与转速的平方成正比，风机的轴功率 N 与转速的 3 次方成正比，即：$Q_1/Q_2 = n_1/n_2$；$p_1/p_2 = (n_1/n_2)^2$；$N_1/N_2 = (n_1/n_2)^3$。因此，当锅炉负荷降低，需要减少风量时，通过调节降低风机转速可使风机的运行功率降低很多。例如，当风量与转速均下降到额定参数的 80% 时，风机的功率将降低到额定功率的 51%；当风量与转速均下降到 60% 时，功率将降低到额定功率的 21%。变速调节曲线接近理想曲线，所以变速调节最好。变频调速控制风量与调节风门控制风量的节电原理可通过图 4-5 进行比较说明。图 4-5 中曲线 1 为风机在恒速下的风压-风量特性曲线，曲线 2 为恒速下功率-风量特性曲线，曲线 3 为风门全开时的管网风阻特性曲线。风机轴功率反映于管网阻力曲线上风压 H 与风量 Q 的乘积。A 为额定工作点，此时输出风量 Q_1 为 100%，效率最高，轴功率 N_1 正比于 H_1 与 Q_1 的乘积，相当于图中 AH_1OQ_1 的面积。根据生产工艺要求，当风量需要从 Q_1 减少到 Q_2 时，若减小调节风门开度，则管网阻力增加，使管网阻力特性变到曲线 4，系统由原来的工况点 A 上升到新的工况点 B 运行。可以看出，风量降低，风压增加，轴功率 N_2 正比于 H_2 与 Q_2 的乘积，相当于图中 BH_2OQ_2 的面积。如果通过调速控制风量，由于风门全开，只改变风机转速而不改变管网阻力，风机风量由 Q_1 变到 Q_2 时，风机转速亦由 n_1 降到 n_2，风压-风量曲线下移，如图中曲线 5，工况点 A 沿管网阻力曲线 3 降至 C 点，即风量减少，风压 H_2 也降低很多，轴功率 N_3 正比于 H_3 与 Q_2 的乘积，相当于图中 CH_3OQ_2 的面积，显著减少，节省的功耗 ΔN 正

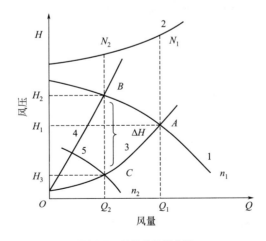

图 4-5　风机的性能曲线

比于 ΔH 与 Q_2 的乘积，相当于图中 BH_2H_3C 的面积。

因此，如果在电机与风机之间加装调速装置，将电机输出的固定转速调节为根据流量需求的风机转速，即当锅炉负荷改变时，通过调节驱动风机的转速来调节风机的风量和风压来与锅炉的负荷变化相适应。风机采用变转速调节，其效率几乎不变，但需要采用变速调节装置来实现。

采用变速调节装置需要增加投资，变速装置本身也存在着损失。其综合效率和需采用的最佳变速装置，都需要进行实际的试验和比较。

目前，风机调速有两种方式：一种是机械调速，最常用的是在电机和风机间加装液力耦合器。优点是投资少，节能效果较好，缺点是它需要一定的安装空间，需要为液力耦合器制作专用的基础，存在转差损失，效率降低，运行可靠性低，维修量大；另一种调速方式是电机变频调速。交流变频调速装置与其他调速相比，性能最佳。近年来，随着电力电子技术、计算机控制技术和自动控制技术的发展，交流变频技术已进入大功率、高性能的发展阶段，这项技术具有优异的调速和启动性能，且调节精度高，控制灵活，节能效果显著。

变频调速节能原理：异步电动机的转速 n 与电源频率 f、转差率 S、电机的极对数 P 的关系如下：

$$n = 60f/P(1-S)$$

由上式可知：电机的转速与电源频率成正比，根据这一原理，利用变频器改变电机的电源频率来调节电动机的转速。由于变频器不存在转差损耗，因此节能效果良好。变频调速的调速范围大，电机可在 $0 \sim 100\%$ 的工频转速下运行，可以实现无级调速。采用变频改造时无需更换风机的电机。另外，采用变频调速可使控制方式更加灵活，便于集中控制，提高了自动化水平。

4.13 变频调速节能的基本原理是什么？

$$n = \frac{60f(1-s)}{p}$$

该式表示了电机的转速 n 和电源频率 f、电机转差率 s、电机极对数 p 的关系。由上式可以看出，对于异步电机来说，转差率固定不变，转速 n 和电源频率 f 成正比，只要改变电源频率，就可以改变电机转速，达到调速的目的。

高性能的大容量变频器是目前比较先进的电机调速方案，它具有效率高、调速范围宽、运行可靠、调速性能好、自动化水平高等优点，已经在石化、供水、电力等系统中有了相当多的应用。

火电厂中有大量的辅机是高压大容量的电机，广泛存在于电厂生产的各个环节，如磨煤机、送风机、引风机、给水泵、排灰泵等。这些电机功率都相当大，当发电机组负荷下降时，存在相当大的电能浪费，对这些电机采用高压大容量变频器进行技术改造，能有效地节能，降低厂用电率，提高经济效益。

4.14 水泵变速是如何节电的?

（1）变速节能分析 采用交流变频技术控制水泵的运行，是目前水泵节能改造的有效途径之一，图4-6绘出了阀门控制调节和变频调速控制两种状态的水泵功率消耗-流量关系曲线。

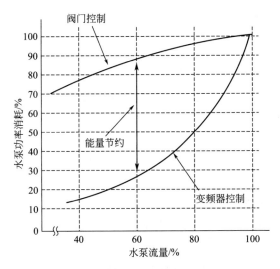

图4-6　水泵功率消耗-流量关系曲线

图4-6显示了变频器控制和阀门控制水泵所消耗的不同功率，从图中可以清楚地看出在水泵流量为额定的60%时，变频器控制与阀门控制相比，功率下降了60%；所以水泵仅仅依靠阀门控制是远远不够的，进行变频器控制的节能改造是十分必要的。

对于水泵来说，流量 Q 与转速 N 成正比，扬程 H 与转速 N 的二次方成正比，而轴功率与 P 与转速 N 的三次方成正比，表4-2列出了它们之间的关系变化。

⊡ **表4-2　流量、扬程、轴功率、转速之间的关系变化**

水泵转速（N） /%	运行频率（F） /Hz	水泵扬程（H） /%	轴功率（P） /%	节电率 /%
100	50	100	100	0
90	45	81	72.9	27.1
80	40	64	51.2	48.8
70	35	49	34.3	65.7
60	30	36	21.6	78.4

从表4-2中可见用变频调速的方法来减少水泵流量进行节能改造的经济效益是十分显著的，当所需流量减少，水泵转速降低时，其电动机的所需功率按转速的三次方下降。

当水泵转速下降到额定转速的10%即 $F=45Hz$ 时，其电动机轴功率下降了27.1%，水泵节电率为27.1%；

当水泵转速下降到额定转速的20%即 $F=40Hz$ 时，其电动机轴功率下降了48.8%，水泵节电率为48.8%；

当水泵转速下降到额定转速的30%即 $F=35Hz$ 时，其电动机轴功率下降了65.7%，水泵节电率为65.7%；

当水泵转速下降到额定转速的60%即 $F=30Hz$ 时，其电动机轴功率下降了78.4%，水泵节电率为78.4%。

（2）水泵节电率的计算

$$水泵节电率=[1-(变频器运行频率/50)^3]\times100\%$$

例如：水泵转速降低30%，即变频器运行频率=35（Hz）

$$水泵节电率=[1-(35/50)^3]\times100\%=65.7（\%）$$

水泵转速降低20%，即变频器运行频率=40（Hz）

$$水泵节电率=[1-(40/50Hz)^3]\times100\%=48.8（\%）$$

（3）水泵变速启停其它优点

① 冲击电流小。在启动电机时，由于采用低转速启停，使电机启动电流减小。对电机冲击小，减少对负载机械的冲击转矩，延长使用寿命。

② 低转速停运，即平滑减速，减轻对重载机械的冲击，避免高程供水系统的水锤效应，减少设备的损坏。

4.15 变频调速器是如何节能的？

用变频器替代开关控制，虽然初期投资大，但可节省大量电费。一般而言，变频器的投资一年左右即可收回。

综合以上结果，用变频器可带来明显的效益。

（1）节电显著 从以上测量可看出，在需要变气流量的场合，节电效果一般为30%以上，可为用户节省大量电费。

（2）可替代开关控制柜。

（3）具有电机启动器功能 从现场观测，200kW电机启动时，启动电流从0开始，缓缓增加，直到实际需要的负荷电流，因此用变频器可替代电机启动装置。

（4）提高了功率因数 从变频器的监视窗口可看出。电机的功率因数为0.983。故加变频器后可替代电机的无功功率就地补偿装置。

（5）降低了噪声 由于电机转速小于其额定转速，风机的噪声大幅度降低，改善了工作环境。

(6) 操作简单　风量的调节通过变频器控制面板，可方便地实现。

(7) 保护齐全，并具有故障记忆判断功能。

4.16　变频器的安装有哪些注意事项?

(1) 物理环境

① 环境温度和湿度。变频器内部是大功率的电子元件，极易受到周围环境的影响，因此要求安装场所的温度应保持在－10～40℃之间，相对湿度 90％以下，无结露状态。若安装在配电盘内，则必须采取必要的措施（如使用电风扇等），以保证工作温度不高于 40℃。如果环境温度太高且温度变化较大时，变频器内部易出现结露现象，其绝缘性能就会大大降低，甚至可能引发短路事故。必要时，必须在箱中增加干燥剂。

② 空气质量。变频器不能安装于有腐蚀性气体、导电尘埃和微粒的场所。使用环境如果腐蚀性气体浓度大，不仅会腐蚀元器件的引线、印刷电路板等，而且还会加速塑料器件的老化，降低绝缘性能，在这种情况下，应把控制箱制成封闭式结构，并进行换气。

③ 标高和振动。变频器应安装在海拔 1000m 以下，周围振动在 5.9m/s² 以下。装有变频器的控制柜受到机械振动和冲击时，会引起电气接触不良。这时除了提高控制柜的机械强度、远离振动源和冲击源外，还应使用抗震橡皮垫固定控制柜外和内电磁开关之类产生振动的元器件。

变频器安装地点还应注意避免阳光直射，要有防止铁屑、水滴等物落入变频器内的措施。在控制箱中，变频器一般应安装在箱体上部，并严格遵守产品说明书中的安装要求，必须垂直安装，而且必须保留变频器上下左右一定的散热空间。绝对不允许把发热元件或易发热的元件紧靠变频器的底部安装。此外，为了防止异物掉进或卡在变频器的出风口而阻塞风道，最好在变频器的出风口上方加装保护网罩。

(2) 电气环境

① 防止电磁波干扰。变频器在工作中由于整流和变频，周围产生了很多的干扰电磁波，这些高频电磁波对附近的仪表、仪器有一定的干扰。因此，柜内仪表和电子系统，应该选用金属外壳，屏蔽变频器对仪表的干扰。所有的元器件均应可靠接地，除此之外，各电气元件、仪器及仪表之间的连线应选用屏蔽控制电缆，且屏蔽层应接地。如果处理不好电磁干扰，往往会使整个系统无法工作，导致控制单元失灵或损坏。

② 防止输入端过电压。变频器电源输入端往往有过电压保护，但是，如果输入端高电压作用时间长，会使变频器输入端损坏。因此，在实际运用中，要核实输入变频器的电压（单相还是三相）和变频器的额定电压值。特别是电源电压极不稳定时要

有稳压设备，否则会造成严重后果。

(3) 接地　变频器正确接地是提高控制系统灵敏度、抑制噪声能力的重要手段，变频器接地端子 E(G) 接地电阻越小越好，接地导线截面积应不小于 $2mm^2$，长度应控制在 20m 以内。变频器的接地必须与动力设备接地点分开单独接地。信号输入线的屏蔽层，应接至 E(G) 上，其另一端绝不能接于地端，否则会引起信号变化波动，使系统振荡不止。

(4) 防雷　在变频器中，一般都设有雷电吸收网络，主要防止瞬间的雷电侵入，使变频器损坏。但在实际工作中，特别是电源线架空引入的情况下，单靠变频器的雷电吸收网络是不能满足要求的。在雷电活跃地区，这一问题尤为重要，如果电源是架空进线，在进线处装设变频专用避雷器（选件），或有按规范要求在离变频器 20m 的远处做专用保护接地。如果电源是电缆引入，则应做好控制室的防雷系统，以防雷电窜入破坏设备。

还要注意变频器与驱动电机之间的距离一般不超过 50m，若需更长的距离则应降低载波频率或增加输出电抗器（选件）为佳。

4.17　采用变频调速装置的优点有哪些？

风机是发电厂锅炉中最大的耗能设备，风机能否合理经济运行关系到发电厂的经济运行，选择合理的节能措施势在必行。对于小功率的风机或运行负荷稳定接近于最高效率的风机可采用进口导叶调节方式；对于具有一定出力裕量的风机，特别是调峰机组的风机，采用变速调节其经济效益是肯定的，以选用效率高、性能好的变频调速装置最好。变频调速装置可直接用于笼式交流电机实现无级调速，电机和风机本身不需要任何改动。当变频装置发生故障时，可自动将电机的电源切换至工频电网以额定转速运行，可确保锅炉的安全可靠运行。同时，采用变频调节方式还有以下优点：可降低风机的启动电流，实现电机的软启动，避免了大启动电流对电网的冲击和大的启动力矩对电动机的机械冲击；系统的动态响应速度提高，调节线性度好；减少了风道振动，提高了锅炉运行的稳定性；设备的可靠性提高，延长了设备的检修周期，减少了维护量及检修费用。同时，有利于降低风机噪声，减轻磨损。

实践证明：变频调速技术用于风机调节能获得良好的运行性能和显著的节能效果。随着科学技术的发展，变频调速技术将得到更加广泛的应用。

4.18　长输热网专利技术解决温降大的主要技术特点有哪些？

(1) 保温材料的选择特点　选择主保温材料的原则是：耐温必须满足管道输送介质参数的要求，热导率应较低，有较高的强度和圆整性，容重小，有较好的性价比等。根据这个原则采用了复合型保温材料，考虑到压力匹配器调节混合后供热温度为

330℃，利用硅酸铝棉针刺毯和高温玻璃棉在不同温度下两者热导率的差异，选用不同的保温材料。具体地讲：在250～300℃范围内，硅酸铝棉针刺毯的热导率小于高温玻璃棉，而小于250℃时，硅酸铝棉针刺毯的热导率大于高温玻璃棉，因此设计保温第一层、第二层采用硅酸铝棉针刺毯，其余保温层采用高温玻璃棉。两者热导率随温度变化曲线如图4-7所示。

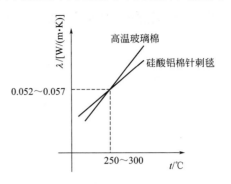

图4-7　热导率随温度变化曲线图

（2）保温层厚度、保温结构的选择特点　确定保温层厚度的原则是：在冬季大气温度取－10℃，管内介质取平均流量的条件下，输送到用户处的蒸汽介质压力、温度满足用户要求，对出现饱和状态的蒸汽管道尽量避免冷凝水的出现。保温厚度先按经济厚度计算确定，再和流体计算同时作温降校核，使之在最小流量时蒸汽送至各用户仍能满足用户处的蒸汽介质压力、温度要求。根据上述原则，某公司自备小热电供热工程保温材料的厚度见表4-3。

▫ **表4-3　某公司供热工程保温材料厚度**

保温材料名称	保温材料总厚度/mm					
硅酸铝棉针刺毯 与高温玻璃棉	ϕ630	ϕ530	ϕ480	ϕ426	ϕ377	ϕ325
	220	190	170	160	150	140

（3）保温保护外壳选择特点　保温保护外壳对保证保温结构的质量起到重要作用。根据《工业设备及管道绝热工程设计规范》（GB 50264—97）的要求，保护层材料应选择强度高，在使用的环境温度下不得软化、不得脆裂，且应抗老化，其使用寿命不得小于使用年限（国家重点工程的保护层材料设计使用年限应大于10年）。根据上述要求，供热蒸汽管道保护层采用0.5mm厚彩钢板。

（4）管托选用特点　为了减少热损，确保蒸汽管网终端供热参数，同时也为减小管道对固定管架的推力，长输热网管道管托采用低摩擦高效隔热节能型管托专利技术（ZL98242855.3）。该管托与普通管托相比热损失可减少80％～90％。

（5）长输热网保温施工技术特点　管道保温层为多层，应逐层施工。同一层沿管道轴向每段保温棉应错缝100m，其错缝位置在水平管中心线向下30°范围内，同时每段内外层应错缝200m以上。每块保温棉离端部30～50mm用18～20号镀锌铁丝捆扎，每块保温棉中部捆扎的间距为150～200mm，且不得采用螺旋式缠绕捆扎，捆扎紧度适宜。保温第三层开始使用打包带捆扎。多层保温层逐层捆扎中所出现的纵向缝隙和环向缝隙应用零料进行填满，每个搭缝必须严密厚实，每层表面应进行找平和合缝处理。

4.19 长输热网专利技术解决压降大的主要技术特点有哪些?

(1) 在设计时,选用合适的供热管道管径,在满足热用户末端用户蒸汽压力参数的条件下,选用最小的管径。

(2) 供热管道热补偿架空部分主要采用补偿距离大的旋转补偿器补偿(专利技术)。直埋敷设管线主要采用外压轴向型波纹管补偿器或旋转补偿器补偿,全线弯头少,压降小。

(3) 布置合理,精细化设计,采用美国 COAD 公司 CAESAR Ⅱ 管道应力分析软件,在满足管道补偿条件的情况下,尽可能少用弯头,以降低压损(核心关键:减少管道局部阻力)。

(4) 在解决了长输热网管线温降大问题的同时,因干饱和蒸汽的比容相对较大,由于压降和比容成反比,温降小时压降相应也变小。

4.20 "长输热网方法"发明专利的特点是什么?

(1) 蒸汽管道输送距离长。可由常规的单线 6～8km 延伸至单线 18～24km。目前已投用最长约 22km。

(2) 蒸汽管道输送温降小。可由常规的每公里 15℃ 降为每公里 5～7℃(设计负荷 40% 以上)。

(3) 蒸汽管道输送压降小。可由常规的每公里 0.06～0.1MPa,降为每公里 0.02～0.03MPa。

(4) 蒸汽管道输送能耗少。本专利技术采用后,蒸汽管道每公里输送能耗仅为常规设计的 1/3。若短距离管线,电厂出口蒸汽参数可降低。

(5) 蒸汽管道综合投资省。本专利技术采用后,蒸汽管道综合投资比常规设计节省 5%～10%。

4.21 什么是空冷技术?

兴建大容量火力发电厂需要充足的冷却水源,而在缺水地区兴建大容量火力发电厂,就需要采用新的冷却方式来排除废热。

发电厂采用翅片管式的空冷散热器,直接或间接用环境空气来冷凝汽轮机的排汽,称为发电厂空冷。研究空冷新装置及其使用的一系列技术,称作发电厂空冷技术,采用空冷技术的冷却系统称为空冷系统。采用空冷系统的汽轮发电机组简称空冷机组。采用空冷系统的发电厂称为空冷电厂。

发电厂空冷技术也是一种节水型火力发电技术。发电厂空冷系统也称干冷系统。

它是相对于常规发电厂湿冷系统而言的。常规发电厂的湿式冷却塔是把塔内的循环水以"淋雨"方式与空气直接接触进行热交换的，其整个过程处于"湿"的状态，其冷却系统称为湿冷系统。空冷发电厂的空冷塔，其循环水与空气是通过散热器间接进行热交换的，整个冷却过程处于"干"的状态，所以空冷塔又称为干式冷却塔或干冷塔。因为大多数发电厂的冷却系统都采用常规的湿冷系统，所以在不需要与空冷系统相区别时，前者的冷却系统不必特别指出是"湿冷系统"。

空冷的目的通过电能除去蒸汽的汽化热，使蒸汽冷却成水，以便锅炉循环使用（见图4-8）。

空冷的理想工作状态：排气温度等于冷却水温度，即空冷只除去了汽化热，而不发生任何过冷。

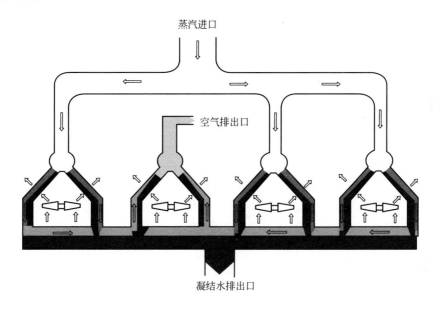

图4-8 空冷技术

4.22 空冷式凝汽器是如何分类的？

空冷式凝汽器又可分为间接空冷式凝汽器和直接空冷式凝汽器。由于间接空冷式凝汽器系统相对于直接空冷凝汽器系统设备多、造价高、维修量大、运行难度大且可靠性较差，所以直接空冷式凝汽器是今后发展的必然方向。

4.23 直接空冷凝汽器系统的构成和工作过程是怎样的？

直接空冷凝汽器因为用空气直接冷却，风向和风速对其效率影响很大。因此直接空冷凝汽器一般都安装在 40m 以上的高空。

直接空冷凝汽器分成若干单元，每单元又由若干组管束组成，其中一组管束为逆流管束，其余的为主管束。每个管束下部都有 1 台强制冷却风机。每组管束都由组合成 A 型的两个管束组成；每个管束有 n 个并列的鳍片管，主管束最上端与汽轮机的排汽管连接，下端两侧分别连接到两根凝结水收集管上；逆流管束下部两侧也分别连接到两根凝结水收集管上，从其上部最冷点接出管道与真空抽气装置连通。

从汽轮机排出的蒸汽通过大直径的蒸汽管道输送到各单元管束上部的蒸汽分配管，进入主管束以顺流方式从上向下流动，约有 80% 的蒸汽被冷凝成水；剩余的蒸汽和不可凝气体一起沿着凝结水汇集管进入逆流管束直至被完全冷凝。凝结水沿凝结水管流到凝结水箱，不可凝气体被真空装置抽走。设置逆流管束主要是为了能够比较顺畅地将系统内的空气和不凝结气体排出，防止运行中在空冷凝汽器内的某些部位形成死区，避免冬季出现冰冻的情况。

空冷风机将冷空气吹到鳍片管束的管道表面，掠过的空气通过对流换热吸收管道内蒸汽的凝结热量。

4.24 空气冷却的优、缺点是什么？

(1) 空气冷却的优点
① 空气可以免费取得，不需要各种辅助设备；
② 采用空冷，厂址选择不受限制；
③ 空气腐蚀性低，不需要采取任何清垢的措施；
④ 由于空冷器空气侧压力降为 100～200Pa 左右，所以运行费用低；
⑤ 空冷系统的维护费用一般为水冷却系统的 20%～30%。

(2) 空气冷却的缺点
① 由于空气比热容小，且冷却效果取决于空气的干球温度，不能将流体冷却到环境气温；
② 空气侧换热系数低，空气比热容小，所以空冷器需用较大的面积；
③ 空冷器性能受环境气温、雨雪、大风的影响；
④ 空冷器不能靠近大的建筑物，以免形成热风再循环；
⑤ 空冷器要求采用特殊制造的翅片管。

4.25 直接空冷系统是如何进行运行调节的？

空冷系统的运行调节的任务包括三方面：保持最佳的汽轮机的排汽背压；最小的风机电能消耗；空冷系统的防冻。

为了达到上述三个任务，有两种基本手段：空气流量控制和蒸汽流量控制。由于蒸汽流量控制需要大型切断阀门，还需要处于真空条件下的排水阀、空气阀，同时这些阀门还需要正确的选择、安装和保护，以确保无故障运行。因此，在工程实际中难于被采用。从运行的防冻角度来看，在低温环境条件下，保持蒸汽流量高于最小的蒸汽流量是非常必要的。空气流量控制可以通过采用不同的送风设备，例如百叶窗、调角风机、双速电动机、调频风机等，很方便地实现，故在工程中得到广泛应用。因此，空冷系统的运行和控制可归结为一句话，即"空气流量控制"。在夏季环境温度较高时，采用大风量以提高冷却能力。在冬季环境温度较低时，从防冻考虑，保持较低的管间风速是非常重要的。

在直接空冷系统中，热交换面积确定后，对于汽轮机排汽背压的调节方法在工程实际中有两种方法：空气流量控制和喷湿。

(1) 空气流量控制 空气流量控制采用的实际手段有：风墙、风裙、百叶窗、内部热风循环、外部热风循环、调角风机、双速电机和调频风机。其中，调频风机是空气流量控制的最佳设备，风墙对在冬季防止大风对散热器的袭击是非常重要的，同时在夏季可以防止热风再循环。某电厂 $2\times300\mathrm{MW}$ 空冷机组空冷风机全部采用变频风机，同时在空冷平台上设有挡风墙。

(2) 喷湿 喷湿有增加空气湿度和冷却表面加湿两种方法。可以是一种也可以是两种方法的结合。它随系统装置的不同而不同。在理论上，前者是增加进口空气湿度，以降低进口空气温度，从而加大传热温差。后者是增加表面蒸发冷却，以提高表面换热效果。据有关资料介绍，空冷系统喷湿在夏季最高环境温度下可以降低汽轮机排汽背压 3kPa 或可使排汽温度降低 3℃左右。

4.26 空冷控制系统的控制功能和目的是什么？

(1) 汽轮机排汽压力对可调设置点 P_s 的控制由空冷系统的变频电动机来进行；

(2) 空冷散热器的防冻，通过监控以下信号来完成：环境空气温度、抽真空温度、凝结水温度；

(3) 开起（运行）抽真空用的真空泵在发生事故时，可将故障泵停下同时启动备用泵；

(4) 启动/运行凝结水泵，通过循环、排液来维持凝结水箱的液位，在事故时启动备用泵并停止事故泵。

4.27 什么是热风再循环？

为了防止热风再循环，直接空冷系统的总体布置主要考虑环境大风对系统散热的影响，即热风循环问题。它与布置区域内的地形地貌和周围的建筑物有关，按照国外的风洞试验成果和设计运行经验，原则上空冷凝汽器的主进风侧的迎风面应垂直于全年或夏季的主导风向。下面以某电厂的空冷系统为例详细介绍。

该电厂的空冷岛的布置为南北走向。同时在空冷岛上凝汽器的四周安装有与其上部进行管道中心线等高的挡风墙，以防止热风回流。

整个空冷岛布置位于机房外部并与之平行，散热器顶部标高为45m，空冷平台四周安装与散热器顶部等标高的挡风墙，防止热风再循环。空冷岛远离机房侧的区域地势空旷平坦、无建筑物，有利于主导风向平稳均匀地进入空冷散热器的入口。受地区主导风向的限制，空冷岛布置为南北走向，锅炉等热源设备布置在空冷岛的东侧，避免环境风向对空冷散热器形成热风再循环。

但是当刮起东风时（见图4-9），在60多米高的锅炉房和汽机房的顶部产生紊流。热空气流绕过高大的电站建筑物，加上从翅片管上方来的上升热空气，在空冷岛周围形成一个复杂的流场。当上面的气压高于空冷岛下面的气压时，有的风机就会产生一逆向流，即上升的热空气又被吸入风机的入口而流过凝汽器。那么凝汽器内的蒸汽就没有换热而不会凝结，导致排汽压力增大，真空迅速恶化，机组被迫停机。

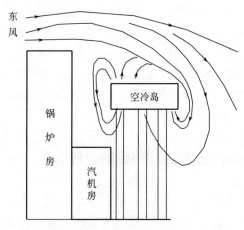

图 4-9　某电厂热风再循环形成

4.28　热风再循环的现象是什么？

(1) 厂房外起风，风力较大，风向为东风或偏东风。

(2) 机组的负荷稳定且空冷风机的转速稳定时，排汽压力摆动甚至大幅度波动。

(3) 由于排汽压力的变化引起锅炉燃烧率的变化，严重时机组的负荷下降，负压摆动，燃烧不稳，汽压不稳，水位波动。

(4) 空冷岛的热风再循环最恶劣的工况下，机组的排汽压力直线上升，机组负荷下降，锅炉燃烧不稳，主汽流量超过额定值，轴系各参数变大尤其是轴向推力及轴承温度、振动等参数。

4.29　如何处理热风再循环?

(1) 当外界环境起风后,应密切注意风向、风力的变化。同时也应注意排汽压力的变化及机组燃烧、负压、水位、轴系参数等变化。

(2) 当机组的负荷处于高负荷时,如果是由于热风再循环引起的排汽压力的波动,当排汽压力达到34kPa以上时,或由于给粉机转速过高不能维持高负荷的燃烧时,应申请降负荷处理,直到机组的负荷小于34kPa或燃烧稳定。同时调整空冷风机的转速,保证过冷度不大于6℃,使空冷风机的转速不至于过高运行。

(3) 当真空达到真空泵联启值时,备用真空泵应联启正常,否则应手动联启。

(4) 当机组的排汽压力正常运行中由于外界大风引起的突然直线上升或排汽压力大于40kPa时,应立即快速降负荷,同时立即汇报上级领导。尽量将机组的负荷降低,以保证排汽压力保护不动作。同时调整空冷风机的转速,保证过冷度不大于6℃,使空冷风机的转速不至于过高运行。

(5) 当一台机组发生热风再循环时,另一台机组的运行人员也应注意工况的变化,坚守岗位做好事故预想,及时做出预防处理。

4.30　避免热风再循环的措施有哪些?

采用正确的空冷器的布置可有效地减少甚至可以避免热风再循环。

(1) 采用引风式空冷散热器,以提高空冷器的出口风速。在引风式空冷器中,出口风速可比入口风速提高2.5倍,而鼓风式则不能。

(2) 对多排空冷散热器布置来说,不同吸风断面必须处于同一水平上,而尽可能使各排空冷器互相平行。

(3) 空冷器与其它热源及高建筑物要有一定间隔,而且,空冷器要布置在其它热源夏季主导风向的上风向。

(4) 斜顶式空冷器的管束不要面对夏季主导风向。

(5) 斜顶式空冷器管束平台不宜开设楼梯通道口。平台外侧应设有挡风墙,挡风墙的标高应与管束入口管箱一致。

(6) 在主导风向上,两台空冷器应靠近布置,不应留有间距。

(7) 引风式空冷器与鼓风式空冷器不宜混合布置。

4.31　空冷散热器发生冻结的原理是什么?

在我国北方,冬夏两季的气温相差很大,有的地方可达60~70℃,再加上空冷散热器各管排之间的热负荷分配不均匀,以及不凝气体的存在,如果设计不当,在一般情况下不易发生的问题，例如，管内流体发生凝固、堵塞和冻结，在低温环境气温下就会发生。

空冷器在稳定条件下，底部和顶部排管与空气相接触的先后的次序不相同，各排管的蒸汽冷凝区的分配是不相同的。由于底部排管首先与冷空气相接触，如果上面的排管，冷凝在管子末端结束，则在底部排管，冷凝会在管子中间的某一点结束，其余管长就形成冷却区。在此冷却区内，凝结水急剧过冷，在低温下就会发生冻结。

在空冷器中，如果不凝气体不能及时排出，也会在低温条件下发生冻结。某电厂 2×300MW 空冷机组的空冷器采用三排管，在低温条件下同样会发生类似问题。

4.32 防止空冷器发生冻结的措施是什么？

(1) 对管内流体进行均匀分配，避免产生偏流现象。如增加管束的接管数目、对接管进行合理分配等。

(2) 调整送风量。采用自动调角风机、百叶窗或调频风机，根据环境温度的变化调节送风量，并在低温情况下减少送风量。

(3) 为了减少对流体的过度冷却，可以采用光管或大口径的翅片管。

(4) 在管束下面设置蒸汽盘管，蒸汽盘管只在低温条件下进行设备启动、停止、间歇运行时使用，以提高通过管束入口的空气温度。

(5) 对空冷器材采用顺流管束和凝流管束串联的方法，称之为"K/D"结构，对防冻已得到成功的应用。顺流管束面积和凝流管束面积之比根据环境气温而变化，在寒冷地区，一般为 6∶4 或 7∶3。

(6) 对管壁温度进行计算和监视，在运行中使之高于流体的凝固点。

(7) 在空冷器平台四周设置挡风墙，在冬季防止寒冷的自然风直接吹到空冷器。

(8) 采用热风再循环式空冷散热器或联合式空冷器。在寒冷的冬季，使顺流散热器出口的热风再流入凝流散热器的空气入口，可通过逆流散热器风机的反转来实现。

4.33 空冷改造可取得怎样的效益？

某 2×300MW 机组进行由水冷为空冷改造后，效果明显。工业水系统的不稳定运行及二水厂供水中断也不会影响机组的安全运行。

改造后机组冷却水系统从三个系统变为两个系统，工业水作为备用冷却水，而且在机组投运后出现四次长时间工业水中断，机组安全运行（如果不改造机组会出现被迫停运），还有一次化学变跳闸后造成开式水中断，机组紧急降负荷后冷却水倒为工业水带，没有造成机组停运，改造冷却水有利于机组安全、稳定、经济运行。

工业泵可以全部停运，制水时启一台工业泵，工业废水回收泵房从原来连续运行改为间断运行，水池有水时应启泵向开式水系统补水，每天水泵运行 3～4h，机、炉、除空压机用水彻底实现零排放，工业废水回收泵房水质全部回收，外围泵房水量减少，负荷减轻，地下管网排水减少，减少了大量的维护工作，减少了许多材料维护费用，而且节约了大量的厂用电。

改造后日均生水量从 11674.4t/d 下降到 3500t/d，日均节约生水 8174.4t/d，节约费用按 2.2 元/t 计算，节约费用 16348.8 元/天。年直接节约费用 596 万多元。

开式水系统运行稳定，运行耗电量由原来的每天 20500kW·h 左右下降到 9000kW·h 左右，按每度电 0.17 元计算年节约电费为 70 万元左右。

系统改造后在化学停止制水时，回收水池水位高时转泵回收，所有水泵及系统停运，减少了大量的运行维护、检修维护、节约了检修材料费用。

4.34　热管技术的工作原理是什么？

热管是一个封闭系统，由管壳、吸液芯和工质组成。管壳通常由金属制成，两端焊有端盖，管壳内壁装有一层由多孔性物质构成的管芯（若为重力式热管则无管芯），管内抽真空后注入某种工质，然后密封。

热管利用工质相变的物理过程，以潜热的形式传递热量。当热管的蒸发段被加热时，管内的工质吸收潜热被蒸发，变成蒸汽，压力增大后沿中间通道流向另一端，蒸汽在冷凝段接触到冷的吸热芯表面，冷凝成液体并放出潜热；工质在蒸发段蒸发时，其气液交界面下凹，形成许多弯月形液面，产生毛细压力，液态工质在管芯毛细压力和重力等的回流动力作用下又返回蒸发段，继续吸热蒸发，如此循环往复，工质的蒸发和冷凝便把热量不断地从热端传递到冷端（见图 4-10）。

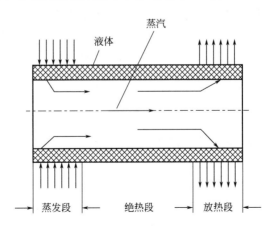

图 4-10　热管结构示意图

4.35　热管的特性是什么?

热管具有许多特性,它的应用正是以这些特性为基础的,所以只有理解了它的特性,才能真正、恰如其分地使用它。

(1) 极好的导热性　热管利用了两个换热能力极强的相变传热过程(蒸发和凝结)和一个阻力极小的流动过程,而具有极好的导热性能。这是由于相变传热只需极小的温差,同时传递的是潜热。一般潜热传递的热量比显热传递的热量大几个数量级,因此,在极小的温差下热管可以传输极大的热量。

(2) 良好的均温性　在热管正常工作时,无论是蒸发段还是凝结段,工质均处于饱和状态。凝结段间只存在使蒸汽流动的极微小压差。因此热管蒸发段与凝结段间的温差极小。热管是一个十分理想的等温元件,这一特性称之为热管的等温性。由于热管在正常工作时必须有蒸汽从蒸发段流向凝结段,蒸汽的流动又必须具有压力差的推动,尽管微小的压力差亦将驱使蒸汽向凝结段流动,不可避免地使蒸发段与凝结段之间存在一定的温差。当然,在热管中,这一温差和其它传导方式相应的温差相比是很小的,但一支最理想的热管也绝不可能是完全等温的。

(3) 热流密度的可调性　热管可以在很大范围内调整加热段与放热段的热流密度,也就是说热管可以把分散的热流加以集中,反之亦然,也可把集中的热流加以分散。现在分析一支没有绝热段的热管的传热情况。由于热管正常稳定工作时本身不产生热量,也不消耗、积蓄热,所以蒸发段吸收热量与凝结段放出的热量应相等。

可以通过改变热管蒸发段与凝结段的外表面积来调节这两个工作段的热流密度。若使蒸发段与凝结段外表面积相等,则两段的热流密度相等,若使蒸发段外表面积小于凝结段外表面积,则蒸发段热流密度大于凝结段热流密度;若使蒸发段外表面积大于凝结段外表面积,则蒸发段热流密度小于凝结段热流密度。

(4) 传热方向的可逆性　对有吸液芯的热管水平放置或处于零重力场下,任何一端受热将成为蒸发段,另一端则成为凝结段,热管内传热方向可以逆转。

利用热管能够方便地在热源与冷源间实现热传递,把若干支路热管组装成一体,中间用隔板把热管的蒸发段和凝结段隔开,形成了冷、热介质的流道,把热源中的热量源源不断地传给冷源,这种热管元件的组装体就是热管换热器。

4.36　热管换热器的应用有哪些?

热管换热器应用较多的场合是:工业锅炉或工业窑炉用来加热空气的热管式空气预热器及用来加热给水的热管热水器;电站锅炉中用来代替蒸汽暖风器的前置式热管空气预热器及空调制冷用来回收余热的热管式换热器、热管锅炉、热管蒸发器等。

(1) 热管空气预热器　热管空气预热器是气-气换热器的一个典型代表,它利用锅炉、加热炉等排烟余热、预热进入炉内的助燃空气，不仅可提高炉子的热效率，还可以减轻对环境的污染。因此，热管空气预热器在余热回收利用中得到非常广泛的应用。

热管空气预热器外形一般为长方体，主要部件为热管管束、壳体和隔板。隔板、壳体内壁和热管束外壁间的空间即为热、冷流体流道，隔板对热管束起部分支撑作用，其主要功能是密封流道，以阻止两种流体相互掺混。

热管元件的蒸发段和凝结段外壁均加装翅片，其目的是强化整个气-气传热过程；两侧气体均为垂直横掠流动，提高了传热系数。但热管空气预热器的管外翅片存在积灰和增大阻力降的问题，目前热管空气预热器的结构较简单，导致其冷热流体间的换热并不充分。

(2) 热管蒸发器（余热锅炉） 余热锅炉与常规余热锅炉相比，前者更具有明显的优越性，其体积紧凑、传热效率高、结构简单、维修方便，更重要的是单根热管破坏不影响设备运行，提高了设备长期运行的可靠性。不论是采用高温空气预热器方式还是采用高温热管蒸汽发生器方式，烟气温度可降至200℃以下，这对大型加热炉热回收率的提高有很大意义。

国内外许多加热炉采用了余热锅炉和空气预热器相结合的流程来回收烟气的高温余热。即首先将高温烟气通过余热锅炉降至500～600℃温度范围。产生1.9～3MPa的蒸汽，降温后的烟气通过空气预热器将空气预热至250℃，烟气温度降至300℃以下进入热管省煤器，将105℃的脱氧水加热至250℃左右，烟气温度降至300℃以下，经引风机送至烟囱排放。这种流程的优越性在于，余热锅炉可以以较少的设备投资回收烟气高温部分的余热，所产生的蒸汽如果可以外销则在极短的时间内收回投资，空气通过预热器可以加热至300℃以上，一次能耗可以节约14%～18%，这是最合算的流程，如果采用蒸汽透平发电，再将背压蒸汽外销，也是一种经济效益很好的方案。热管空气预热器和热管省煤器可以在较低的条件下充分发挥其传热效率高和体积紧凑的特点。

(3) 热管省煤器 锅炉上的省煤器，用排出的烟气来预热锅炉的给水。但铸铁省煤器常常会被腐蚀与堵塞。锅炉上采用热管省煤器，有利于提高加热侧热管管壁温度，从而有利于防止腐蚀与堵塞。另外热管省煤器的体积约为铸铁省煤器的1/3，重量约为其1/2。目前主要问题是价格还比铸铁省煤器高。

4.37 引风机、增压风机合并节能技术改造应用案例

某公司一期工程 2×320MW 机组为燃煤机组。锅炉是选用东方锅炉厂生产的 DG1025/18.2-Ⅱ12 型亚临界压力、一次中间再热、自然循环锅炉。每台炉配备两台引风机，型号为 AN28e6 风机。风机左右对称布置，卧式、水平安装。两台炉配一台增压风机，型号为 AN40e6 风机，是成都电力机械厂生产的 AN 系列静叶可调式轴流

风机,风机卧式、水平安装。

该厂一期 2×320MW 机组由于要分别进行空预器改造、电除尘改造、低温省煤器改造及加装脱硝等项目,新增脱硝阻力 1200Pa;电袋复合式除尘器阻力 1200Pa;低温省煤器阻力 500Pa;脱硫阻力 2250Pa,共计 2700Pa 阻力,为了克服新增阻力保证机组长期稳定运行,必须对引风机及增压风机进行改造。

本技改项目是在该电厂一期 32 万机组多项技术改造的基础上对引风机与脱硫增压风机合并为一台引风机进行论述的,引风机的压力分别考虑了脱硝装置的阻力、电袋复合式除尘器阻力、低温省煤器阻力、脱硫阻力。

归结每炉配置引风机和脱硫增压风机的方式有如下 3 种:

① 2 台引风机+1 台增压风机;

② 2 台引风机+2 台增压风机;

③ 2 台引风机(引风机和脱硫增压风机二合为一)。

目前国内 300MW 机组该系统的设置大都采用了前两种,其优点是较为灵活,应用较为成熟;缺点是配置复杂,设备多,故障点多,占地面积大。而第 3 种方案则有配置简单,设备少,故障点少,占地面积小,设备投资少,能耗低的优点;主要缺点是设备应用少,应用不如前两种方案成熟。且随着国家环保政策日益趋严,新建火电机组已要求取消旁路,取消旁路后的合一模式由于其运行维护简易、可靠性高、耗电低等优势已渐渐在国内大中型火电机组中被推广。而原有旧机组随着脱硝改造、除尘器改造、节能减排等需要也已开始由原有的分设模式改为合一模式。第 3 种方案在一定程度上节能效果好,风机长期运行在高效区,符合国家节能减排的要求的优点更加突出。鉴于第 3 种方案的优点,该公司一期 2×320MW 机组拟采用单台锅炉配置两台引风机和脱硫增压风机二合为一的引风机方案。

4.38 上述引风机、增压风机合并节能技术改造设备是如何选型的?

根据该公司提供给制造厂的引风机参数,某机械厂对静叶可调和动叶可调均做了选型,但由于该工程风机风压高(大于 7000Pa),考虑到风机风量较大,风机轮毂直径较大,而风机的压力与转速成二次方递增,流量线性递增,静调风机由于不能设置成两级,只能通过提高转速来满足系统阻力要求,但由于风机直径变化很小,因此线速度较高,对静叶可调风机来讲线速度一般在 140m/s,动叶可调风机线速度一般在 165m/s 以下,否则强度设计以及气动性能和噪声均很难得到满足。而且静调风机还存在在低负荷区喘振线较低这一固有缺点,故不宜采用引风机和脱硫增压风机合二为一的静调引风机,只能选用双级动叶可调轴流式引风机。

虽然目前电力系统大多认为静叶可调风机具有结构简单,维护方便,一次性投资低等方面的优势。但根据对多家使用动叶可调引风机的公司进行的了解,很多电厂反映只要对动叶轴流风机的结构已经熟悉,大修周期 1~2 周就可以实现全面解体的工作。而检修力量较强的电厂采用动叶可调式风机更无问题。

对于动调风机与静调风机的耐磨性问题，认为静调风机由于叶顶速度较低，因此在不采取任何防磨措施的情况下，静调风机具有一定的优势，但由于动叶可调风机叶片可以拆下单独喷涂多次，而静调风机由于叶片焊接在轮毂上，只能在进出口边上喷涂少量耐磨层，否则会影响叶片的型线，而且随着目前除尘效率的步步提高，烟气含尘量大幅降低，因此动叶可调风机磨损已不成问题。最后根据设备改造前后的参数对比确定风机型号为：HU25044-22G 的双级动叶可调式轴流风机。引风机改造前参数见表 4-4，增压风机改造前参数见表 4-5，改造后的引风机参数见表 4-6。

⊡ **表 4-4 引风机改造前参数表**

序号	名称	单位	参数
1	流量	m^3/s	233.17
2	风机全压升	Pa	4102
3	电动机功率	kW	1800
4	风机转速	r/min	745

⊡ **表 4-5 增压风机改造前参数表**

序号	名称	单位	参数
1	流量	m^3/s	496.77
2	风机全压升	Pa	2250
3	电动机功率	kW	1950
4	风机转速	r/min	745

⊡ **表 4-6 改造后的引风机参数表**

序号	名称	单位	参数
1	风机入口流量	m^3/s	265
2	风机全压升	Pa	9321
3	风机功率	kW	4000
4	风机转速	r/min	990
5	锅炉和脱硫系统总阻力	Pa	5150

注：1. 脱硝阻力 1200Pa。

2. 除尘器阻力按照电袋复合式除尘器，阻力 1200Pa。

3. 低温省煤器，阻力 500Pa。

4. 脱硫阻力 2250Pa。

4.39 如何对上述引风机、增压风机合并节能技术改造设备进行可靠性分析？

目前在 300MW 及其以下机组中已有很多台引风机采用了引风机＋增压风机二合

一形式，其中由于系统压力、流量的不同，有些采用双级动叶可调结构，其余均选用单级动叶可调，对于风机设计难度来讲，难的不是风机大小，而是风机叶顶的圆周速度，速度越高越难设计和制造，而以上风机叶顶线速度最大为 160m/s。

双级动叶可调引风机与单级动叶可调引风机相比而言，主要是多了一个叶轮，两级叶轮通过推杆和推盘进行串联，推杆安装在主轴承箱空心轴内，并在安装和检修时进行调整，由于前后两级叶轮串联而成，因此风机前后两级叶轮调节的同步性和可靠性不成问题，单从叶轮的加工难度来讲，双级和单级没有区别。

对于动叶可调引风机，由于系统压力较高，转子重量较重，轴承箱的选用是其又一重要方面。若选用双级动调风机，该结构的风机轴承箱两侧受力基本相等，因此轴承受力比较均匀，根据厂家提供资料可以采用 UZ11606 轴承箱，该轴承箱支撑轴承为 NU348MC3 及 NJ348MC3，考虑到脱硫脱硝后压力较高，设置有两个推力轴承，型号为 7348BMP.UA。该型号的轴承是厂家目前使用数量最多的主轴承型号之一，轴承的采购、交货期以及备件轴承的交付都不会存在任何问题。目前国内制造厂这方面的技术储备已非常充分。

4.40 如何对上述引风机、增压风机合并节能技术改造设备进行经济性分析？

（1） 降低了工程造价。单从风机和电机本体上比较，合一模式较分设模式的初投资少。而且，采用合一模式还降低了电气开关柜、电缆、热控设备等辅助设备和风机基础的投资。

（2） 运行方便。采用合一模式在运行中只需要完成引风机与运行工况的匹配，而采用分设模式需要引风机、脱硫增压风机同时和运行工况匹配，并且还要做到引风机和增压风机的协调。

（3） 由于取消了增压风机，为新增的低温省煤器技改留出了空间，无需再拓展额外的空间。

（4） 改造后的两台引风机在满负荷状态下的有用功率为 2016kW，而常规 2 台引风机＋1 台增压风机的配置方式，3 台风机在满负荷状态下的总功率为 2124kW。可见，选用每台炉配 2 台引风机和脱硫增压风机合并的双级动叶可调轴流式风机比配置 2 台引风机＋1 台增压风机节省功率 108kW，以一年风机平均运行 8000h，上网电价按 0.439 元/(kW·h) 计算，每台机组每年节约费用为 76 万元，因此在经济性方面动叶可调式风机有着巨大的优势。所以，引风机和脱硫增压风机二合一在经济上说是十分合理的。

（5） 改造后系统简化，维护工作量减少，每台炉每年运行维护人工费用可以减少 10 万元左右。

（6） 因为系统设备减少，每台炉每年减少备件及材料消耗 8 万元左右。

(7) 改造后系统简化，设备故障率降低。机组运行安全稳定性提高。

每台机组改造后每年带来的电费、人工费、材料费节约合计 94 万元以上。单台机组改造总投入约 417.35 万元，改造 5 年后即可以收回投资。改造后设备系统简化、环保、节能，运行安全可靠。考虑投资和综合收益，本改造方案是可行的。

4.41 锅炉冷渣机的改造应用案例？

某公司的两台 168MW 循环流化床热水锅炉的炉渣分别通过两台分仓式冷渣机对炉渣进行冷却，冷渣再经过两级链斗输渣机和一级斗提机送入渣仓，在锅炉试运期间，调试人员对冷渣输渣设备同步进行了调试，但总是发生冷渣机进渣口喷红渣和落渣管堵渣的问题，冷渣机始终不能正常运行，最后不得已只能采用间断直排渣的方式维持锅炉运行，排出的红渣用翻斗车运至露天渣场，这种方式既不安全又不节能，但由于没有找到使冷渣机正常运行的办法，一直采用间断直排渣的方式。随着环保要求的日益严格，为防止扬尘污染，必须采取改进措施恢复冷渣机正常运行，保证排渣安全，避免扬尘污染，同时回收红渣热量达到节能降耗的效果。

4.42 上述冷渣机存在问题有哪些？

上述两台 168MW 循环流化床热水锅炉配套的四台冷渣机，采用 WWR 系列冷渣机，型号为 WWR-XP-10，设计出渣量 10t/h。WWR 系列冷渣机为水冷却式滚筒冷渣机，主要由膜式壁结构方式组成的外筒，内部由固定螺旋叶片、分仓技术形成多个相对独立的冷却装置，进出料装置，进出水装置，传动装置，底座和电控系统组成。其工作原理是当外筒由传动装置驱动旋转时，锅炉排出的高温炉渣在筒内各仓里由叶片导向通过，并与管内水流进行热交换从而使热态炉渣冷却。通过对这四台冷渣机进出渣装置和冷却水系统的研究分析，并结合对试运时发生的一些现象的分析，冷渣机存在问题有以下几个方面。

(1) 冷渣机进渣箱上布置有一路冷却水管道，使得进渣侧管道布置较复杂，捅渣操作极不方便，另外还会分流冷渣机主冷却水量，影响冷渣效果。

(2) 冷渣机进渣系统膨胀节及密封装置设计过于复杂，以至于试运行中经常卡涩，甚至拉断膨胀节卡子，失去密封造成喷红渣现象。

(3) 冷渣机进渣系统捅渣孔设计不足，在落渣管上没有设置捅渣孔，当落渣管发生堵渣时便无法疏通落渣管，造成排渣停止。

(4) 该冷渣机的进渣系统各处密封均设计为填料密封，由于锅炉排渣温度在 900℃左右，试运时很短时间密封就损坏，造成各密封处向外冒灰，严重污染周围环境，而且筒体内炉渣呈全抛撒式，扬尘浓度很大且为正压状态，极易从各密封处和出渣口向外冒灰。

4.43 上述冷渣机改造项目有哪些?

通过对冷渣机存在问题的分析可以知道,冷渣机进渣系统设计不合理是冷渣机不能正常运行的根本原因,因此,要针对以上存在的问题逐项采取改进措施,才能解决冷渣机无法正常运行的老大难问题。针对冷渣机存在的以上问题提出以下改造技术方案。

(1) 拆除冷渣机进渣箱上安装的冷却水管道,将进渣箱后盖割开,箱内填满硅酸铝棉,再将后盖点焊在原处,这样可简化冷却水系统,增加冷渣机主冷却水的流量,从而保证冷渣效果,同时可以保证进渣箱不会发生高温烫伤人员的问题。

(2) 简化进渣系统膨胀节密封装置,在落渣管上套装两个 20mm 后钢制圆环盘作为密封压板(约 40kg,套装间隙约 5mm),靠圆环盘的自重压在进渣斗法兰上,依靠平面接触起到密封效果,运行中落渣管与密封压板可相对活动不会卡死。

(3) 将落渣管上的电动闸板阀位置适当上移,在电动闸板阀下的落渣管上安装一套向下倾斜的 $\phi100$mm 检查孔(捅渣孔),将原来落渣斗上的小检查孔更换成 $\phi100$mm 检查孔(捅渣孔),这样运行中遇到落渣管堵渣情况时,可利用这两个捅渣孔疏通落渣管,不至于要等停炉处理。

(4) 在冷渣机出渣侧端板上安装一路负压管,负压管接至锅炉出口烟道处,这样可使冷渣机筒体内部形成负压状态,避免筒体内扬尘外漏,保证周围环境清洁卫生。

在与制造单位多次研讨论证后,按照上述提出的改造技术方案对四台冷渣机进行了技术改造后,两台锅炉分别投运一台冷渣机,目前冷渣机运行正常,提高改造彻底消除了改造前出现的堵渣、喷渣、冒灰、冷却水量不足等一系列问题,同时回收了炉渣的热量,取得了一定的经济效益。

4.44 上述冷渣机改造后经济性如何?

(1) 四台冷渣机改造成功投运后,锅炉不再直排渣,消除了排渣扬尘现象,减少了运渣翻斗车的使用和维修费用,一个冬运期两台锅炉正常运行,运渣车维修费约 10000 元,耗柴油约 3600L,柴油费用约 18000 元,两项合计可节省费用约 28000 元。

(2) 冷渣机的冷却水为除盐水,在冷渣机吸热升温后回到除氧器系统,即炉渣的热量得到了回收利用。冷渣机进渣温度 900℃,排渣温度取 80℃,炉渣的比热容取 0.963kJ/(kg·K),冬运期间每台锅炉平均负荷按 150MW 计算,燃煤热值取 20000kJ/kg,灰分 30%,灰渣比取 7:3,锅炉效率取 88%,则计算可得每台锅炉排渣量为 2760kg/h,回收炉渣热量为 2.1GJ/h,一个冬运期两台锅炉共回收炉渣热量 12100GJ,售热单价取 43 元/GJ,则可回收热费 520000 元。

(3) 综合以上分析,一个冬运期两台锅炉共可取得经济效益 54.8 万元。

4.45 热水锅炉分离器故障案例

某电厂 4 号、5 号锅炉是 168MW 循环流化床热水锅炉,型号为 QXF168-1.6/130/70-A,锅炉额定压力 1.6MPa,额定进水温度 70℃,额定出水温度 130℃,分离器形式为高温绝热旋风分离器。分离器由入口烟道、旋风筒体、中心筒和旋风筒顶(八卦顶)组成,左右两台分离器中心筒出口烟气汇合进入转向室烟道,中心筒材质为耐热铸钢,壁厚在 25mm 左右,分离器顶部中心筒支撑梁(八卦梁)距中心筒出口转向室烟道底部高度约 200mm,八卦梁及各支撑梁材质均为 Q235 钢。

该电厂 4 号、5 号锅炉在某年冬运开始后不久,两台锅炉的旋风分离器顶部和侧上部局部外护板均发生烧红现象,其中 5 号锅炉发生了分离器顶部冒火喷灰、八卦梁严重烧损、变形下沉,中心筒倾斜的严重事故,4 号锅炉情况稍好一点没有发生严重停炉事故。冬运结束后检查发现,两台锅炉的分离器入口两侧炉墙局部坍塌,转向室北墙严重变形几近坍塌,4 号炉的烟气转向室地面也发生变形下沉,也有八卦梁过火烧损变形,中心筒发生倾斜等情况。

经分析认为造成以上故障的原因有以下两个方面。

(1)锅炉分离器结构设计不合理

① 锅炉设计分离器顶部中心筒支撑梁(八卦梁)的梁顶标高为 36632mm,而分离器出口烟气转向室的底板标高为 36800mm,八卦梁顶部与上部烟气转向室底板之间只有 170mm,且底板支撑梁直接坐在八卦梁上,上下梁之间间距为零,运行中分离器顶部和烟气转向室的外表温度很高,由于空间很小,包括八卦梁在内的旋风筒顶部钢梁靠自然通风冷却效果很差,而且钢梁材质为 Q235 普通碳钢,极易过热损坏。

② 锅炉设计旋风筒顶部钢梁与四周的锅炉钢架横梁为刚性焊接连接,致使包括八卦梁在内的旋风筒顶部钢梁,在锅炉运行中膨胀受阻产生很大的热应力,而在热应力长期作用下,这些钢梁就会发生严重变形而损坏。

③ 锅炉设计旋风筒顶部护板为整体制作,并且安装焊接在旋风筒顶部钢梁下面,耐磨耐火浇注料在护板的下面,这样的设计在锅炉安装时很难实现,容易产生施工缺陷,影响安装质量。

④ 锅炉分离器入口立墙、旋风筒内壁和烟气转向室前墙左右侧墙等炉墙设计为耐磨砖墙,而炉墙的拉钩采用普通铸铁材质,耐热性能较差,锅炉运行时炉墙内壁温度高达 800℃,炉墙拉钩头部极易过热损坏,从而造成炉墙变形倒塌等故障。

⑤ 锅炉分离器中心筒设计为耐热铸钢件,筒体外径为 2600mm,壁厚为 25mm,筒体长度 3440mm,单台质量 6t 左右,由于大型中心筒铸造难度较大,容易出现铸造缺陷,而且筒体壁厚太大,锅炉运行中筒体受热不均极易产生裂纹。

(2)锅炉安装施工质量不良

① 由于旋风筒顶部护板设计不合理,耐磨耐火材料在安装时困难很大,导致耐

磨耐火浇注料层施工质量欠佳,锅炉运行中易脱落,外护板过热烧坏。

② 由于锅炉设计的旋风筒顶部护板与分离器出口烟气转向室底板之间高度太小,上下梁间距最大处也不足 250mm,安装时施工人员无法进到旋风筒顶部进行焊接作业,造成顶部护板没有进行可靠的焊接密封,个别护板甚至就直接放在钢梁上,密封护板形同虚设,锅炉运行时,分离器内部一旦产生正压,800℃左右的高温烟气就会穿过顶部浇注料的缝隙,窜到旋风筒顶部的钢梁处,造成八卦梁和其它支撑梁的过热变形损坏。

4.46　上述热水锅炉分离器问题是如何处理的?

通过以上详尽的原因分析后,发现了发生分离器八卦梁烧损变形和中心筒开裂倾斜的主要原因,是锅炉分离器结构设计不合理和锅炉安装施工质量不良两个方面,而其中锅炉分离器结构设计不合理是根本原因,由于设计不合理造成了安装施工质量不良的后果,因此,要想彻底解决问题就必须对分离器顶部结构进行改造。为此在某年检修期间,对该热电 4 号、5 号锅炉的分离器部分进行了改造,改造技术方案主要有以下几个方面。

(1) 调整加大旋风筒顶部护板与分离器出口烟气转向室底板之间的高度。分离器顶部中心筒支撑梁(八卦梁)的梁顶标高维持 36632mm 不变,将分离器出口烟气转向室底板提高 1200mm,标高调整为 38000mm,并增加一组支撑梁,同时增加两个高度 1200mm 的中心筒出口至烟气转向室底板间的圆筒烟道,这样旋风筒顶部护板的上部空间高度可达 1700mm,八卦梁顶距上部烟气转向室底部新增支撑梁的净高度可达 1000mm 左右,从而保证旋风筒顶部护板与分离器出口烟气转向室底板之间有足够的高度,八卦梁可得到良好的通风冷却,同时便于密封护板的安装施工,确保施工质量。

(2) 改造安装时,旋风筒顶部钢梁及护板全部更新,规格尺寸保持不变,但旋风筒顶部钢梁与四周的锅炉钢架横梁不再焊接,保证包括八卦梁在内的旋风筒顶部钢梁不受锅炉钢架横梁的约束,在锅炉运行中可自由膨胀,而不会因热应力作用发生严重变形。

(3) 调整浇注料和护板安装顺序,旋风筒顶部护板改为分块安装,耐磨耐火浇注料抓钉焊接在顶部各个钢梁的下部,浇注料安装施工完成后,再在其上面添加保温材料并焊接护板,这样可保证耐磨耐火浇注料的施工质量和护板的密封性。

(4) 改变坍塌变形部位炉墙的结构,将砖墙改为耐磨耐火浇注料炉墙,炉墙抓钉和筋网采用耐热不锈钢材质,从而保证炉墙的稳定可靠。

(5) 重新制作安装分离器中心筒,中心筒改为 12mm 厚的耐热合金钢板(材质为 16Cr25Ni20Si2)卷制,并焊接足够的加强筋,可避免运行中中心筒筒壁开裂的问题。

4.47 吸收式热泵的工作原理是什么?

吸收式热泵(这里特指第一类 BrLi 机组)工作原理如图 4-11 所示。吸收式热泵的工质进行了两个循环——制冷剂循环和溶液循环。制冷剂循环是由发生器出来的制冷剂高压汽在冷凝器中被冷凝放热而形成高压饱和液体,再经膨胀阀节流到蒸发压力进入蒸发器中,在蒸发器中吸热汽化变成低压制冷剂的蒸汽;溶液循环是从发生器来的浓溶液在吸收器中喷淋吸收来自蒸发器的冷剂蒸汽,这一吸收过程为放热过程,为使吸收过程能够持续有效进行,需要不断从吸收器中取走热量,吸收器中的稀溶液再用溶液泵加压送入发生器,在发生器中,利用外热源对溶液加热,使之沸腾,产生的制冷剂蒸汽进入冷凝器冷凝,溶液返回吸收器再次用来吸收低压制冷剂,从而实现了低压制冷剂蒸汽转变为高压蒸汽的压缩升压过程。

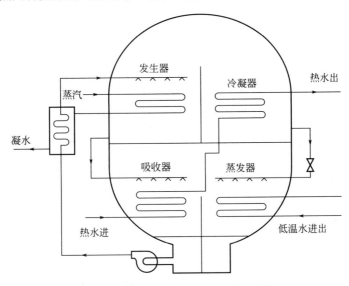

图 4-11 第一类吸收式热泵工作原理示意图

4.48 吸收式热泵技术的应用案例

某项目在原有 2×660MW 机组传统供热系统的基础上,增加热泵机组,有效地回收利用辅机循环水的余热,在达到相同供热能力的情况下,节约燃煤量,提高机组热效率,减少二氧化碳排放,降低供热能耗,提高电厂能源综合利用水平,减少高品质蒸汽的消耗。

采用机组采暖抽汽,选择 10 台 XRI8-35/27-3489 (60/90) 型第一类溴化锂吸收式热泵机组最大限度回收利用机组的辅机循环水余热,进、出热泵的循环水温度分别为 35℃、27℃,热泵将三期 60℃的热网回水加热到 90℃,再利用机组热网首站中的汽水换热器将热水温度提高到110℃对外供热。热泵与正在建设的供热首站、管网配套满足1000万平方米供热面积，非供热高峰期热泵独立运行热网首站中的汽水换热器可不投入运行，供热高峰期热泵与热网首站中的汽水换热器投入运行。

本方案系统流程详见图4-12。

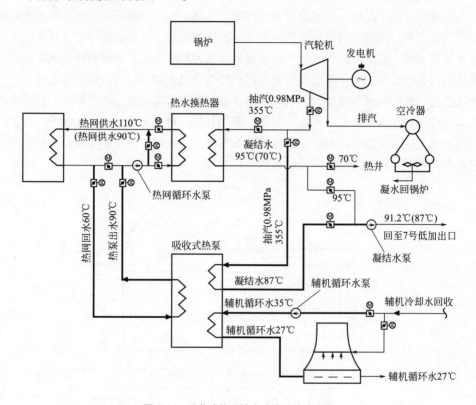

图4-12 吸收式热泵技术改造系统流程图

4.49 上述吸收式热泵技术改造的主要系统包括哪些?

(1) 蒸汽系统

① 供热所需蒸汽量。

热泵所需蒸汽量：250.8t/h;

机组首站汽水换热器所需蒸汽量（单独运行）：693.3t/h;

机组首站汽水换热器所需蒸汽量（与热泵同时运行）：287.8t/h。

② 蒸汽管道。溴化锂吸收式热泵驱动汽源由机组至热网首站的蒸汽管道接出两根 DN500 支管后合并为一根 DN800 母管，经减温装置减温后由 DN900 总管再分为两根 DN600 支管分别为 5 台热泵机组提供启动用饱和蒸汽，每根蒸汽主管路上设一个电动调节阀、两个检修用手动蝶阀及其旁路系统，旁路阀采用手动蝶阀。

（2）热泵余热水系统

① 余热水量。单台热泵余热水量为 1500t/h，共设 10 台热泵，总余热水量为 15000t/h，小于总循环水量 2×9500t/h，可提供足够的余热水量。

② 余热水供、回水管道。余热水系统采用母管制。采用 2×DN1000 钢管分别由辅机循环水供、回水管道上引接，汇入 DN1400 供、回母管。从辅机冷却循环水管道上接出的余热水进水支管应分别设电动阀门和流量控制阀。2×DN1000 回水管直埋于热泵站外，并设电动蝶阀，然后汇入 DN1400 回水总管送至机力通风冷却塔下集水池。

（3）热网水系统　热网水系统在采暖期间分三种运行方式。

第一种运行方式，在冬季供热初期，从热用户返回的热网回水经滤水器过滤，由本期热泵机组升温后通过机组首站的热网循环水泵直接供到外网热用户，完成一个供热循环，参数为 90℃/60℃ 热水。

第二种运行方式，供热高峰期，从热泵站出来的热水接至机组供热首站，经热网换热器升温后供至外网热用户，参数为 110℃/90℃ 热水。

第三种运行方式，从热用户返回的热网回水经滤水器过滤，通过热网换热器升温后，由热网循环水泵直接供到外网热用户，参数为 110℃/65℃，该运行方式作为热泵供热系统事故时备用。

（4）凝结水系统　为了回收热泵机组做完功的蒸汽凝结水，节约用水，系统中设有一台立式 50m³ 的凝结水箱，三台凝结水泵，两运一备。凝结水箱、水泵均采用低位布置。

机组热网凝结水系统分三种运行方式。

第一种运行方式，只投热泵供热时，10 台热泵机组的 87℃ 凝结水分别接入凝结水母管后引入凝结水回收装置，凝结水泵将本期凝结水送回到机组的 7 号低加凝结水出口管路，与电厂主凝结水汇合后一起送至除氧器除氧、加热。

第二种运行方式，只投机组热网首站，热网换热器蒸汽凝结水由凝结水管分别引至机组排气装置的热井。

第三种运行方式，热泵机组与机组热网首站同时投入，两部分系统产生的蒸汽凝结水均靠本系统原有压力至凝结回收装置，最终靠凝结水泵送回到机组的 7 号低加凝结水出口管路，与电厂主凝结水汇合后一起送至除氧器除氧、加热。

4.50　上述吸收式热泵技术运行效果是怎样的？

该项目投产试运行后，单台热泵进行调试，此工况下机组供热量为 35.3MW，达到额定负荷的 101%。热水由 46.3℃ 加热到 89.8℃，温升达到 43.5℃，超过了设计的 30℃ 温升，原因在于由于热网首站能提供的热网水流量较少只有 697t/h，小于 1000t/h 的设计值。余热水则由 31℃ 下降到 22.8℃，温降达到 8.2℃，提取余热能力比设计值8℃多0.2℃，提取余热量为14.1MW。热泵的性能系数COP为1.67，达到了设计值。因此，在该工况下，热泵达到了设计要求。

从图4-13可以看出热泵机组基本在额定负荷稳定运行了8h。运行稳定，达到了设计要求。

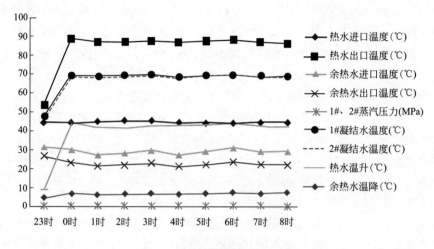

图4-13 热泵机组历史运行数据

4.51 上述吸收式热泵技术改造的节能效果是怎样的?

(1) 回收电厂余热 从热机蒸汽动力循环可实现性方面来看，凝汽凝结排热这一损失热量在热力循环过程不可避免。

本期工程机组辅机循环冷却水可回收的余热量（冬季运行工况）见表4-7。

⊡ **表4-7 本期工程机组辅机循环冷却水可回收的余热量**

小机总排汽流量/（t/h）	小机排汽焓/（kJ/kg）	小机排汽凝结水焓/（kJ/kg）	小机总放热量/MW	小机总循环水流量/(t/h)
217.9	2541.2	188.41	141.17	15172
闭式循环水总流量/(t/h)	闭式循环水温升/℃	闭式循环水放热量/MW	机力通风塔总流量/(t/h)	机力通风塔总热量/MW
5122	8	47.65	20172	188.82

由表4-7可以看出，本期工程机组辅机循环冷却水可回收的余热量是相当巨大的。本项目采用了10台34.89MW的热泵机组，在设计条件下，可以回收130.27MW的余热量。

冷凝余热是发电机组的最大一部分能量损失，本工程证明了利用热泵设备回收余热的方式是成功的，对进一步提高电厂能源利用率提供了很好的借鉴。

(2) 节能减排成果显著 本项目所回收的余热占热电厂总供热量的24%，可大幅度地回收热电厂循环水余热。节能指标详见表4-8。

⊡ **表4-8 本期工程节能指标**

项目	节能指标	项目	节能指标
供热面积/10^4 m^2	1000	少排放 CO_2/万吨	19.42
回收余热量/MW	130.27	少排放 SO_2/万吨	0.17
节省标煤/万吨	6.95	节约用水量/万吨	79.84

4.52 上述吸收式热泵技术改造的经济效益是怎样的?

面对日益增长的燃料价格和不断提高的人民生活需要之间的矛盾，发电企业经营压力越来越大。余热回收利用及推广应用，将有效地减低电厂生产成本，成为降本减亏的新突破。

当地冬季采暖期为五个半月，根据当地的实际气象状况，一个采暖季分为两个月供暖高峰期和三个半月普通供暖期估算，一个采暖冬季将节约标准煤6.95万吨，节水79.84万吨。

单独分析节煤减亏，按照550元/t计算，一个采暖季降低生产成本3822万元；按照目前600元/t计算，一个采暖季降低生产成本4170万元。随着燃料价格的上涨，余热回收利用的降本减亏效果也将越来越显著。

4.53 低真空运行低温供热方案

某电厂依据上海汽轮机厂在余热利用工况下，对机组轴向推力和末级叶片强度进行校核的结果，制定了机组本体不做改造，仅对厂内循环水管道进行改造，并配套建设尖峰换热站、相应供热管网和换热站，并选择适当用户。

(1) 循环水管道改造 将凝汽器水侧入口管与热网的回水管连接，将其出口管与热网供水管连接，并设必要的切换阀门。为了防止凝汽器超压，在热网回水管道上安装了压力安全阀，保证回水压力不超过0.22MPa。为了防止凝汽器及热网管道结垢，热网循环水采用除盐水作为补充水。

50MW汽轮发电机组、凝汽器的主要技术参数见表4-9，表4-10。供暖期，采用低真空循环水供热运行，凝汽器作为热源使用，利用汽轮机排汽加热热网循环水。非供暖期，汽轮机高真空运行，循环水由冷却塔冷却。

(2) 尖峰换热站 尖峰站按两台机排汽总热量的50%进行设计，安装了2台共37MW尖峰加热器，3台热网循环泵。

项目	单位	非供暖期	供暖期
汽轮机出力	MW	52.119	54.738
主汽压力	MPa	8.83	8.83
主汽温度	℃	535	535
主汽流量	t/h	330	330
中压调整抽汽压力	MPa	0.981	0.981
中压调整抽汽温度	℃	267.5	267.5
低压调整抽汽压力	MPa	0.245	0.245
低压调整抽汽温度	℃	159.0	154.4
中压调整抽汽流量	t/h	120	100
低压调整抽汽流量	t/h	100	100
最终给水温度	℃	219.1	219.1
排汽压力	kPa	9.44	13.6
排汽焓	kJ/kg	2581.5	2571.5
排汽温度	℃	44.7	52.0
排汽流量	t/h	44.133	62.864
汽耗	kg/(kW·h)	4.864	4.788
热耗	kJ/(kW·h)	5667.8	6344.5

⊡ 表 4-10　50MW 汽轮发电机组凝汽器技术参数(型号: N-3000-9)

参数名称	单位	数值
冷却面积	m^2	3000
汽侧设计强度	MPa	0.1
水侧设计强度	MPa	0.25
循环水量	t/h	7350
水阻	MPa	0.04421
循环水入口水温	℃	20(最大 33)
冷却水温升	℃	10.3
冷却管根数	根	5344
铜管规格	mm	$\phi25 \times 1$
凝汽器自重	t	72.5
冷却水道数	个	2
冷却水流程数	个	2

(3) 热管网和换热站　热网管道主要沿道路和道路一侧敷设, 除穿越道路用隧道

穿越外，其余均采用直埋敷设方式。管路全长1740m。考虑施工环境和造价，供热管道采用无补偿冷安装敷设方式。

换热站为改造工程，共改造换热站3座。换热站的改造方式是将原有换热器更换为端差较低的换热器，并且增大换热面积。

(4) 热用户的选择原则　在选择热用户时，考虑设计供回水温度，选择为地板采暖用户。

4.54　上述机组改造后供热运行方式有哪几种？

汽轮机低真空运行，利用凝汽器循环水供热，将汽轮发电机组真空降低到87.4kPa，排汽温度为52℃，考虑凝汽器的端差为8℃，则凝汽器的最高出口温度为44℃；供热规范要求热用户供水温度为45℃，用户换热站端差取2℃，则需将供水温度提至47℃。因此，配套建设尖峰换热站，尖峰站按两台机排汽总容量的50%进行设计，以提升供水温度并弥补极端天气供热能力的不足。

考虑供热负荷逐步开发、接带的实际情况，制定以下几种运行方式，充分满足供热需求。

(1) 单台机组单侧凝汽器带循环水供热运行　当热负荷不能满足单台机组带循环水供热运行时，采取单侧凝汽器带循环水供热、另一侧凝汽器循环水上冷却塔的运行方式，必要时投入少许尖峰站加热，以满足外界负荷需要。

(2) 单台机组带循环水供热运行　供暖初期采用单机运行方式，随着室外温度逐步降低，当单机余热不能满足供热需求时，采用单机加尖峰站运行方式。

(3) 两台机组带循环水供热运行　当热负荷达到设计的227.5万平方米时，供暖初期采用双机运行方式，随着室外温度逐步降低，当双机余热不能满足供热需求时，采用双机加尖峰站运行方式。

4.55　如何对上述改造机组进行低真空循环水供热的经济性分析？

(1) 节能降耗分析　根据热力平衡图，得出机组真空87.4kPa，汽轮机排汽温度52℃，排汽焓值为2571.5kJ/kg，凝结水焓值为217.7kJ/kg，单台机排汽量为62.864t/h。根据公式

$$Q=G_c(h'_c-h_c)\eta$$

式中　Q——汽轮机排汽的热量，kJ；

　　　G_c——汽轮机排汽量，kg；

　　　h'_c——汽轮机排汽焓值，kJ/kg；

　　　h_c——凝结水焓值，kJ/kg；

　　　η——凝汽器热效率（取90%）。

计算得出单台汽机排汽的热量为 133.172GJ，热负荷为 37MW；则两台机的总排汽热量为 266.344GJ，热负荷为 74MW。

供电煤耗计算：

发电、供热总耗汽量＝汽机进汽量×(进汽焓－给水焓)

机组供热百分比＝机组供热量/机组发电、供热耗热量

机组供热耗标煤量＝(总耗标煤量－直供耗标煤量)×机组供热百分比

供电耗标准煤量＝总耗标煤量－供热总耗标煤量

供电标准煤耗＝供电耗标煤量/(发电量－发电厂用电量)

节煤量计算：

节煤量＝排汽余热热量/29.307

相同工况下，余热全部利用后，按该市年供暖期 2880h 计算，本项目年可利用排汽余热热量为 76.7 万吉焦，折合标准煤 26178t；可减少粉尘排放量 17801t、SO_2 排放量 963t、NO_x 排放量 981t。

2015～2016 年供暖期，由于相应供热面积不足，采用单台机组单侧凝汽器带循环水供热运行，每日供热量约为 2000GJ 左右，供暖期供热量累计达 174360GJ，折合标准煤 7148t，减少粉尘排放 4860t、SO_2 排放 263t、NO_x 排放 268t，机组供电煤耗降低约 15g/(kW·h)，节能与环保效益明显。

(2) 经济性分析 两台机组余热加尖峰站可供采暖面积为 277.5 万平方米（全部为地板采暖用户，用户采暖热指标 40W/m^2）。2015～2016 年供暖期，供热面积 70 万平方米，售热价格为 42.48 元/GJ（为不含税价），年收入为 740.68 万元。2016 年后，年供热面积 277.5 万平方米，为设计能力的 100%，供暖期外供热量 80.845 万吉焦，年收入为 3434.3 万元。

生产期按 20 年设计，平均年收入为 3335.83 万元，税后利润为 1398.25 万元，投资回收期税后为 3.31 年。

第5章
热电冷三联供技术

5.1　热电冷三联供的需求有哪些?

随着我国经济的迅速发展以及人民生活水平的不断提高，生产用工艺性空调与民用及公用舒适性空调应用越来越多。最近几年，特别是舒适性空调应用发展速度更快，已从原来的宾馆、饭店发展到办公、住宅等领域。过去用作舒适性空调的制冷机基本是以电力做动力的压缩式制冷，最近几年来国内生产溴化锂吸收式制冷机的技术已成熟，制造成本降低，在热源充裕的地方，或是实行集中供热的地区，应积极推广热电冷三联供。

热电冷联供是一种建立在能的梯级利用概念基础上，将制冷、供热（采暖和供热水）及发电过程一体化的多联供总能系统。目的在于提高能源利用效率，减少碳化物及有害气体的排放。随着我国经济的持续发展，能源的需求量不断增大，对环境的保护越来越受到重视，热电冷三联供就是在此种情况下发展起来的。锅炉产生的具有较高品位的热能蒸汽首先通过汽轮机发电，同时利用汽轮机的抽汽或排汽冬季向用户供热，夏季利用吸收式制冷机向用户供冷。热、电、冷三联供稳定了用户的用汽量，增大了发电机组夏天的发热量，降低了电站的发电煤耗有利于减轻温室效应和保护臭氧层。

热电冷三联供中的冷热联供系统主要是热源、一级管网、冷暖站、二级管网和用户设备组成（如图 5-1 所示）。夏季吸收式制冷机利用汽轮机的抽汽产生冷水供空调用户使用，供、回水温度分别为 7℃、12℃，供、回水温差为 5℃；冬季板式换热器利用抽汽加热水，产生 60℃的热水供用户取暖，回水温度为 50℃，供、回水温差为 10℃，如果吸收式制冷机为热泵型，冬季也可以利用制冷机产生的热水供工业用热；系统同时也可以满足用户的用汽需要。

热电冷联供式机组主要有背压式、抽汽凝汽式、抽汽背压式三种类型。目前常用空气调节用制冷方式有压缩式制冷、吸收式制冷和蒸汽喷射式制冷。压缩式制冷是消耗外功并通过旋转轴传给压缩机进行制冷的，通过机械能的分配，可以调节电量和冷量的比例；而吸收式制冷是耗费低温位热能来制冷（根据对热量和冷量的需求进行调节和优化），把来自热电联供的一部分或全部热能用于驱动吸收式制冷系统。前者制冷温度由于受到制冷剂的限制不能低于 5℃，一般用于家用空调；后者制冷温度范围非常大（＋10～－50℃）；不仅可用于空调，而且可用于 0℃以下的制冷场所。

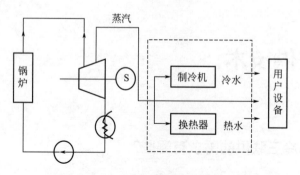

图 5-1　热电冷三联供示意图

5.2　"热"变"冷"的基本原理是什么？

在 1 个大气压下，水 100℃沸腾，当周围压力下降时水就会在较低温度下沸腾，海拔 5000m 高山上，气压只有 405mm 汞柱，水约在 83℃沸腾。1 个大气压的绝对压力为 760mm 汞柱，在 1/100（约 6mm 汞柱）气压下，水在 4℃沸腾，这时蒸发 1kg 水吸收 2.5MJ 的热量，如连续蒸发就可吸收大量热量，且这个空间也保持 4℃不变。将水管通入这 4℃空间，管内的水被冷却达到集中空调所使用的 7℃冷水就容易做到。

水在 6mm 汞柱压力下 4℃沸腾，蒸发的水蒸气很快使空间压力升高，水在 4℃就不能沸腾了。如能将蒸发的水蒸气很快排除，空间的压力就能保持 6mm 汞柱压力不变，也就是保持空间 4℃沸腾不变。排除这部分水蒸气的方法是利用吸湿能力很强的物质——溴化锂溶液将水蒸气及时吸收掉。这时管内的水继续散热保持 7℃不变，就可供空调机盘管机组连续使用了。这就是为什么称为"吸收式"制冷法的原因。

5.3　热电冷三联供系统分为哪些模式？

热电冷三联供系统根据冷、热水的输送模式不同，又分为集中供冷、热水模式和集中供热、分散供冷模式。

（1）集中供冷、热水模式　对于实行联合循环的电厂，从汽轮机中抽取低压蒸汽，通过蒸汽型溴冷机或汽-水换热器来制取冷、热水，向用户提供夏季制冷和冬天采暖的冷热源。

对于实行简单循环的电厂，从烟囱分流部分高温烟气进入烟气型溴冷机直接制取空调用冷、热水，向用户提供夏季制冷和冬天采暖的冷热源。

这种系统的优点是：电站处建设集中冷站，相关设备布置集中，便于维护、管理和控制，可靠性提高；用户处不须设冷站和维护管理人员，降低了用户处的机房用地和人员费用；集中冷站可以选择大容量冷水机组，制冷机的造价降低。

这种系统的主要缺点是：冷水的输送距离较长，冷损大，常规的5℃温差（12～-7℃）的溴冷机很难满足要求，必须采用大温度机组如10℃温差（15～5℃）才能降低冷量损失，降低冷水流量，减少管道尺寸和循环泵的动力消耗。同时，也需要大温差的末端设备与之配套，这就要求具有相当实力的企业为系统的空调设备提供整体配套才能最大限度地发挥该系统的效能；另外，长距离输送冷水对管道的保温效果也提出了很高的要求。这种系统的适用条件是：电站处可利用的空间较大，空调用户较集中，且冷、热水的输送距离不太长，夏、冬两季的冷热负荷较平衡，便于采用共同的管道输送冷热水。

（2）集中供热、分散供冷模式 从汽轮中抽取低压蒸汽，通过汽-水换热器来制取高温热水，通过热水一次网向用户供热，在用户端，通过热水型溴冷机制取夏季制冷用冷水（或冬季采暖用热水），经过冷（热）水二次网向用户提供夏季制冷和冬天采暖的冷热源。

这种系统的主要优点是：高温热水可以进行长距离、大温差输送，热损失少，对管道尤其是热水回水的保温要求低；用户端使用较灵活，制冷、采暖、卫生热水功能可同时满足也可单独满足；负荷调节灵活；电站不需要额外的机房空间放置大型溴冷机。

这种系统的缺点是：系统布置分散，运行、维护、管理和控制较复杂；用户处须设冷站和维护管理人员，增加了用户处的机房用地和人员费用；用户单独选择溴冷机，单机容量较小，制冷机的总体造价提高。

这种系统的适用条件是：电站不具备大型制冷设备机房的空间，空调用户较分散，且距电站较远，用户对冷热水的使用要求差异性较大，负荷的变化范围较大。

5.4 热电冷三联供的优点有哪些?

（1）热电冷三联供填补了热电机组夏季热负荷的低谷带来多发电的效益。

（2）热电机组多发电，使整个电力系统节约了煤。

（3）提高了热电机组的负荷率，提高了机组的效率，降低了发电煤耗。

（4）减少了电力系统顶峰设备容量，节省了大量投资。

（5）供冷系统与供热系统用同一系统，这样也相继进行了供热，减少了城市居民住户煤炉的使用提高了热效率，降低了社会上对煤的消耗和烧煤对城市环境的污染。

因此我们说，热电冷三联供既有自身的效益又有社会的效益，具有其独特的优越性，有条件的地方应大力推广使用。

5.5 区域供冷技术的概念是什么？

区域供冷技术是指集中生产并输配冷量。冷量以冷冻水为载体被中心制冷工厂生产出来并通过埋入地下的管道输往办公写字楼、工业建筑和住宅建筑中去带走室内空气的热量，实现空调的舒适要求或生产的工艺要求。

发展既节能、环保又经济可行的制冷技术将成为我们实现中国可持续性发展的伟大目标中重要的一环，区域供冷无疑为我们提供了一种灵活的、应该在设计中认真参考的绿色供冷方案。

5.6 区域供冷系统的组成有哪些？

一个独立的区域供冷系统一般由以下五个基本部分组成：中心冷冻水制造工厂、蓄冷设备、冷冻水输配系统、用户端和主干网的连接、计算机模拟软件。

(1) 中心冷冻水制造工厂 在中心制冷厂中冷冻水通常由电驱动的压缩式制冷机或吸收式制冷机生产出来，如果技术条件和经济条件允许的话，天然的低温水体可以被作为廉价的冷源来提供部分冷量。在某些外部条件下一套独立的区域供冷系统方案在经济上不可行，这时我们可以考虑采用把区域供冷系统结合到一套热电冷三联供的CCHP系统中，从而把眼前的经济障碍通过灵活的技术应用转化为新的节能和赚取最大的经济效益的契机。

(2) 蓄冷设备 蓄冷是优化一套区域供冷系统中非常关键的一部分。通常它可以减小系统的初投资和运行费用，同时又可以为中心制冷厂中的制冷机创造一个更加平稳的负荷从而提高系统的能效。

(3) 冷冻水输配系统 主干网的冷冻水输配系统实现了将在中心制冷工厂中生产出的、携带着冷量的冷冻水输送到用户端的目标。

(4) 用户端和主干网的连接 用户端的连接是一个大型区域供冷工程中至关重要的部分，这不仅仅是因为这一部分是整个区域供冷系统中实现为用户端供冷这一终极目标的最后一步，更是因为正是系统连接的这些客户的采取何种供冷方式供冷的决定将最终决定该区域供冷系统整体的节能性和经济性。如果在这部分发生问题，潜在的区域供冷用户们出于供冷安全的考虑将采用其他的供冷方案，而区域供冷的最大优点在于其规模效应引起的其他诸如节能、高灵活性等超出传统技术的优点，一旦用户端冷负荷不够稳定或过小，区域供冷将完全没有任何优势可言，甚至不如传统的、独立的分散式的供冷技术。

(5) 计算机模拟软件 计算机模拟软件近来被越来越多地采用到区域供冷系统的设计和运行中。这些模拟软件能够处理复杂的系统和建筑的负荷计算、不断变化的气候影响和多种技术经济选择。由于大量参数的存在，有些软件是专门进行初步可行性研究的，有的是进行特殊计算的，比如一个互联系统的平衡或确定管道的尺寸。

通常，计算机模拟软件被用于三种条件下：一套新系统的设计、现有系统的扩展和系统的运行中。

5.7 区域供冷的优点有哪些？

区域供冷的优点包括五方面：运行的高能效；环境的保护；建筑空间利用率和建筑美观性的提高；维护的高质量；系统的高可靠性。

(1) 运行的高能效 一个大型的中心制冷工厂与许多分散的小制冷机组相比可以得到更多、更细致的分析和更好的设计，而且由于连接用冷用户数量巨大，各用户冷负荷的同时利用系数小于1，这将在一定程度上降低系统的整体供冷能力的需求，同时可以使得系统的工作曲线维持一个比较平缓的模式，从而使得系统可以实现一个较高的运行能效或COP。

大型制冷工厂几乎可以采取各种能源制冷，尤其是廉价的能源，比如工业废热、海水或湖水的自然冷量。

蓄冷技术可以实现削峰填谷技术，从而减轻电力系统在夏天冷需求达到高峰时对其他用电企业、单位和发电厂的压力，同时，利用低谷电可以使得区域供冷系统的经济性更好。而且采取蓄冷技术可以降低系统的总制冷能力，利用夜间冷负荷低的时候使大型制冷机组连续高效的工作并将产出的冷量以冰或冷冻水的形式储存起来以备白天使用，从而降低了整个系统的供冷机组的装机能力要求。

(2) 环境的保护 对于同等制冷能力的几部大型制冷机组和分散的许多小制冷机组来说，大型机组不仅需要很少的制冷剂，而且可以更好地处理制冷剂在工作及回收时的泄漏问题。一旦特殊的或更严格的行业标准出台，比如CFC和HCFC的淘汰，大型的制冷工厂可以更快地和更经济地采取技术措施来达到新标准的要求。

由于大的制冷机的高能效的不间断的运行，制取同样冷量的电耗大大减少，将大大降低温室气体的排放，尤其对像中国这样的以煤电为主的、自然化石能源资源按人口分配又极其稀缺的国家来说，节能还将意味着发电厂本地的酸雨问题将不至于更加严重。

(3) 建筑空间利用率和建筑美观性的提高 采用区域供冷后，建筑的业主就可以大大减少在建筑内安装设备室所需的空间，因为不需要再在楼宇里安装自己独立的制冷机了，而这些节省下来的空间可以被用来出售或租赁以赚取更多的收入。而且，取消了设备间还意味着消除了制冷机在楼内工作或启停时所产生的噪声，而原来设置于房顶或室外的冷却塔也不复存在了，节省下来的空间可以用于安装卫星接收天线等通信设备，也可以考虑建立一个大的温室植物暖房以加强建筑的美观和欣赏价值，同时还能充分利用空间并赚取更多的收益（见图5-2）。

取消难看的冷却塔的好处不仅释放了有限的、昂贵的空间，实现了提高美观和收益的目的，而且还消除了采用冷却塔所带来的释放羽状水蒸气和产生军团菌的问题。在有的地方冷却塔甚至是不能安装的，比如像巴黎这样的古都，为了和城市众多的历史性的建筑进行协调，在美丽的凯旋门面对的香榭丽舍大街上的商业楼宇外安装冒着水蒸气的难看的冷却塔是绝对不可容忍的，因此巴黎采取了区域供冷，将冷却塔挪到了不存在影响古建筑的美观的地方，而且制冷机组采取埋地的安装，从而将制冷系统的视觉污染减到最小。

(a) 取消冷却塔前　　　　(b) 取消冷却塔后　　　　(c) 取消冷却塔后

图 5-2　建筑空间利用率和建筑美观性的提高

（4）维护的高质量　采用区域供冷后用户就不再需要去自己维护制冷系统了，所有在中心制冷工厂的技术维护管理人员都受过严格、过硬的培训，辅助以先进的计算机控制系统（见图 5-3），供冷的质量、可靠性和系统的安全性都可以得到很大的提高。由于采用了先进的技术，工作量大大地降低了，工作人员大大地减少了，这样维护的费用也大大降低了。

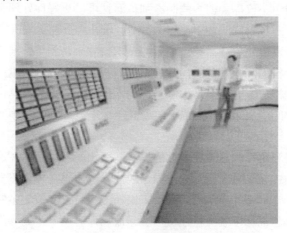

图 5-3　高质量的维护

（5）系统的高可靠性　区域供冷系统的可靠性是分散小系统所无法比拟的，根据欧洲的经验，区域供冷保证供冷的可靠性在 99.7% 以上，正是因为如此高的可靠性，连一般的医院和食品冷冻厂都取消了备用供冷设备，从而降低了开销。

5.8 区域供冷潜在的问题有哪些?

区域供冷潜在的问题包括四个方面:巨大的初投资;复杂的商业管理;潜在的环境问题;潜在的美观和娱乐问题。

(1) 巨大的初投资 在这个现实世界中没有任何一种工程解决方案是完美无缺的,这句话同样也适用于区域供冷。巨大的初投资使得仿佛可以引领供冷革命的区域供冷技术蒙上了经济是否可行的巨大的疑惑阴影,这一缺陷尤其在一个已经建立好供冷解决方案的地区想进行供冷技术升级、改进的情况下显露无遗。而如果是在一个新建的集中商业区(CBD)的供冷设计时就考虑这种方案,这种缺点可以降到最低。

(2) 复杂的商业管理 除了每一个成功的区域供冷工程都要考虑当地各种外部情况和条件等复杂性,最难掌握的还是采取最适当的管理方式,其中包括在不同的地区对不同的客户签订不同的冷量价格的合同,步步为营的模块式的设计战略以避免系统的制冷能力和传输能力设计过大,准确的长期预测和适当的短期建设的成功结合以避免出现短期内初投资无法产生效益而带来的投资风险等。由于多种因素的共同影响,一个成功的、赚钱的区域供冷的商业管理模式是非常的难得的和不能在其他地方按部就班照抄的,成功的技术设计但是失败的管理导致的赔钱的区域供冷工程并非在少数。

(3) 潜在的环境问题 虽然节能和制冷剂的减排带来了可观的环境效应,但是当利用低温海水或湖水,抑或是采用蓄水层中的冷水进行廉价冷却的时候,所带来的环境污染和水温升高后的潜在的生态污染还应该经过谨慎的论证后才能确定最终的供冷方案,毕竟我们要遵守"科技以人为本"的设计方针。

(4) 潜在的美观和娱乐问题 同样,如果采用海水或湖水的廉价冷量进行区域供冷,巨大的冷水管道会造成视觉污染,而且浮在水面的输水管道还会迫使以娱乐为目的的行船改变航向。

5.9 当前区域供冷采用的基本技术是什么?

按照冷源类型划分,区域供冷当前在现有的条件下所采取的制冷基本技术有以下几方面:

(1) 大型制冷机的冷端,包括电驱动和各种热源驱动的吸收式制冷机 基于制冷机的区域供冷系统是目前最简单也是最普遍采用的解决方案,几乎所有的区域供冷工程都部分或全部采用了这一方案。其中比较有意思的是通过成熟的吸收式制冷技术把一套区域供冷系统结合到一套热电冷三联供的系统中去以提高整个系统的热能利用效率,从而提高了系统的经济性和加强了对环境的保护。

(2) 现有的区域供热系统中热泵的冷端　这种技术在瑞典成为现实。

(3) 低温的深层海水或湖水、地下水　采用低温深层海水或湖水、地下水的廉价冷量进行区域供冷是利用自然存在的天然冷量供冷的革命性的设计思想，瑞典目前是应用该技术最成功的国家，正是由于采用了这一技术，瑞典首都斯德哥尔摩城区内的大型区域供冷工程在最近一次的系统扩充后，整体的 COP 达到了 12～14，这样的 COP 值几乎是现有的任何其他的供冷系统所望尘莫及的。

(4) 创造性的上述三种基本技术的任意结合　因为一个成功的区域供冷工程的设计总是在所有特定的外部条件共同的作用下被设计出来的，因此为了寻求在所有的限制下找到最优的设计方案，创造性的结合几乎将是所有区域供冷技术采用的必然的方案。瑞典的区域供冷技术不同程度的涉及了所有上述的三种冷源的合理利用，从而成就了目前世界上最成功的和几近完美的区域供冷系统。

5.10　区域供冷在世界上有哪些发展?

最早的商业化的区域供冷工程始于 1961 年美国的哈特富德（Hartford），6 年之后区域供冷登陆欧洲大陆，地点是法国的 La Défense，该系统现在发展为全世界最大的区域供冷系统之一（1997 年的供冷能力达到了 220MW），目前法国和瑞典是欧洲区域供冷发展最成熟也是技术最先进的两个国家。1970 年的大阪世博会、日本政府的大力支持、相关法规的出台以及当时日本繁荣的经济背景促成了亚洲第一个大型区域供冷项目的实现，地点自然是日本的大阪，目前在亚洲只有马来西亚有一些区域供冷工程可以和日本相提并论，日本人的"先模仿然后超越"技术发展模式再次让世界为之侧目。1989 年，第一个北欧区域供冷工程诞生于挪威，紧接着瑞典斯德哥尔摩的市内大型区域供冷项目经过两年的精密筹划后于 1995 年正式投入使用，经过几次不断地扩充系统供冷能力，到目前为止该系统成为世界上最大的区域供冷工程之一，更重要的是从经济和环保的角度讲，它也是世界上最成功的区域供冷的典范。近来，荷兰的阿姆斯特丹、加拿大的多伦多以及中东的沙特阿拉伯成了区域供冷发展的新的亮点，几个超大型的区域供冷项目正在建设中或即将投入使用。

对于第一种采用制冷机的冷端为冷源的技术，采用电驱动制冷机进行区域供冷最多的国家是法国，这是因为法国在夏天有比较低的核电价格；而在日本、德国和美国通常不采用独立的区域供冷系统，而是采用将其结合到热电冷三联供的大系统中，如果我们看看这三个国家的能源体系中天然气的利用都超过了 20%，了解这三个国家的大力支持天然气的国家能源政策就不难理解这一技术现状的由来。

至于第二种冷源的利用，可以说瑞典的技术在世界上具有绝对技术优势，这也是诸多因素所导致的。其中一个关键是在瑞典的先进的、早就存在的、几十兆瓦级的大型热泵机组组成的区域供热体系，另一个关键是瑞典是全世界最早淘汰 HCFC 的国家。

采用自然的廉价冷量的大型区域供冷工程有美国康奈尔大学、加拿大多伦多以及荷兰阿姆斯特丹等地采用的以深层湖水的冷水来提供冷量的工程。瑞典则还是这一领域的绝对世界领导者，它拥有几乎所有全世界最好的利用低温的深层海水或湖水、地下水提供廉价冷量的区域供冷工程的教科书式的范例，有的地区甚至利用冬天储存的雪水来在夏天进行廉价供冷。

对于结合了各种可以利用的冷源来实现区域供冷的工程在全世界更是不胜枚举，几乎可以肯定地说没有任何一种冷源可以在一个地方既能独享作为制冷冷源的特权，又同时使得供冷系统达到最佳的经济和环境效益，这句话也可以理解为几乎目前所有的区域冷源都是通过创造性的结合上述二种冷源来实现供冷的优化的，这当然还是要具体问题具体分析，在不同的地点（天然冷源的存在性和可实际利用潜力）和不同的人为条件（政府态度、用冷用户接受程度、各种能源价格、相关行业规范、标准，等等）下有不同比率组成的最优组合。

5.11 区域供冷在中国的发展潜力有哪些?

区域供冷在世界范围内已经成为一种商业化的、十分成熟的供冷技术，但是根据在 2003 年下半年在国内为瑞典资金供冷公司做的近半年的中国市场调查来看，"区域供冷"这一概念在国内来说是鲜为人知。因此，从目前来看，区域供冷在国内发展首先面临的问题是很少被人知道。

从上述的技术分析来看，我们不难预见第一种和第三种冷源结合的第四种技术的采用将会在不远的未来在巨大的中国供冷市场寻找到一些机会，尤其是近来国内大力开发和鼓励利用天然气能源，比如近年的一些中国政府和澳大利亚政府、印尼政府以及俄罗斯政府的液化天然的购买项目，国内的西气东输项目，所有这些都可能为将来在我国最发达的几个大都市中发展环保的、以天然气为能源的热电冷三联供的项目打下伏笔；在各大南方城市，尤其是上海、广州、深圳等冷需求较高、商业化建筑密集、存在潜在的可利用的天然水体作为廉价冷源、同时又比较缺电的地区，发展区域供冷将是为解决当地政府一些头痛的缺电、环保问题的一个非常理想的选择。

不能回避的是区域供冷技术在中国的经济可行性的研究是实现这种技术的关键中的关键：政府的大力支持（日本经验），合理的外部能源环境条件（燃气吸收式制冷机要天然气与电力的价格比低于 0.25 才具用竞争力），最恰当的商业管理模式（瑞典经验），最好的技术手段的应用（各国经验＋当地的具体情况），以及相关行业更加严格的环保的强制性政策的出台（瑞典经验）等，都是跨越这一障碍并且化不可能为可能、化障碍为契机的重要手段。

总而言之，区域供冷如果利用得当将是一种在中国有非常广阔的市场前景的供冷技术，但就目前看来，这种技术在我国的发展还有很长的路要走。

5.12 如何建立热电冷联产的数学模型?

(1) 热电冷联产燃料节约量 ΔB 该模型是将热电冷联产与热电联产及电制冷机制冷的组合相比较,计算出燃料节约量 ΔB。计算式如下:

$$\Delta B = [Q_1(\eta_1 - \eta_x) + (W' - W)(1 - \varepsilon)]b_{dw} - (B' - B) \tag{5-1}$$

式中　ΔB——节煤量,kg/h;

Q_1——制冷量,kW;

η_x——溴化锂吸收式制冷机组的单位制冷量电耗,kW/kW;

η_1——电制冷机单位制冷量电耗,kW/kW;

W'——热电冷联产系统发电功率,kW;

W——热电联产系统发电功率,kW;

B'——热电冷联产系统耗煤量,kg/h;

B——热电联产系统耗煤量,kg/h;

ε——热电厂厂用电率;

b_{dw}——电网供电煤耗,kg/(kW·h)。

(2) 当量热力系数 当量热力系数表示单位一次燃料所制取的冷量。通过比较溴化锂吸收式制冷机和电制冷机的当量热力系数,可判断热电冷三联产系统是否节能。

对于电制冷机,当量热力系数为:

$$\xi_{ec} = \frac{Q_1 \eta_{dw} \eta_n}{W_1} \tag{5-2}$$

在热电冷联产条件下,吸收式制冷机的当量热力系数可表示为:

$$\xi_{ea} = \xi \frac{Q_h}{Q_{tp} - W_h q_c} \eta_p \tag{5-3}$$

上述两式中,η_{dw}——发电厂供电效率;

η_n——电网输电效率,kW/kW;

W_1——电制冷机所耗电功率,kW;

ξ——溴化锂吸收式制冷机热力系数;

Q_h——溴化锂吸收式制冷机耗热量,kJ/h;

Q_{tp}——由汽轮机抽汽口获得热能 Q_h 所耗燃料热能,kJ/h;

q_c——凝汽式机组热耗率,kJ/(kW·h);

W_h——制冷蒸汽在机组中所发电功率,kW;

η_p——供热管道效率。

(3) 热电冷联产系统供电煤耗 此评价标准中,通过判断热电冷联产的供电煤耗是否大于作为比较对象的参考电厂的供电煤耗来评价热电冷三联产系统是否节能。

热电冷联产供电煤耗可表示为：

$$b = 0.123 \frac{\dfrac{Q_{tp}}{3600} - \dfrac{W_1 - W_x}{\eta_n \eta_{dw}}}{W_h(1-\varepsilon)}, \quad kg/(kW \cdot h) \tag{5-4}$$

式中 W_x——吸收式制冷机电耗，kW；

其它符号同前。

5.13   热电冷联产数学模型计算结果是怎样的?

(1) 设备及参数选择   所选供热式机组型号为：B25-90/10、B12-35/5、B6-35/5、B6-35/5、C12-50/10、C12-35/10、C6-35/5。根据制造厂家设计书和工况图，确定发电功率、汽耗量和供热量等。

溴化锂吸收式制冷机型号为 SXZ8-233DF、SXZ4-233DF，$\eta_x = 0.0036kW/kW$，ξ 分别为 1.2 和 1.097。计算时，按 ξ 折算到汽轮机抽汽或排汽状态下的蒸汽流量。对于电制冷机，$\eta_1 = 0.236kW/kW$；$\varepsilon = 0.12 \sim 0.15$，$b_{dw} = 0.4kg/(kW \cdot h)$，$\eta_n = 0.92$。

(2) 计算结果   在上述条件下，对各型号供热式机组在不同供热负荷率和制冷量下的节能效益进行了计算。表 5-1 列出了部分计算结果。

对背压式机组而言，表中的供热负荷率表示机组的实际供热量和额定供热量之比；调整抽汽式机组为机组的抽汽量与额定抽汽量之比。

▫ 表 5-1   热电冷联产节能效益的部分计算结果

机组型号	发电功率 /kW	供热负荷率 /%	制冷量 /MW	ΔB/(kg/h)	ξ_{ea}	b / [kg/(kW·h)]
B25-90/10	11740	40	26.9	593	1.28	0.28
	17500	50	26.9	675	1.09	0.264
C12-50/10	12000	20	12.8	175	1.29	0.365
	12000	40	12.8	189	1.31	0.36
B6-35/5	4400	50	10.6	−126	0.95	0.468
	5850	70	10.6	−101	0.99	0.452
B12-35/5	9700	38	35.7	73	1.25	0.386

(3) 计算结果分析   通过对不同类型的背压式供热机组及调整抽汽式供热机组的计算表明，根据不同评价标准所得到的结论基本一致。当 $\Delta B > 0$ 时，ξ_{ea} 也大于电制冷机的当量热力系数 ξ_{ec}（$\xi_{ec} = 1.196$），而热电冷联产系统供电煤耗 b 小于 b_{dw}。当 $\Delta B < 0$ 时，$\xi_{ea} < \xi_{ec}$，$b > b_{dw}$。这表明热电冷联产的节能是有条件的。在我国目前的供电效率下，采用高压或次高压机组的热电冷联产能取得较好的节能效果。而对中压机组而言，当机组容量 ≥12MW，并且抽汽压力较低时，才有可能节能。

5.14 热电冷联产系统的节能条件有哪些?

由于热电冷联产的节能是有条件的,所以如何确定热电冷联产的节能条件是一个十分重要的问题。影响热电冷联产节能效益的因素比较多,若综合考虑则十分复杂。一般而言,当供热机组选定后,相应的配套锅炉也确定了,并且国内也有制冷机的定型产品,它们的 ξ 相差不大。电网供电煤耗 b_{dw} 改变相对较大,随着时间、地区而改变,因此它是影响热电冷联产节能的一个重要因素。可以针对具体的设备,得出临界供电煤耗,作为判断热电冷联产系统是否节能的条件。

从式(5-1)中,可得到使 $\Delta B = 0$ 的临界供电煤耗的表达式为:

$$b_{dw1} = \frac{B' - B}{Q_1(\eta_1 - \eta_x) + (W' - W)(1 - \varepsilon)}$$

故热电冷联产的节能条件为:

$$b_{dw} > b_{dw1}$$

b_{dw1} 随供热式机组型式、供热负荷率、ξ 值和制冷量而变化。供热式机组在某些工况下的临界供电煤耗值如表 5-2 所示。

☐ **表 5-2 供热式机组在不同工况下的临界供电煤耗**

机组型式	供热负荷率/%	ξ	Q_1/MW	b_{dw1}/[kg/(kW·h)]
B6-35/5	70	1.097	10.6	0.42
B12-35/5	67	1.097	12.7	0.39
B25-90/10	50	1.2	26.9	0.34
C12-50/10	40	1.2	21.3	0.356
B12-35/10	63	1.2	20.9	0.37

国内目前电网平均供电煤耗大约为 0.4kg/(kW·h),从表 5-2 可见,在较长一段时间内,12MW 及以上的供热式机组实行热电冷联产能取得较好的节能效果。

5.15 由以上分析热电冷联产系统得出的结论有哪些?

(1) 用三种评价标准来分析热电冷联产的节能效益,得到的结论是一致的。

(2) 热电冷联产系统的节能是有条件的。在目前的电网供电效率下,容量为12MW 及以上的供热式机组实施热电冷联产可以取得节能效益。

(3) 影响热电冷联产节能的主要因素有:供热式机组容量和供热负荷率、电网供电煤耗、电站锅炉效率和吸收式制冷机热力系数。供热式机组容量和供热负荷率、电站锅炉效率和吸收式制冷机热力系数的提高使热电冷联产系统的节能效益增加;电网供电煤耗的降低将使热电冷联产系统的节能效益减少。

(4) 可以用临界供电煤耗 b_{dw1} 作为判断热电冷联产系统节能的条件。其确定对合理选择供热式机组，以取得较好的节能效果具有重要的意义。

5.16 什么是冷热联供系统?

利用热能驱动的制冷系统因其可回收利用各种低品位余热，从而在能量梯级利用中起着不可替代的作用。在空调需求不断增长，电动制冷面临工质替代和电力紧张等问题困扰的情况下，各种节电、节能和保护环境的热制冷日益受到人们的关注。

热制冷的驱动热源一般在非供冷季节也被用于供热（采暖、过程加热或生活热水）。也就是说，热制冷通常伴随着一个供热系统。由于共用了热源和其它一些设备，冷、热两部分互相联系成为一体，故称之为冷热联供系统。与采用电动制冷、热能供热的冷热分供相比，供热设备的冬、夏共用提高了它的全年利用小时数，降低了供热成本；又因分担了热制冷在热源建设上的投资也可能降低供冷成本。在热电联产的情况下利用热制冷可缓解夏季用电高峰和用热低谷的矛盾，平衡冬夏负荷；若利用太阳能，还可转移夏季白天的用电高峰，平衡昼夜负荷，缓解电力紧张状况。随着这种系统的普及应用，研究它在什么条件下节能，具有十分重要的现实意义。

5.17 冷热联供系统的形式有哪些?

由于驱动热的来源、载热介质和参数的不同，导致热制冷设备种类繁多，冷热联供系统型式的多样化，其技术经济性能彼此之间有很大差异。因此在计算系统能耗时，不仅制冷机等主要设备的特性，而且热源的属性也成为一个关键问题。根据热的来源冷热联供系统可分为：利用各种废热或可再生能源热、利用热电联产热和利用初次燃料热等三类。从能的有效利用角度来看，必须遵守能量梯级利用的原则。尽可能利用低品位余热和可再生能源供热供冷。对于需要燃烧化石燃料产生热能的情况，应当先做功发电之后再利用余热供热供冷。也就是说要采用热电联产。

热电联产（cogeneration）是从同一能源同时生产电能（或机械能）和有用的低品位热能。它可以使用两种途径：将电力生产移到用户装置上或将余热送往用户。柴油机、燃气发动机或燃气轮机的现场热电联产装置属于前者；而区域供热的热电联产属于后者，即集中发电，同时通过地下管网输送蒸汽或热水。

我国长期以煤为主要燃料，大力发展燃煤汽轮发电机组的热电联产。因此区域冷热联供在我国目前应用的普遍形式是从热电联产的区域供热发展而来，即：利用一次网将热电厂生产的热量输送到热力/制冷站，站内的换热器/吸收式制冷机将热转换为热媒水和冷媒水，再通过二次网将冷、热媒水输送到用户。对热电厂来说，同时送出的产品只是热和电。无论供热供冷都只不过是它的热负荷而已。故可称这种系统为热电联产的冷热联供，简称热电冷联供。

在以燃油或燃气为燃料的情况下，可采用燃气轮机或内燃引擎的热电联产或热电冷联产。所谓热电冷联产是在同一能源中心同时生产电能（或机械能）、热能和冷媒水，并利用管网将冷、热媒输送到用户。日本新宿新都心的区域供热供冷是燃机热电冷联产的一个典型。制冷容量达 208MW，号称世界最大。三联产（trigeneration）的概念，描述了 20 世纪 80 年代专为区域供能开发出的三联产机器的特征是：与原动机（燃气轮机）在同一根轴上连接着发电机/电动机和制冷压缩机；原动机产生的轴功可用于在任意比例下生产冷媒水和发电；用原动机的排气生产出第三个产品——热。这种系统效率很高，年满负荷运行达 5000～7000h。

此外，采用电动热泵既供热又供冷的系统也是一种冷热联供系统。

5.18 什么是溴化锂制冷机？

溴化锂制冷机（见图 5-4），简称溴冷机，是目前世界上常用的吸收式制冷机种。

图 5-4 溴化锂制冷机

真空状态下，溴化锂吸收式制冷机以水为制冷剂，溴化锂水溶液为吸收剂，制取 0℃以上的低温水，多用于中央空调系统。

溴化锂制冷机利用水在高真空状态下沸点变低（只有 4℃）的特点来制冷（利用水沸腾的潜热）。

溴化锂的性质与食盐相似，属盐类。它的沸点为 1265℃，故在一般的高温下对溴化锂水溶液加热时，可以认为仅产生水蒸气，整个系统中没有精馏设备，因而系统更加简单。溴化锂具有极强的吸水性，但溴化锂在水中的溶解度是随温度的降低而降低的，溶液的浓度不宜超过 66％，否则运行中，当溶液温度降低时，将有溴化锂结晶析出的危险性，破坏循环的正常运行。溴化锂水溶液的水蒸气分压，比同温度下纯水的饱和蒸汽压小得多，故在相同压力下，溴化锂水溶液具有吸收温度比它低得多的水蒸气的能力，这是溴化锂吸收式制冷机的机理之一。

溴化锂制冷机需要热源来驱动，主要有天然气、柴油、煤油、水蒸气、热水等，因此在电力供应不足的地区有较大的应用优势。

溴化锂吸收式制冷原理（见图 5-5）同蒸汽压缩式制冷原理有相同之处，都是利用液态制冷剂在低温、低压条件下，蒸发、气化吸收载冷剂（冷水）的热负荷，产生制冷效应。所不同的是，溴化锂吸收式制冷是利用"溴化锂-水"组成的二元溶液为工质对，完成制冷循环的。

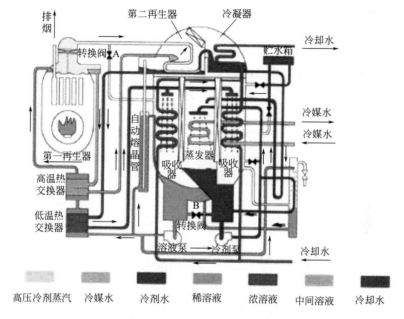

图 5-5　溴化锂吸收式制冷原理

在溴化锂吸收式制冷机内循环的二元工质对中，水是制冷剂。在真空（绝对压力：870Pa）状态下蒸发，具有较低的蒸发温度（5℃），从而吸收载冷剂热负荷，使之温度降低，源源不断地输出低温冷水。工质对中溴化锂水溶液则是吸收剂，可在常温和低温下强烈地吸收水蒸气，但在高温下又能将其吸收的水分释放出来。制冷剂在二元溶液工质对中，不断地被吸收或释放出来。吸收与释放周而复始，不断循环，因此，蒸发制冷循环也连续不断。

5.19　吸收式制冷机在余热利用、节能降耗方面的可行性有哪些?

余热是在一定生产工艺条件下，系统中没有被利用的能源，也就是多余、废弃的能源。它包括高温废气余热、冷却介质余热、废汽废水余热、高温产品和炉渣余热、化学反应余热、可燃废气废液和废料余热以及高压流体余压等。

工厂生产过程都会生产大量的废（余）热，目前行业内已采用余热锅炉，热交换器热回收等方式利用了部分高温废热源。而部分低温热源由于品位较低没有有效利用。

有些工艺都需要大量低温冷水，有些企业采用氨压缩制冷机或冰机提供冷水，消耗了大量的电能，增加了企业生产成本，而如果不采用冰机提供冷水，生产效率低，尤其在夏季会严重影响产能，同样也造成生产能耗高，生产成本高。

而溴化锂吸收式制冷机可以利用低品位的热能，通过机组制取5℃以上的低温冷水。将溴化锂吸收式制冷机在生产工艺中使用，一方面可以充分利用生产过程的大量废热，另一方面则可以提供生产工艺需要的冷水，减少冰机电耗，提高产量。

5.20 吸收式制冷机的原理和特点是什么？

(1) 原理 溴化锂吸收式冷水机组是以一种以热水、蒸汽、燃油、燃气以及各种废（余）为热源，制取5℃冷水的制冷设备。

溴化锂吸收式冷水机组利用水作为制冷剂，溴化锂溶液为吸收剂，利用水在高真空下低沸点汽化，吸收热量达到制冷的目的。

机组由发生器、冷凝器、蒸发器、吸收器和热交换器等结构和相应的屏蔽泵、真空泵等主要部件组成。在蒸发器中，水在高真空状态下喷淋在冷水换热管表面汽化蒸发，吸收蒸发器管内冷水的热量，使冷水温度降低。汽化产生的蒸汽进入吸收器，在吸收器中具有极强吸收水蒸气能力的溴化锂浓溶液迅速吸收蒸发器产生的水蒸气，逐渐变成稀溶液，同时将吸收水蒸气时释放的热量转移至冷却水中。

不具备吸水性的溴化锂稀溶液被溶液泵输送到发生器中，被外部来的驱动热源加热浓缩，分离出冷剂蒸汽，溶液浓度也由稀变浓，通过与稀溶液热交换后再次进入吸收器。而冷剂蒸汽则在冷凝器中被冷却水冷凝成冷剂水，进入蒸发器。溴化锂制冷机组就是通过上述循环过程，不断运行来制取冷水。

(2) 特点 溴化锂制冷机组的主要特点：

① 可利用生产工艺过程中的废（余）热制取冷水，节省了为获得低温冷水而需要消耗的电能等高品位能源。

② 以水做制冷剂、溴化锂溶液为吸收剂，无臭、无毒，不存在像氨或氟利昂等对环境的影响，属于绿色环保冷媒。

③ 机组完全在真空状态运行，整个机组除了功率很小的屏蔽泵外，几乎没有运动部件，机组运行安全可靠，使用寿命长。

④ 机组操作使用方便，自动化程度高，易于管理。

5.21 溴化锂及其水溶液的性质有哪些？

(1) 溴化锂性质

名称：溴化锂。

化学式：LiBr。

分子量：86.85。

物理性质：极易潮解。一水合溴化锂干燥失水可得无水物。

状态：白色立方晶系结晶体或粒状粉末。

密度：3.64g/cm³。

熔点：560℃。

沸点：1265℃。

溶解性：易溶于水、乙醚、乙醇，可溶于甲醇、丙酮、乙二醇等有机溶剂，微溶于吡啶。热的溴化锂溶液可溶解纤维。其水溶液具有强烈的吸湿性，而且，在常温下饱和溴化锂水溶液的浓度达60%，浓度越大，温度越低，吸湿能力越强。

化学性质：性质稳定，在大气中不易变质不易分解。可与氨或胺形成一系列的加成化合物，如一氨合溴化锂、二氨合溴化锂、三氨合溴化锂、四氨合溴化锂。与溴化铜、溴化高汞、碘化高汞、氰化高汞、溴化锶等能形成可溶性盐。溴化锂在空气中对钢铁有很强的腐蚀作用，但在真空状态下加入缓蚀剂，基本上不腐蚀金属。

毒性：大剂量服入溴化锂会抑制中枢神经系统，长期吸入可导致皮肤斑疹及中枢神经的紊乱。

应用：是一种高效水蒸气吸收剂和空气湿度调节剂。制冷工业广泛用作吸收式制冷剂，有机工业用作氯化氢脱陈剂和有机纤维膨胀剂。医药上用作催眠剂和镇静剂。电池工业用作高能电池和微型电池的电解质。此外，也用于照相行业和分析化学中。

（2）溴化锂水溶液性质 溴化锂水溶液性质包括：

① 无色液体，有咸味，无毒，加入铬酸锂后溶液呈淡黄色。

② 溴化锂在水中的溶解度随温度的降低而降低。如图5-6所示。图中的曲线为结晶线，曲线上的点表示溶液处于饱和状态，它的左上方表示有固体溴化锂结晶析出，右下方表示溶液中没有结晶存在。所谓溶解度是指饱和液体中所含溴化锂无水化合物的质量成分，也就是溴化锂水溶液的质量浓度。由图中曲线可知，溴化锂的质量浓度不宜超过66%，否则在运行中当溶液温度降低时将有结晶析出，破坏制冷机的正常运行。

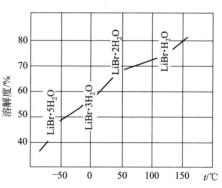

图5-6 溴化锂在水中的溶解度曲线

③ 水蒸气分压力很低，它比同温度下纯水的饱和蒸气压力低得多，因而有强烈的吸湿性。液体与蒸气之间的平衡属于动平衡，此时分子穿过液体表面到蒸气中去的速率等于分子从蒸气中回到液体内的速率。因为溴化锂溶液中溴化锂分子对水分子的吸引力比水分子之间的吸引力强，也因为在单位液体容积内溴化锂分子的存在而使水

分子的数目减少，所以在相同温度的条件下，液面上单位蒸气容积内水分子的数目比纯水表面上水分子数目少。由于溴化锂的沸点很高，在所采用的温度范围内不会挥发，因此和溶液处于平衡状态的蒸气的总压力就等于水蒸气的压力，从而可知温度相等时，溴化锂溶液面上的水蒸气分压力小于纯水的饱和蒸气压力，且浓度愈高或温度愈低时水蒸气的分压力愈低。图 5-7 表示溴化锂溶液的温度、浓度与压力之间的关系。由图可知，当浓度为 50%、温度为 25℃时，饱和蒸气压力 0.85kPa，而水在同样温度下的饱和蒸气压力为 3.167kPa。如果水的饱和蒸压力大于 0.85kPa，例如压力为 1kPa（相当于饱和温度为 7℃）时，上述溴化锂溶液就具有吸收它的能力，也就是说溴化锂水溶液具有吸收温度比它低的水蒸气的能力，这一点正是溴化锂吸收式制冷机的机理之一。同理，如果压力相同，溶液的饱和温度一定大于水的饱和温度，由溶液中产生的水蒸气总是处于过热状态的。

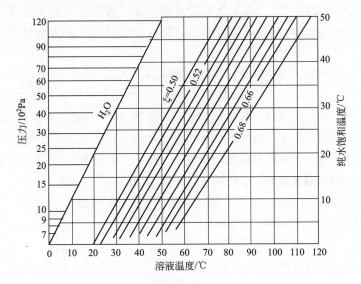

图 5-7 溴化锂溶液的压力-温度（p-t）图

④ 密度比水大，并随溶液的浓度和温度而变。

⑤ 比热容较小。当温度为 150℃、浓度为 55%时，其比热容约为 2kJ/(kg·K)，这意味着发生过程中加给溶液的热量比较少，再加上水的蒸发潜热比较大这一特点，将使机组具有较高的热力系数。

⑥ 黏度较大。

⑦ 表面张力较大。

⑧ 溴化锂水溶液的热导率随浓度之增大而降低，随温度的升高而增大。

⑨ 对黑色金属和紫铜等材料有强烈的腐蚀性，有空气存在时更为严重，因腐蚀而产生的不凝性气体对装置的制冷量影响很大。

以溴化锂水溶液为工作对的吸收式制冷系统主要缺点是：热效率低，冷却水消耗量大，设备的密封性要求较高，有一定的腐蚀性。但由于可以直接利用低参数的热源作动力，是利用太阳能低品位热源的理想的制冷装置；整个机组除功率较小的屏蔽泵外，无其它运动部件，运转安静，运行时基本上没有噪声和振动；以溴化锂-水作为工质对，无毒，无臭，有利于满足环保要求；制冷机在真空状态下进行，无高压爆炸危险；制冷量调节范围广，在20%～100%的负荷内可进行制冷量的无级调节；对外界条件变化的适应性强，可在加热蒸汽的压力0.2～0.8MPa（表压力）、冷却水温度20～35℃、冷媒水出水温度5～15℃的范围内稳定运转；机组结构简单，对安装基础的要求低，无需特殊的机座；体积小，用地省，制造管理容易，维护费用亦较低廉；运转十分安全。

溴化锂溶液为工质，制取低温冷媒水，用作空调系统和工艺流程中的冷源，可广泛应用于轻纺、化工、电子、食品等工矿企业，也可应用于宾馆、剧院、医院、大楼等场合。

5.22 吸收式制冷机的工作流程是什么？

溴化锂吸收式制冷原理和蒸汽压缩制冷原理有相同之处，都是利用液态制冷剂在低温、低压条件下，蒸发、汽化吸收载冷剂的热负荷，产生制冷效应。所不同的是，溴化锂吸收式制冷是利用"溴化锂-水"组成的二元溶液为工质对，完成制冷循环的。

在溴化锂吸收式制冷机内循环的二元工质中，水是制冷剂。水在真空状态下蒸发，具有较低的蒸发温度（6℃），从而吸收载冷剂热负荷，使之温度降低。溴化锂水溶液是吸收剂，在常温和低温下强烈地吸收水蒸气，但在高温下又能将其吸收的水分释放出来。吸收与释放周而复始制冷循环不断。制冷过程中的热能为蒸汽，也可叫动力。

溴化锂在吸收式制冷机的工作流程是：冷水在蒸发器内被来自冷凝器减压节流后的低温冷剂水冷却，冷剂水自身吸收冷水热量后蒸发，成为冷剂蒸气，进入吸收器内，被浓溶液吸收，浓溶液变成稀溶液。吸收器里的稀溶液，由溶液泵送往热交换器、热回收器后温度升高，最后进入再生器，在再生器中稀溶液被加热，成为最终浓溶液。浓溶液流经热交换器，温度被降低，进入吸收器，滴淋在冷却水管上，吸收来自蒸发器的冷剂蒸气，成为稀溶液。在再生器内，外部高温水加热溴化锂溶液后产生的水蒸气，进入冷凝器被冷却，经减压节流，变成低温冷剂水，进入蒸发器，滴淋在冷水管上，冷却进入蒸发器的冷水。该系统由两组再生器、冷凝器、蒸发器、吸收器、热交换器、溶液泵及热回收器组成，并且依靠热源水、冷水的串联将这两组系统有机地结合在一起，通过对高温侧、低温侧溶液循环量和制冷量的最佳分配，实现温度、压力、浓度等参数在两个循环之间的优化配置，并且最大限度地利用热源水的热量，使热水温度可降到66℃。以上循环如此反复进行，最终达到制取低温冷水的目的。

5.23　为什么要对溴化锂吸收式制冷机组进行化学清洗?

溴化锂吸收式制冷机组是以水为制冷剂,溴化锂溶液为吸收剂的制冷设备。由于具有结构紧凑、安装方便、运转平稳、使用可靠、制冷量调节方便等特点,被广泛地应用。但随着机组的运行,腐蚀产物等污垢随着溶液的流动堵塞喷嘴或淋板,并沉积于发生器、吸收器和热交换器上,降低热导率,从而影响了制冷量。因此,为了提高机组制冷量较为有效的办法是对机组及时进行化学清洗。

5.24　溴化锂吸收式制冷机组内污垢的预防措施有哪些?

(1) 溴化锂溶液的腐蚀性及防腐措施　溴化锂溶液的水蒸气分压很低,吸水性强,具有吸收比它温度低得多的水蒸气的能力,它是一种很好的吸收剂,但对金属材料有较强的腐蚀性。为克服溴化锂溶液对设备的腐蚀,使用中通常添加缓蚀剂以减轻腐蚀。目前国产溴化锂溶液中普遍添加铬酸锂、氢氧化锂作缓蚀剂,它们氧化性较强,可使金属表面氧化成膜,以此来保护金属。

(2) 添加表面活性剂　辛醇是一种极强的表面活性剂,加进溴化锂溶液之后,使溶液和冷剂水表面张力下降,吸收效果和冷凝效果增强,加入适量辛醇后可提高制冷量10%～15%。虽然添加辛醇可提高制冷量,但辛醇具有一定粗稠性,可附着在传热管的表面影响传热效果,同时辛醇微溶于水和溴化锂溶液,因此随着机组的运行,辛醇也会黏附在喷嘴或淋板上。

(3) 空气的渗入　机组密封不严,使空气中的CO_2与溴化锂溶液中含有的少量氢氧化锂反应生成碳酸锂:

$$2LiOH + CO_2 \longrightarrow Li_2CO_3 + H_2O$$

同时其中微量的氧气溶入溶液也会与钢铁发生电化学反应生成铁锈。

辛醇把碳酸锂结晶、铁锈黏结在一起,形成较硬的复杂垢。

经过对数台退役的设备进行解剖取样分析,垢物确实是辛醇、铁锈和碳酸锂组成的硬质复杂垢,堵塞着喷嘴。只是它们在垢中含量上有所差别。

5.25　溴化锂吸收式制冷机组清洗剂由哪些成分组成?

(1) 酸的确定　氨基磺酸是中等强度的酸,它的盐大部分溶于水,对金属的腐蚀性弱,不会引起不锈钢晶间腐蚀。它是固体,易于运输,这是优于其他液体清洗剂的特点,在工业发达的国家应用已十分普遍。近年来,我国也开始大量使用这种清洗剂。氨基磺酸易溶于水,在水中的溶解度见表5-3。氨基磺酸水溶液为酸性,与盐酸、硫酸相比其腐蚀速度小得多,3%氨基磺酸对普通碳钢的腐蚀速率为相同浓度盐酸和硫酸的 5/21 和 5/13，见表 5-4。氨基磺酸适用于碳钢、不锈钢、铜材质的溴化锂制冷机清洗。

⊡ **表 5-3　氨基磺酸在水中的溶解度**

温度/℃	溶解度/(g/100g)	温度/℃	溶解度/(g/100g)
0	14.68	40	29.00
10	18.56	50	32.82
20	21.32	60	37.10
30	26.09	70	39.10

⊡ **表 5-4　某些金属在 3%氨基磺酸、盐酸、硫酸介质中的腐蚀速率**　　　　　单位:g/(m·h)

清洗剂	3%H_2SO_4	3%HCl	3%氨基磺酸
100 号钢	2.6	4.2	1.0
铸铁	3.2	3.2	1.0
镀锌铁皮	63.0	很快腐蚀	1.0
锡	81.0	23.0	1.0
不锈钢	10.0	很快腐蚀	1.0
锌	2.2	很快腐蚀	1.0
铜	1.5	6.7	1.0
黄铜	4.0	7.0	1.0

(2) 表面活性剂的确定　从化学清洗的实践经验得知，在化学清洗剂中加入一定量的某些表面活性剂，可以降低化学清洗剂的表面张力增加渗透力，提高清洗效果，并有一定的缓蚀作用。根据表面活性剂的性质，在酸性溶液条件下，可使用 OP-10 等非离子表面活性剂。实践表明，在溴化锂制冷机清洗中，如使用 OP-10，能有效地除去辛醇，提高清洗效果。但因为溴化锂制冷机死角多，很难把 OP-10 冲洗干净，会导致溴化锂制冷机清洗后很难开机。复配的表面活性剂，具有优异的乳化、净洗、脱脂去油污和抑制钢铁生锈等性能，且很容易把它冲洗干净，解决了溴化锂制冷机清洗后开机难的问题。

(3) 缓蚀剂的确定　溴化锂制冷机的材质较复杂，有碳钢、不锈钢、黄铜、紫铜、镍铜等。LX9-001 固体多用酸洗缓蚀剂，运输方便，使用量小，缓蚀率高，适用酸种类多，是目前用途最广的固体酸洗缓蚀剂。在常用条件下对铜、铝、20 号钢等金属的腐蚀率小于 1mm/a，有优良的抑制析氢和良好的抑制 Fe^{3+} 加速腐蚀的能力。实践表明，配有 LX9-001 的清洗剂清洗溴化锂制冷机，缓蚀效果良好。

(4) 渗透剂的确定　在清洗溴化锂制冷机的清洗剂中，添加 1%左右的除垢渗透剂，渗透剂同表面活性剂产生很好的协同效应，可提高清洗速度及洁净度。

5.26　溴化锂吸收式制冷机组的清洗方法有哪些?

(1) 化学清洗工艺流程（见图5-8）

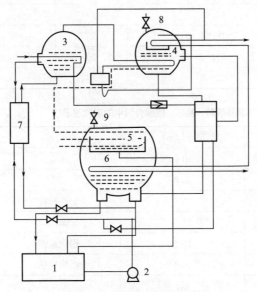

图 5-8　化学清洗工艺流程图

1—配液槽；2—循环清洗泵；3—高压发生器；4—低压发生器；5—蒸发器；

6—吸收器；7—热交换器；8,9—排空

(2) 清洗步骤

① 水洗：将机组中的溴化锂溶液排出，用水冲洗机器内部，至无溴离子为止（可用硝酸银检验），并检验系统及临时管线有无泄漏。

② 清洗剂清洗：用质量分数为7％的氨基磺酸，11％的LX9-001缓蚀剂，11％的表面活性剂，1％渗透剂，配成清洗剂溶液，在常温状态下，正反循环8～10h，根据清洗液中铁离子浓度的变化来判断是否达到清洗终点。

③ 钝化：排净清洗液，并用水冲洗至近中性，加1％磷酸三钠，并加热到80～90℃，循环8h后排放。用水冲洗至中性，水质澄清为止。

(3) 清洗效果　为了提高溴化锂吸收式制冷机组制冷量，改善制冷效果，每年都要对溴化锂吸收式制冷机进行清洗。清洗后，通过视镜观察，传热铜管表面光洁无油泥锈迹，碳钢表面清洁无残留氧化物及二次浮锈，不锈钢结水盘、滤网露出本色，喷嘴100％畅通，制冷量显著提高，一般都能提高到新机时的80％～90％的制冷量。挂片分析，紫铜平均腐蚀率在0106～0107g/(m² · h)，碳钢平均腐蚀率在4189～5110g/(m² · h)，都低于（HG/T 2387—92）《化工设备化学清洗质量标准》规定。

溴化锂制冷机的化学清洗技术尚处探索阶段。氨基磺酸适合含不锈钢、碳钢、铜多种材质的溴化锂制冷机的化学清洗。选取合适的表面活性剂、渗透剂，能明显提高清洗效果，但清洗成本偏高。由于溴化锂制冷机组的特殊性，它的维护保养工作十分重要。这项工作做得好坏与否，直接影响设备的运行可靠性及使用寿命，必须引起重视。

5.27　如何实现一级热网基本平衡？

一级热网的稳定主要靠电源侧机组安全稳定运行，以及二级热网的安全稳定运行，两个方面做到安全可靠性就能较好地保障热网基本平衡和基本安全运营。

热源侧机组分为供热机组和非供热机组，供热机组能够以热定电。在冬季电负荷紧张和热负荷紧张阶段，能够首先以热负荷为基准保证热源的稳定，它不受低温异常天气电负荷增加而增加发电负荷影响，通调机组首先依据机组供热需求来满足供热负荷，这样的基本平衡性就能从源头上保障。但其非供热机组由于受到区域经济发展和居民社会生活的影响，带来较大的影响。其一般区域性非供热机组，由于区域没有足够的供热负荷不被认定为供热机组，通常情况下供热负荷低的区域，其工业电负荷和居民电负荷也较低，导致冷天时段电负荷低机组整体负荷不高，其热负荷难以满足。尤其近几年一般负荷的火电机组受到区域经济发展和环保监管的约束，其负荷一直处于较低的水平，难以给机组供热带来较高热负荷的保障。

这期间要更多地协调地方经信委和调度部门，对于热电机组要更多地保障其热负荷优先，非热电机组也要实事求是地依据区域居民用热实际情况，不断优先于热负荷的满足，从源头上保证热网供给可靠性，保障热网的安全平稳运营。其它在机组冬季安全稳定保热保电运营措施上，要特别特护落实，在燃煤供应和灰渣排放，以及运输保障和其它服务保障上，不断落实详细的安全度冬方案，尤其应对低温特殊天气时段的供热应急保障，不断提升区域源头供热可靠性。

除了热源侧运营调度保障外，其首站安全运营也是重要环节，通常情况下首站加热器和系统，要在运营前充分检修维护，特别是加热器要实施重点清理保持换热效果，才能满足基本运行所需热平衡保障，在其特殊低温天气时段也要注意维护在线运行清洗，以及定期排污，提升供热可靠性，保障整个热网热传输的基本平衡。

5.28　如何实现二级热网基本平衡？

二级热网实现基本平衡的制约有换热站、管网两个环节，其换热站要按照基本标准化换热站进行建设维护运营。

最好按照标准化换热站模式建立换热站。如果按照一个区域中心选址，其换热站建筑结构及设备选型，以及安装调试和运营维护，应按照当前安全经济可靠运行较为理想的标准建设运营，建筑商不能随意性建设。有些短效短期的建筑商建设标准不高，要特别注意监管监督。

换热站其选址建筑、设备安装、运营维护等关键环节，都要具有规范的作业指导标准进行规范实施，我们可以假设这样的换热站为标准化换热站。依据这些规范标准，不断进行规范实施和不断改进，以及不断优化提升整个换热站的标准。在其综合建设运营管理环节以及节能降耗措施落实中和安全经济稳定运营中，参照进行系统的实施应用，这个换热站模式即为我们标准化的换热站管理模式，其按照标准化模式建立应用，能够从换热站源头保证二级热网基本平衡和可靠性。

换热站对应分布区域供热的分支要尽量平衡分布，在其运营调度期间，要注重各个分支流向用户群的平衡性，及近远端负荷用户的流量压力要注意平衡性调整。一般情况下中型换热站对应的中型供热区域，能够按照一般三个近端、中端、远端，其分别对应相应端口安装流量调节阀。其远端的调节阀要注意全开，中间端开到 1/2～2/3，近端的开到 1/3～1/2，还要依据负荷情况和楼宇新旧情况，以及用户用热特殊需求，和其楼宇高低端区域实际情况不断优化调整。

5.29 如何实现用户网基本平衡？

用户网基本平衡受到一级热网和二级热网的源头影响，在其保证一、二级热网安全可靠运营后，要跟上用户网的热平衡建设应用以及维护保持，这样才能对应二级热网上端，从而满足热网运营可靠性，以及二级热网对应下端用户热网稳定性。

用户网受到楼宇新旧和建设维护质量，以及用户室内基础情况影响，这在基本平衡上要注意做好以下几点措施应用。一是对应高低区列好高端对应机组运行，以及对应低端机组运行，两个机组的运行稳定性，能够对应用户热网的安全可靠。二是老旧楼宇要注重低温天气时段，不断加大供热流量压力，以便保障特殊热平衡，其楼宇排气阀和放气阀要定期检查维护操作，保障楼宇热网端的正常运营。三是用户家中热网的基本设施和布局，一定严格按照设计规范标准落实，不然由于近年高层建筑的多样性和多区域，如果设备选型和基本布局没有保障，也就难以保持基本的热平衡。四是用户用热习惯和遵守用热规定，以及基本用热常识常规中，要注意用户不能私自放水和加装管道泵，容易引发区域小管网运行不平衡导致失衡。尤其管道泵加装运行后，容易导致其它管网端不能正常运行导通，以及降低通流量，甚至不能保证正常流量，其基本热网用户平衡不能保证，容易引发大批用户放水导致热网不平衡。五是用户良好用热习惯培养，尤其新楼宇用户开窗和老旧楼宇用户放水，很严重地破坏小热网端热平衡，这要定期跟踪检查维护，确保大家良好的用热行为。保持小热网端的热平衡，其整个大热网才能不断保持平衡运营和安全稳定。

集中供热热网热平衡建立应用保持，体现在整个热网生产运营和供用热服务流程中。加强其全生产服务链条安全节能降耗措施优化研究，加快其供热用热管理环节实践应用，关键是从热网建设运营的各个链条不断探讨实践，形成定期研讨应用的管理机制，不断形成有效的研讨应用措施方案，针对具体方案实施有效的落实制度，保证热网安全可靠运营措施落实到位，才能不断提升整个热网热平衡建立与应用可靠性。尤其要做好二级热网的热平衡维持，因其区域大、面积多、用户广，要注重区域性系统安全稳定运营维护措施落实，形成各口有效的落实保障机制，不断提升热网热平衡建设运营的安全可靠性，从而保证热网的安全经济稳定运行。

第**2**篇

热电机组减排

第6章
热电厂脱硫技术

6.1　常见的脱硫技术有哪些?

　　二氧化硫污染控制技术颇多,诸如改善能源结构、采用清洁燃料等,但是,烟气脱硫也是有效削减 SO_2 排放量不可替代的技术。烟气脱硫的方法很多,根据物理及化学的基本原理,大体上可分为吸收法、吸附法、催化法三种。其中吸收法是净化烟气中 SO_2 的最重要的、应用最广泛的方法。吸收法通常是指应用液体吸收净化烟气中的 SO_2,因此吸收法烟气脱硫也称为湿法烟气脱硫。

　　湿法烟气脱硫的优点是脱硫效率高,一般可达95%以上;单机烟气处理量大,可与大型锅炉单元匹配;对煤种的适应性好,烟气脱硫在锅炉尾部烟道以后,是独立的过程,不会干扰锅炉的燃烧,不会对锅炉机组的热效率、利用率产生任何影响。目前常见的湿法烟气脱硫有石灰石/石灰-石膏法、钠洗法、双碱法及氧化镁法等。

6.2　什么是硫化碱脱硫法?

　　由 Outokumpu 公司开发研制的硫化碱脱硫法主要利用工业级硫化钠作为原

料来吸收二氧化硫工业烟气，产品以生成硫黄为目的。反应过程相当复杂，有 Na_2SO_4、Na_2SO_3、$Na_2S_2O_3$、S、Na_2S_x 等物质生成，由生成物可以看出过程耗能较高，而且副产品价值低，华南理工大学的石林经过研究表明过程中的各种硫的化合物含量随反应条件的改变而改变，将溶液 pH 值控制在 5.5～6.5 之间，加入少量起氧化作用的添加剂 TFS，则产品主要生成 $Na_2S_2O_3$，过滤、蒸发可得到附加值高的 $5H_2O \cdot Na_2S_2O_3$，而且脱硫率高达 97%，反应过程为：

$$3SO_2 + 2Na_2S \longrightarrow 2Na_2S_2O_3 + S$$

此种脱硫新技术已通过中试，正在推广应用。

6.3　什么是电子束烟气脱硫技术?

电子束烟气脱硫技术的基本原理：烟气中 N_2、O_2 及水蒸气等在经过电子束照射后，吸收大部分能量，生成大量的反应活性极强的自由基，如：$\cdot OH$、$\cdot O$、$\cdot HO_2$ 等，这些自由基与烟气中的 SO_2 反应生成硫酸，然后与氨中和生成硫酸铵。

此方法为干法处理，无设备污染及结垢现象，不产生废水废渣，副产品还可以作为肥料使用，无二次污染物产生，脱硫率大于 90%，而且设备简单，适应性比较广泛。但是此方法脱硫靠电子束加速器产生高能电子，对于一般的大型企业来说，需大功率的电子枪，对人体有害，故还需要防辐射屏蔽，所以运行和维护要求高。

6.4　什么是膜吸收法?

以有机高分子膜为代表的膜分离技术是近几年研究出的一种气体分离新技术，已得到广泛的应用，尤其在水的净化和处理方面。中国科学院大连物化所的金美等创造性地利用膜来吸收脱出的 SO_2 气体，效果比较显著，脱硫率达 90%。过程是：利用聚丙烯中空纤维膜吸收器，以 NaOH 溶液为吸收液，脱除 SO_2 气体。其特点是：利用多孔膜将 SO_2 气体和 NaOH 吸收液分开，SO_2 气体通过多孔膜中的孔道到达气液相界面处，SO_2 与 NaOH 迅速反应，达到脱硫的目的。

此法是膜分离技术与吸收技术相结合的一种新技术，能耗低，操作简单，投资少。

6.5　什么是微生物脱硫技术?

硫是微生物体中必不可少的元素，微生物参与硫循环的各个过程，并获得能量，所以根据微生物参与硫循环这一特点，利用微生物进行烟气脱硫。其机理如下：在有氧条件下，通过脱硫细菌的间接氧化作用，将烟气中的 SO_2 氧化成硫酸，细菌从中获取能量。

生物法脱硫与传统的化学和物理脱硫相比,基本没有高温、高压、催化剂等外在条件,均为常温常压下操作,而且工艺流程简单,无二次污染。国外曾以地热发电站每天脱除 5t 量的 H_2S 为基础,计算微生物脱硫的总费用是常规湿法 50%。无论对于有机硫还是无机硫,一经燃烧均可生成被微生物间接利用的无机硫——SO_x,因此,发展微生物烟气脱硫技术,很具有潜力。在实验室条件下,选用氧化亚铁杆菌进行脱硫研究,在较低的液气比下,脱硫率达 98%。

各种各样的烟气脱硫技术在脱除 SO_2 的过程中取得了一定的经济、社会和环保效益,但是还存在一些不足,随着生物技术及高新技术的不断发展,电子束脱硫技术和生物脱硫等一系列高新、适用性强的脱硫技术将会代替传统的脱硫方法。

6.6　湿法烟气脱硫工艺过程的共同点有哪些?

根据各种不同的吸收剂,湿法烟气脱硫可分为石灰石/石膏法、氨法、钠碱法、铝法、金属氧化镁法等,每一类型又因吸收剂不同,工艺过程多种多样。湿法烟气脱硫的工艺过程多种多样,但也具有相似的共同点:含硫烟气的预处理(如降温、增湿、除尘),吸收,氧化,富液处理(灰水处理),除雾(气水分离),被净化后的气体再加热,以及产品浓缩和分离等。石灰石/石灰-石膏法,是燃煤电厂应用最广泛的湿法烟气脱硫技术。

6.7　什么是脱硫塔和脱硫除尘器?　脱硫塔和脱硫除尘器的基本要求是什么?

湿法烟气脱硫主要设备是指脱硫塔(或洗涤塔、洗涤器)和脱硫除尘器。用于燃煤发电厂烟气脱硫的大型脱硫装置称为脱硫塔,而用于燃煤工业锅炉和窑炉烟气脱硫的小型脱硫除尘装置多称为脱硫除尘器。在脱硫塔和脱硫除尘器中,应用碱液洗涤含 SO_2 的烟气,对烟气中的 SO_2 进行化学吸收。为了强化吸收过程,提高脱硫效率,降低设备的投资和运行费用,脱硫塔和脱硫除尘器应满足以下的基本要求:气液间有较大的接触面积和一定的接触时间;气液间扰动强烈,吸收阻力小,对 SO_2 的吸收效率高;操作稳定,要有合适的操作弹性;气流通过时的压降要小;结构简单,制造及维修方便,造价低廉,使用寿命长;不结垢,不堵塞,耐磨损,耐腐蚀;能耗低,不产生二次污染。

SO_2 吸收净化过程,处理的是低浓度 SO_2 烟气,烟气量相当可观,要求瞬间内连续不断地高效净化烟气。因而,SO_2 参加的化学反应应为极快反应,它们的膜内转化系数值较大,反应在膜内发生,因此选用气相为连续相、湍流程度高、相界面较大的吸收塔作为脱硫塔和脱硫除尘器比较合适。通常,喷淋塔、填料塔、喷雾塔、板式塔、文丘里吸收塔等能满足这些要求。其中,填料塔因其气液接触时间和气液比均可在较大的范围内调节，结构简单，在烟气脱硫中获得广泛地应用。

6.8 湿法烟气脱硫技术是如何应用的?

湿法烟气脱硫在燃煤发电厂及中小型燃煤锅炉上获得广泛的应用，成为当今世界上燃煤发电厂采用的脱硫主导工艺技术。这是由于湿法烟气脱硫效率高、设备小、易控制、占地面积小以及适用于高中低硫煤等。目前，在国内外燃煤发电厂中，湿法烟气脱硫占总烟气脱硫的85％左右，并有逐年增加的趋势。在我国中小型燃煤锅炉中，湿法烟气脱硫占98％以上，接近100％。

在国内外燃煤发电厂的湿法烟气脱硫中，石灰石/石灰-石膏法、石灰石/石灰抛弃法烟气脱硫，占烟气脱硫总量的83％左右，其中石灰石/石灰-石膏法占45％以上，并有逐年增加的趋势，而石灰石/石灰-石膏抛弃法呈逐年下降的趋势。这是由于石灰石/石灰-石膏法副产建筑材料石膏，对环境不造成二次污染所致。

湿法石灰石/石灰-石膏烟气脱硫中，由于石灰石来源丰富，价格比石灰低得多，多年来形成了湿法石灰石-石膏烟气脱硫技术，并在国内外燃煤发电厂中获得广泛的应用，其应用量有逐年增加的趋势。湿法石灰石/石灰工艺可适用于高、中、低硫煤种。湿法烟气脱硫技术，尤其是石灰石/石灰烟气脱硫技术，除在燃煤发电厂获得广泛应用外，在硫酸工业、钢铁工业、有色冶金工业、石油化工以及燃煤工业窑炉等烟气脱硫中也获得广泛的应用。

湿法烟气脱硫通常存在富液难以处理、沉淀、结垢及堵塞、腐蚀及磨损等棘手的问题。这些问题如解决得不好，便会造成二次污染、运转效率低下或不能运行等。

6.9 湿法烟气脱硫富液如何处理?

用于烟气脱硫的化学吸收操作，不仅要达到脱硫的要求，满足国家及地区环境法规的要求，还必须对洗后SO_2的富液（含有烟尘、硫酸盐、亚硫酸盐等废液）进行合理的处理，既要不浪费资源，又要不造成二次污染。合理处理废液，往往是湿法烟气脱硫技术成败的关键因素之一。因此，吸收法烟气脱硫工艺过程设计，需要同时考虑SO_2吸收及富液合理的处理。所谓富液合理处理，是指不能把碱液从烟气中吸收SO_2形成的硫酸盐及亚硫酸盐废液未经处理排放掉，否则会造成二次污染。回收和利用富液中的硫酸盐类，废物资源化，才是合理的处理技术。例如，日本湿法石灰石/石灰-石膏法烟气脱硫，成功地将富液中的硫酸盐类转化成优良的建筑材料——石膏。威尔曼洛德钠法烟气脱硫，把富液中的硫酸盐类转化成高纯度的液体SO_2，可作为生产硫酸的原料。亚硫酸钠法烟气脱硫，将富液中的硫酸盐转化成为亚硫酸钠盐。上述这些湿法烟气脱硫技术，对吸收SO_2后的富液都进行了妥善处理，既节省了资源，又不造成二次污染。

对于湿法烟气脱硫技术，一般应控制氯离子含量小于 20000mg/L。脱硫废液呈酸性（pH＝4～6），悬浮物为 9000～12700mg/L，一般含汞、铅、镍、锌等重金属以及砷、氟等非金属污染物。典型废水处理方法为：先在废水中加入石灰乳，将 pH 值调至 6～7，去除氟化物（CaF_2 沉淀）和部分重金属；然后加入石灰乳、有机硫和絮凝剂，将 pH 升至 8～9，使重金属以氢氧化物和硫化物的形式沉淀。

6.10　湿法烟气脱硫时烟气如何预处理？

含有 SO_2 的烟气，一般都含有一定量的烟尘。在吸收 SO_2 之前，若能专门设置高效除尘器，如电除尘器和湿法除尘器等，除去烟尘，那是最为理想的。然而，这样可能造成工艺过程复杂，设备投资和运行费用过高，在经济上是不太经济的。若能在 SO_2 吸收时，考虑在净化 SO_2 的过程中同时除去烟尘，那是比较经济的，是较为理想的，即除尘脱硫一机多用或除尘脱硫一体化。例如，有的采取在吸收塔前增设预洗涤塔、有的增设文丘里洗涤器。这样，可使高温烟气得到冷却，通常可将 120～180℃的高温烟气冷却到 80℃左右，并使烟气增湿，有利于提高 SO_2 的吸收效率，又起到了除尘作用，除尘效率通常为 95％左右。有的将预洗涤塔和吸收塔合为一体，下段为预洗涤段，上段为吸收段。喷雾干燥法烟气脱硫技术更为科学，含硫烟气中的烟尘，对喷雾干燥塔无任何影响，生成的硫酸盐干粉末和烟尘一同被袋滤器捕集，不用增设预除尘设备，是比较经济的。

近年来，我国研究及开发的燃煤工业锅炉和窑炉烟气脱硫技术，多为除尘脱硫一体化，有的在脱硫塔下端增设旋风除尘器，有的在同一设备中既除尘又脱硫。

6.11　湿法烟气脱硫时烟气如何预冷却？

大多数含硫烟气的温度为 120～185℃或更高，而吸收则要求在较低的温度下（60℃左右）进行。低温有利于吸收，高温有利于解吸。因而在进行吸收之前要对烟气进行预冷却。通常，将烟气冷却到 60℃左右较为适宜。常用冷却烟气的方法有：应用热交换器间接冷却；应用直接增湿（直接喷淋水）冷却；用预洗涤塔除尘、增湿、降温，这些都是较好的方法，也是目前使用较广泛的方法。国外湿法烟气脱硫的效率较高，其原因之一就是对高温烟气进行增湿降温。

我国目前已开发的湿法烟气脱硫技术，尤其是燃煤工业锅炉及窑炉烟气脱硫技术，高温烟气未经增湿降温直接进行吸收操作，较高的吸收温度使 SO_2 的吸收效率降低，这就是目前我国燃煤工业锅炉湿法烟气脱硫效率较低的主要原因之一。

6.12　湿法烟气脱硫时结垢和堵塞如何处理？

在湿法烟气脱硫中，设备常常发生结垢和堵塞。设备结垢和堵塞已成为一些吸收设备能否正常长期运行的关键问题。为此，首先要弄清楚结垢的机理，影响结垢和造成堵塞的因素，然后有针对性地从工艺设计、设备结构、操作控制等方面着手解决。

一些常见的防止结垢和堵塞的方法，在工艺操作上，控制吸收液中水分蒸发速度和蒸发量；控制溶液的 pH 值；控制溶液中易于结晶的物质不要过饱和；保持溶液有一定的晶种；严格除尘，控制烟气进入吸收系统所带入的烟尘量，设备结构要做特殊设计，或选用不易结垢和堵塞的吸收设备，例如流动床洗涤塔比固定填充洗涤塔不易结垢和堵塞；选择表面光滑、不易腐蚀的材料制作吸收设备。

脱硫系统的结垢和堵塞可造成吸收塔、氧化槽、管道、喷嘴、除雾器装置、热交换器结垢和堵塞。其原因是烟气中的氧气将 $CaSO_3$ 氧化成为 $CaSO_4$（石膏），并使石膏过饱和。这种现象主要发生在自然氧化的湿法系统中，控制措施为强制氧化和抑制氧化。

强制氧化系统通过向氧化槽内鼓入压缩空气，几乎将全部 $CaSO_3$ 氧化成 $CaSO_4$，并保持足够的浆液含固量（＞12%），以提高石膏结晶所需要的晶种。此时，石膏晶体的生长占优势，可有效控制结垢。

抑制氧化系统采用氧化抑制剂，如单质硫、乙二胺四乙酸（EDTA）及其混合物。添加单质硫可产生硫代硫酸根离子，与亚硫酸根自由基反应，从而干扰氧化反应。EDTA 则通过与过渡金属生成螯合物和亚硫酸根反应而抑制氧化反应。

6.13 湿法烟气脱硫时腐蚀及磨损如何处理？

煤炭燃烧时除生成 SO_2 以外，还生成少量的 SO_3，烟气中 SO_3 的浓度为 $10\sim40mg/L$。由于烟气中含有水（4%～12%），生成的 SO_3 瞬间内形成硫酸雾。当温度较低时，硫酸雾凝结成硫酸附着在设备的内壁上，或溶解于洗涤液中。这就是湿法吸收塔及有关设备腐蚀相当严重的主要原因。解决方法主要有：采用耐腐蚀材料制作吸收塔，如采用不锈钢、环氧玻璃钢、硬聚氯乙烯、陶瓷等制作吸收塔及有关设备；设备内壁涂敷防腐材料，如涂敷水玻璃等；设备内衬橡胶等。

含有烟尘的烟气高速穿过设备及管道，在吸收塔内同吸收液湍流搅动接触，设备磨损相当严重。解决的主要方法有：采用合理的工艺过程设计，如烟气进入吸收塔前要进行高效除尘，以减少高速流动烟尘对设备的磨损；采用耐磨材料制作吸收塔及其有关设备，以及设备的内壁内衬或涂敷耐磨损材料。近年来，我国燃煤工业锅炉及窑炉烟气脱硫技术中，吸收塔的防腐及耐磨损已取得显著进展，使烟气脱硫设备的运转率大大提高。

吸收塔、烟道的材质、内衬或涂层均影响装置的使用寿命和成本。吸收塔体可用高（或低）合金钢、碳钢、碳钢内衬橡胶、碳钢内衬有机树脂或玻璃钢。美国因劳动力昂贵，一般采用合金钢，德国普遍采用碳钢内衬橡胶（溴橡胶或氯丁橡胶），使用寿命可达 10 年。腐蚀特别严重的如浆池底和喷雾区，采用双层衬胶，可延长寿命

25％。ABB 早期用 C-276 合金钢制作吸收塔，单位成本为 63 美元/kW，现采用内衬橡胶，成本为 22 美元/kW。烟道应用碳钢制作时，采用何种防腐措施取决于烟气温度（是否在酸性露点或水蒸气饱和温度以上）及其成分（尤其是 SO_2 和 H_2O 含量）。日本日立公司的防腐措施是：吸收塔入口烟道、吸收塔烟气进口段采用耐热玻璃鳞片树脂涂层，吸收塔喷淋区用不锈钢或碳钢橡胶衬里，除雾器段和氧化槽用玻璃鳞片树脂涂层或橡胶衬里。

6.14 湿法烟气脱硫时为什么要除雾？

湿法吸收塔在运行过程中，易产生粒径为 $10\sim60\mu m$ 的"雾"。"雾"不仅含有水分，它还溶有硫酸、硫酸盐、SO_2 等，如不妥善解决，任何进入烟囱的"雾"，实际就是把 SO_2 排放到大气中。因此，工艺上对吸收设备提出除雾的要求。被净化的气体在离开吸收塔之前要进行除雾。通常除雾器多设在吸收塔的顶部。

6.15 湿法烟气脱硫时净化后气体是如何再加热的？

在处理高温含硫烟气的湿法烟气脱硫中，烟气在脱硫塔内被冷却、增湿和降温，烟气的温度降至 60℃左右。将 60℃左右的净化气体排入大气后，在一定的气象条件下将会产生"白烟"。由于烟气温度低，使烟气的抬升作用降低，特别是在净化处理大量的烟气和某些不利的气象条件下，"白烟"没有远距离扩散和充分稀释之前就已降落到污染源周边的地面，容易出现高浓度的 SO_2 污染。需要对洗涤净化后的烟气进行二次再加热，提高净化气体的温度。被净化的气体，通常被加热到 $105\sim130℃$。燃烧炉燃烧天然气或轻柴油，产生 $1000\sim1100℃$ 的高温燃烧气体，再与净化后的气体混兑。这里应当指出，不管采用何种方法对净化气体进行二次加热，在将净化气体的温度加热到 $105\sim130℃$ 的同时，都不能降低烟气的净化效率，其中包括除尘效率和脱硫效率。对净化气体二次加热的方法，应权衡得失后进行选择。

吸收塔出口烟气一般被冷却到 $45\sim55℃$（视烟气入口温度和湿度而定），达饱和含水量。是否要对脱硫烟气再加热，取决于各国环保要求。德国《大型燃烧设备法》中明确规定，烟囱入口最低温度为 72℃，以保证烟气扩散，防止冷烟雾下沉。因吸收塔出口与烟囱入口之间的散热损失约为 $5\sim10℃$，故吸收塔出口烟气至少要加热到 $77\sim82℃$。据 ABB 或 B&W 公司介绍，美国一般不采用烟气再加热系统，而对烟囱采取防腐措施。如脱硫效率仅要求 75％时，可引出 25％的未处理的旁通烟气来加热 75％的净化烟气，德国第 1 台湿法脱硫装置就采用这种方法。德国现在还把净化烟气引入自然通风冷却塔排放的脱硫装置，借烟气动量（质量、速度）和携带热量的提高，使烟气扩散得更好。

烟气再加热器通常有蓄热式和非蓄热式两种形式。蓄热式工艺利用未脱硫的热烟气加热冷烟气，统称 GGH。蓄热式换热器又可分为回转式烟气换热器、板式换热器和管式换热器，均通过载热体或热介质将热烟气的热量传递给冷烟气。回转式烟气换热器与电厂用的回转式空气预热器的工作原理相同，是通过平滑的或者带波纹的金属薄片载热体将热烟气的热量传递给净化后的冷烟气，缺点是热烟气会泄漏到冷烟气中。板式换热器中，热烟气与冷烟气逆流或交叉流动，热交换通过薄板进行，这种系统基本不泄漏。管式换热器是通过中间载体水将热烟气的热量传递给冷烟气，无烟气泄漏问题，用于年满负荷运行在 4000～6500h 的脱硫装置。非蓄热式换热器通过蒸汽、天然气等将冷烟气重新加热，又分为直接加热和间接加热。直接加热是燃烧加热部分冷烟气，然后冷热烟气混合达到所需温度；间接加热是用低压蒸汽（≥2×10^5Pa）通过热交换器加热冷烟气。这种加热方式投资省，但能耗大，使用于年运行时间 4000～6500h 的脱硫装置。

6.16 脱硫风机位置是如何选择的？

安装烟气脱硫装置后，整个脱硫系统的烟气阻力约为 2940Pa，单靠原有锅炉引风机（IDF）不足以克服这些阻力，需设置一助推风机，或称脱硫风机（BUF）。脱硫引风机处于低烟温段，风机容量相当，由于风机位于吸收塔前，对风机防腐无特殊要求。

6.17 氧化槽的功能是什么？

氧化槽的功能是接受和储存脱硫剂、溶解石灰石、鼓风氧化 $CaSO_3$、结晶生成石膏。循环的吸收剂在氧化槽内的设计停留时间，与石灰石反应性能有关，一般为 4～8min。石灰石反应性能越差，为使之完全溶解，则要求它在池内滞留时间越长。氧化空气采用罗茨风机或离心风机鼓入，压力约 $5×10^4$～$8.6×10^4$Pa，一般氧化 1mol SO_2 需要 1mol O_2。

6.18 烟塔合一技术来由是什么？

随着火力发电厂的烟气脱硫，特别是湿法脱硫技术的发展和日益成熟，与之伴随的衍生技术不断应运而生。利用冷却塔排放脱硫后的烟气的技术就是非常有代表性的一种：通过对该技术的介绍和技术经济比较，提出了此技术在我国工程应用的思路和前景。

西方发达国家自 20 世纪 70 年代末到 80 年代末，相继完成了燃煤电厂的烟气脱硫装置的建设。其中大部分脱硫装置都采用的是湿法脱硫工艺。随着湿法脱硫技术的发展和日臻成熟，与之伴随的衍生技术如副产品石膏的综合利用和二合一功能冷却塔烟气排放技术等不断应运而生,并获得了广泛应用。近年来,在西方国家特别是西欧,新建的闭式循环的发电厂,无论大小,几乎都看不见代表发电厂的烟囱,取而代之的都是用冷却塔将脱硫后的烟气排放到大气中去。烟塔合一技术具有当不设 GGH 时,可提高排烟的抬升高度,保证当地环境质量,减少工程投资和运行费用,用矮得多的冷却塔代替高烟囱等有利因素,因此被认为是火电厂今后十分有前途的发展方向。

6.19 脱硫装置的安装方式有哪两种?

脱硫后的烟气可通过冷却塔或烟囱排放。整个烟气排放系统有旁路和直通式两种方式。旁路系统的设置既允许脱硫装置与主机(锅炉)同步运行,又允许脱硫装置停运时,主机仍可运行;直通式的系统要求电厂的锅炉与脱硫装置必须同步运行。

旁路烟气排放系统大多应用在早期的烟气脱硫系统中。但随着脱硫技术的发展和脱硫装置的可利用率不断提高,到目前完全达到与主机媲美的程度。在这样的背景下,近年来西方国家特别是西欧的电厂大多采用直通式无旁路的烟气排放系统。

对于旁路排放烟气系统的电厂,正常情况下是用冷却塔排放烟气的,但当脱硫装置不运行时,由于原烟气的温度和二氧化硫的含量相对较高,不适于通过冷却塔直接排放,所以为了排放该原烟气,还需另建一座干式烟囱供旁路运行时排放烟气之用。而对直通式无旁路的烟气排放系统来说,就无需另建一座干式烟囱。由于采用冷却塔排放脱硫后的净烟气,烟气直接引入冷却塔喷淋层的上部而排入大气。烟气通过冷却塔排放,温度一般在 50℃,所以脱硫后的净烟气无需再加热以提高烟气的抬升高度和扩散程度,这样就省去了烟气加热装置,进一步简化了湿法脱硫系统。但是冷却塔的内壁要采取适当的防腐措施。

早期的脱硫装置一般建设在冷却塔外面,但近几年随着技术的发展,已开始趋向将脱硫装置建在冷却塔里面。这样不仅能使布置更加紧凑,而且也节省了用地。

内置式是把脱硫装置安装在冷却塔外,脱硫后的洁净烟气引入冷却塔内排。脱硫装置安装在冷却塔外,净烟气直接引到冷却塔喷淋层的上部,通过安装在塔内的除雾器除雾后均匀排放,与冷却水不接触。国外早期当脱硫系统运行故障时,由于原烟气的温度和二氧化硫的含量相对较高,不适于通过冷却塔排放,需经干式烟囱排放。目前由于脱硫装置运行稳定,冷却塔外一般不设旁路烟囱。

近几年国外的烟塔合一技术进一步发展,开始趋向将脱硫装置布置在冷却塔里面。使布置更加紧凑,节省用地。其脱硫后的烟气直接从冷却塔顶部排放。由于省去了烟囱、烟气热交换器,减少了用地,可大大降低初投资,并节约运行和维护费用。

6.20 脱硫装置两种方式是如何进行综合技术经济比较的?

在烟气脱硫的电厂中,采用二合一功能冷却塔排放烟气的技术是成熟的,由于少了烟囱而减少了用地，省去了烟气再热系统而节省了投资、减少了运行和维护费用，经济效益是显而易见的。下面主要从综合费用和环保效益两个方面来分析和论述。

（1）综合费用分析 以德国一个600MW的机组在方案论证阶段所做的比较的一些数据为例说明，如表6-1所示。

▷ **表6-1 德国某600MW机组投资及费用对比** 　　　　　　　　　　单位：百万马克

分项	常规系统	外置式冷却塔系统	内置式冷却塔系统
原烟道部分	4.0	7.5	1.0
脱硫后净烟道部分	4.0	9.0	12.0
冷却塔烟道接口开孔	0	2.0	2.0
脱硫装置建筑物	10.0	10.0	3.0
烟囱	8.0	0	0
冷却塔内防腐	0	8.0	8.0
脱硫装置在冷却塔内特殊布置	0	0	0.5
烟气加热系统的投资	15.0	0	0
脱硫装置在冷却塔内特殊安装	0	0	1.5
安装工期长，少发电的费用	0	0	1.0
运行费用的增加（15年）	5.0	0	0
总费用（未计节约用地的费用）	46.0	36.5	29.0
百分比	159%	126%	100%

从表中的数据可以看出，采用二合一功能冷却塔尤其是内置式系统排放烟气的经济效益是非常显著的。

（2）环保效益分析 对于烟气脱硫的电厂中采用二合一功能冷却塔排放烟气在技术和经济上是有竞争力的。但环保效益是人们最关心的问题。对于大型的机组，烟囱的高度高达200多米，而冷却塔的高度仅为100m左右，高度相差很大。但用其分别排放烟气其热升抬高度及扩散效果是相当的。

烟气的热抬升高度主要取决于三个方面的因素，即排气筒的高度、烟气与环境的温差和烟气的热释放率的大小。而烟气与环境的温差最终也反映在烟气的热释放率的大小上。由于烟气通过冷却塔排放，烟气和冷却塔的热汽混合一起外排，具有巨大的热释放率。对于一个大型电厂来说，汽轮机的排汽通过冷却水带走的热量按热效率分摊占全厂的50%左右，而通过锅炉尾部烟气带走的热量只占全厂的5%左右，差别非常之大。这就是通过冷却塔排放烟气与通过高度较高的烟囱排放烟气其烟气的最终抬升高度与扩散效果相当的主要原因。德国当地的有关环保部门通过对有关电厂的测试结果也证明了这一点。

6.21 烟塔合一技术的优势是什么？

烟囱布置在塔内的好处是能使烟气扩散得更远，降低了烟囱投资（降低了高度，减少了风载），并使塔的热浮力大大增加，而带来的问题主要是烟气对烟囱的腐蚀，由于干塔的相对湿度和绝对湿度低于湿塔，会使烟气中的有害杂质的化学反应降低。试验表明，当烟囱的高度与塔外壳的高度相等时，烟气对塔内的腐蚀是微不足道的。图 6-1 为两种烟囱烟气扩散高度的比较。

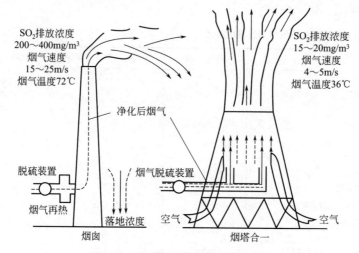

SO₂排放浓度
200～400mg/m³
烟气速度
15～25m/s
烟气温度72℃

SO₂排放浓度
15～20mg/m³
烟气速度
4～5m/s
烟气温度36℃

净化后烟气

脱硫装置
烟气再热
落地浓度
烟囱

烟气脱硫装置
空气
烟塔合一
空气

图 6-1　两种烟囱烟气扩散高度的比较

图 6-2 是烟塔合一施工的内部情况。

烟塔合一技术是将火电厂烟囱和冷却塔合二为一，取消烟囱，利用冷却塔排放烟气，冷却塔既有原有的散热功能，又替代烟囱排放脱硫后的洁净烟气。此项技术在国外从 20 世纪 70 年代就开始研究，通过不断的试验、研究、分析和改进，已日趋成熟，以德国的 SHU 公司和比利时的 HmaonSobelco 公司为代表。在德国新建火电厂中，已经广泛地利用冷却塔排放脱硫烟气，成为没有烟囱的火电厂。

图 6-2　烟塔合一施工的内部情况

我国的环保要求越来越严格，湿法烟气脱硫技术已经广泛应用，新建机组大部分都采用了湿法烟气脱硫工艺。湿法烟气脱硫工艺的广泛应用，其高脱硫效率使电厂排放的烟气中 SO₂ 含量大大减少，使得烟塔合一技术的采用成为可能。利用冷却塔排放烟气，脱硫后的净烟气无需再加热，不仅节省了烟囱的费用，还节省了烟气再热系统的投资和运行、保养费用，虽然冷却塔排放低温烟气，增加了防腐蚀的费用，但节省了总的初投资和运行维护费用。此外，由于省去了烟气再热系统，还避免了未净化烟气泄漏而造成最终脱硫效率的下降。一些城市电厂由于烟囱限高要求，只能采用新的排烟技术来达到特殊的外部要求和环境要求，这些都为烟塔合一技术在我国的应用提供了广阔的发展空间。

6.22　冷却塔排烟和烟囱排烟的根本区别在于什么?

从环保角度来看,冷却塔排烟和烟囱排烟的根本区别在于:
① 烟气或烟气混合物的温度不同;
② 混合物的排出速度不同;
③ 混合处的初始浓度不同。

6.23　烟塔合一技术与传统烟囱排烟有什么不同?

(1) 烟气抬升高度

① 理论分析。从塔中排放出的净化烟气温度约50℃,高于塔内湿空气温度,发生混合换热现象,混合后的结果改变了塔内气体流动工况。由于进入塔内的烟气密度低于塔内空气的密度,对冷却塔内空气的热浮力产生正面影响。此外,进入冷却塔的烟气很少,其体积只占冷却塔空气体积的10%以下。故烟气能够通过自然冷却塔顺利排放。烟气的排入对塔内空气的抬升和速度等影响起到了正面作用。

在排放源附近,烟气的抬升受环境湍流影响较小。大气层的温度不是很稳定时,烟气抬升路径主要受自身湍流影响,决定于烟气的浮力通量、动量通量及环境风速等。这段时间大约为几十秒至上百秒,这段时间内烟气上升路径呈曲线形式。烟气在抬升过程中,由于自身湍流的作用,会不断卷入环境空气。由于烟气不断卷入具有负浮力的环境空气,同时又受到环境中正位温梯度的抑制,它的抬升高度路径会逐渐变平,直至终止抬升。

湿烟气也遵循以上抬升规律,不同的是饱和的湿烟气在抬升过程中,会因为压强的降低及饱和比湿的减小而出现水蒸气凝结。水蒸气凝结会释放凝结潜热,这会使湿烟气温度升高,浮力增加。在不饱和的环境下,湿烟气中只有很小的一部分水蒸气会凝结,因水蒸气凝结所释放的潜热使烟气的浮力增加不会很大。然而,当饱和的湿烟气升入饱和大气环境中,这种潜热释放会明显改变抬升高度,抬升高度会成倍地增加。图6-3是干、湿烟气抬升高度的对比,可以看出同样体积的湿烟气的抬升高度相当于将干烟气加热了几十摄氏度。

目前国内大型火电厂机组烟囱高度一般都在180～240m,冷却塔高度在110～150m,高度相差较大。在相同条件下,湿烟气的抬升高于干烟气。

② 实际抬升高度分析。根据 GB 13223—2011《火电厂大气污染物排放标准》中推荐的烟气抬升高度计算方法,烟气抬升高度 D_H 是正比于烟气热释放率 Q_H、烟囱高度 H_s 的,反比于烟气抬升计算风速 U_s;而热释放率正比于排烟率和烟气温度与环境温度之差 ΔT。

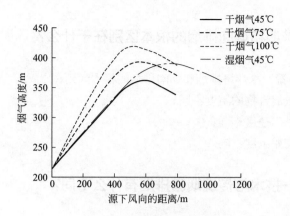

图 6-3 干、湿烟气抬升高度对比

当 $Q_H \geqslant 21000kJ/s$，且 $\Delta T \geqslant 35K$ 时，城市、丘陵的抬升高度：

$$\Delta H = \frac{1.303 Q_H^{\frac{1}{3}} H_S^{\frac{2}{3}}}{U_S}$$

$$Q_H = C_p V_0 \Delta T$$

$$U_S = \overline{U}_{10} \left(\frac{H_S}{10} \right)^{0.15}$$

式中　U_S——烟气抬升计算风速，m/s；

　　　$\overline{U}_{10}$——地面 10m 高度处平均风速，m/s；

　　　H_S——烟囱的几何高度，m；

　　　ΔT——烟囱出口处烟气温度与环境温度之差，K；

　　　Q_H——烟气热释放率，kJ/s；

　　　C_p——标准状态下烟气平均比定压热容，1.38kJ/(m³·K)；

　　　V_0——标准状态下排烟率，m³/s，当一座烟囱连接多台锅炉时，该烟囱的 V_0
　　　为所连接的各锅炉该项数值之和。

　　冷却塔的烟气量是烟囱排烟烟气量的 10 倍左右，热释放率很大。相对来说，汽轮机排汽通过冷却水带走的热量占全厂的 50％左右（按热效率分摊），尾部烟气带走的热量只占 5％左右，冷却塔烟气的温度虽然较低，但水蒸气巨大的热释放率弥补了冷却塔高度的不足，从而较低的冷却塔排烟的实际抬升高度不低于高架烟囱。这是在环境湿度不饱和的状态下的情况。在环境处于饱和状态时，冷却塔烟气抬升高度将大大高于烟囱排烟。德国科学家在 Volklingen 实验电站测得的烟气抬升结果也证实了冷却塔排烟抬升高度高于烟囱排烟，见图 6-4。

　　（2）SO₂ 落地浓度　德国某电厂冷却塔与烟囱排放烟气年平均落地浓度的比较见图 6-5，从图中可以看出，对于高烟囱和低冷却塔排放的烟气，污染物 SO₂ 的落地浓度相差不多。

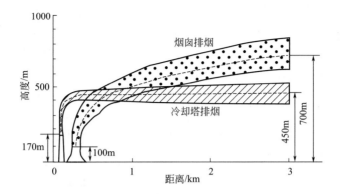

图 6-4　冷却塔排烟与烟囱排烟抬升高度比较

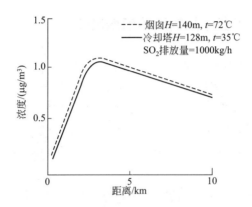

图 6-5　德国某电厂冷却塔与烟囱排放烟气 SO_2 年平均落地浓度对比

　　值得注意的一点是：有时大气边界层基本处于近中性状态，但有那么一层或几层是逆温的。在逆温情况下，低层空气中上下交换受到阻碍，如果上下交换能够进行，就要消耗能量。电厂烟气具有较高的能量和较大的浮力时，就可以比较容易地穿过逆温层，如果烟气全部都穿透了逆温层，它就不再返回下部，对地面造成污染。如果烟气的浮力不足以穿透逆温层，那么它就被封闭在逆温层以下，从而造成较严重的污染。由于烟塔合一技术排放的混合烟气含有大量的水蒸气，水蒸气中的热量大于空中烟气带走的热量，具有较大的浮力，所以上下层交换就能够进行。因此在天气不好的情况下，利用冷却塔排烟优于烟囱排烟。

　　(3) 不同形式的冷却塔对 SO_2 落地浓度的影响　利用冷却塔排放脱硫烟气，按一个面源来看待冷却塔排烟，如果冷却塔的高度和出口内径对烟气的落地浓度有影响，那么冷却塔的高度和出口内径的选择，不能只从冷却方面考虑，还要从环保角度考虑选择最佳方案。

　　德国 H. Damjakob 等对冷却塔的变异体进行了研究。观测出了变异塔的污染物落地浓度。研究变异塔就是改变一个选定的基准冷却塔的几何形状，观测其特殊的热力数据状况。在下列假设情况下研究所有的冷却塔：在扬程相同的情况下，将相同流量的水从相同的热水温度冷却到相同的冷水温度，基准冷却塔高 140m，其基础直径约 102m，出口直径为 57.5m，它是为一台容量 590MW 的抽汽供热机组设计的，冷却水的流量为 12300kg/s，在大气温度为 10℃，湿球温度为 8℃，大气压力为 101.3kPa 时，冷却水温度为 18℃，可以冷却 1 台 550MW 的发电机组，该发电机组的烟气是由冷却塔排放。

能有效抬升烟气排放高度，提高环境质量，同时节电、节水和回收余热，每年可节省约 4.5 万吨原煤，约合 1560 万元。目前，烟气中多项排放指标在国内处于领先地位，其中 SO_2 排放浓度小于 $50mg/m^3$，已达到国际先进水平。由于该工程具有良好的环保和节能优势，国内越来越多的电厂开始采用这一先进技术。

6.24　烟塔合一技术在中国的应用前景是什么？

利用冷却塔排放烟气的技术在技术、经济和环保效益上都是有竞争力的，以下就是如何赋予实施和推广的问题。在未来的十年，中国将建设一大批的烟气脱硫装置，而且大部分将采用湿法脱硫工艺。我国大部分地区的电厂都采用冷却塔闭式循环系统，对于这一部分电厂，只要加装了湿法脱硫装置，就有条件采用二合一功能冷却塔系统。同样可以适应于新建的电厂和老电厂的改造，应用前景广阔，经济效益潜力巨大。

对于新建的电厂来说，既可以采用外置式系统，也可以采用内置式系统，比较灵活。对于采用技术较先进、性能稳定的脱硫装置的电厂来说，建议采用直通式无旁路烟气系统。

(1) 在湿法烟气脱硫的电厂中，利用冷却塔排放烟气的技术可使脱硫系统进一步简化，具有投资省、占地少、运行费用低、环保效益相当、综合经济效益好的特点，在技术上和经济上都是有竞争力的。

(2) 由于环保的要求，在未来数年中，中国将有一大批的湿法烟气脱硫装置建设在冷却塔闭式循环系统的电厂中，这就为采用二合一功能冷却塔系统提供了条件和机会。所以说该技术在我国应用前景广阔，经济效益潜力巨大。

(3) 建议近期在一些条件较好，同步加装湿法脱硫装置的新建电厂中采用该技术，以积累经验，为大规模地铺开使用奠定基础，对于起步阶段，可先采用外置式系统，待积累了一定经验后，再视具体情况，在一些工程中采用内置式系统。

(4) 由于环保的严格要求，我国将有一批湿法烟气脱硫装置建在冷却塔闭式循环系统的电厂中，烟塔合一技术在我国应用的前景广阔。

(5) 不饱和的环境下，冷却塔的排烟抬升高度不低于干烟囱。饱和的环境下，冷却塔排烟效果大大好于干烟囱。

(6) 采用烟塔合一技术排放脱硫后净化烟气时，电厂污染物 SO_2 的落地浓度与干烟囱排烟中的相差不多。在大气逆温的情况下，冷却塔排烟环保效果好于干烟囱排烟。

(7) 烟塔合一技术的冷却塔的高度和出口内径对烟气 SO_2 的落地浓度是有影响的。冷却塔形式的选型要从环保角度考虑，以期达到最佳环保效益。

6.25 什么是单塔一体化深度净化技术？

单塔一体化深度净化技术介绍（见图 6-6）：单塔一体化脱硫除尘深度净化技术（SPC-3D）可在一个吸收塔内同时实现脱硫效率 99% 以上，除尘效率 90% 以上，满足（标准状态下）二氧化硫排放 $35mg/m^3$、烟尘排放 $5mg/m^3$ 的超低排放要求。引风机出口烟气进入吸收塔后，首先经过高效旋汇耦合装置，利用流体动力学原理，形成强大的可控湍流空间，使气、液、固三相充分接触，提高传质效率，同时液气比比同类技术低 30%，实现第一步的高效脱硫和除尘。其次，优化喷淋层结构，改变喷嘴布置方式，提高单层浆液覆盖率达到 300% 以上，增大化学吸收反应所需表面积，完成第二步的洗涤，烟气经高效旋汇耦合装置和高效节能喷淋装置两次洗涤反应，两次脱硫效率的叠加，可实现烟气中二氧化硫降低至 $35mg/m^3$ 以下。最后，经高效脱硫、初步除尘后的烟气向上经离心管束式除尘装置进一步完成高效除尘除雾过程，完成对微米级粉尘和细小雾滴的脱除，实现烟尘低于 $5mg/m^3$ 的超净脱除。

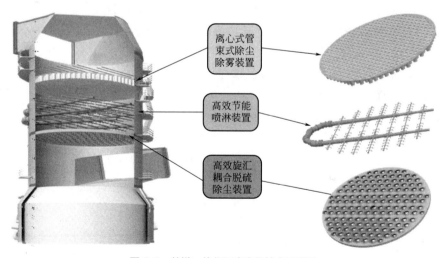

离心式管束式除尘除雾装置

高效节能喷淋装置

高效旋汇耦合脱硫除尘装置

图 6-6 单塔一体化深度净化技术示意图

6.26 单塔一体化深度净化技术的优点是什么？

(1) 脱硫效率高、除尘效率高 吸收塔入口 SO_2 浓度在 $1500\sim15000mg/m^3$ 时，脱硫效率高达 99.8%；吸收塔入口烟尘浓度在 $50mg/m^3$ 以下时，出口烟尘浓度

≤5mg/m³，净烟气雾滴含量≤30mg/m³。

(2) 改造工期短、工程量小　可利用原有吸收塔改造，不改变吸收塔外部结构。布置简洁，工程量小，改造工期根据原吸收塔结构变化一般为 20~40 天。

(3) 投资低、运行费用低　该技术改造吸收塔内构件，实现脱硫除尘一体化，投资低于常规技术约 40%。且离心管束式除尘器不耗电，阻力与原屋脊式除雾器相当。运行费用是常规技术的 15%~30%。

(4) 系统运行稳定，可靠性高　对烟气污染物含量和负荷波动适应性强，系统运行稳定，操作简单，对运行人员而言未增加额外的操作量；可靠性高。

6.27　吸收塔改造方案案例

某公司超洁净排放改造工程采取 EPC 总承包模式。本次改造属于在役机组脱硫除尘大型技改项目，存在场地狭小，平面布置困难，施工难度大等特点，在工艺选择和设备布置中充分考虑综合利用原有的脱硫场地。新增设备尽量布置在原有场地周围，以减少占地面积，简化系统设计并充分考虑利用原设备，以减少投资。

(1) 拆除原有两级屋脊式除雾器，原除雾器大梁降低高度重新利用安装，安装离心管束式除尘除雾器。

(2) 原有四层喷淋层全部拆除（含原喷淋层母管），更换重新设计的高效节能喷淋层。因除雾器下表面高度降低，四层喷淋层高度全部重新调整。

(3) 为提高液气比，更换 A、C 层浆液循环泵，单台流量由 6100m³/h 增加到 8800m³/h，B、D 泵保持不变。

(4) 在最下层喷淋层下部加装旋汇耦合装置。

(5) 为适应增大的液气比，吸收塔入口烟道抬升 1.3m 以加大浆池容积。

(6) 由于原吸收塔塔身烟气入口至最下层喷淋层间高度差接近 6m，因此烟道抬升及增加旋汇耦合装置均可利用这段空间，吸收塔塔身不需切割抬升，有利于缩短停机时间。

6.28　吸收塔改造施工有哪些主要工序及经验？

吸收塔作业程序见图 6-7。

(1) 塔内工作顺序　塔内工作根据工作面不同，采取逐层搭设脚手架，完成一层工作后继续向上搭设；之后拆除时同样安排，一层工作完成后拆除一层；塔内件拆除、安装工作与脚手架搭拆紧密结合，有效缩短了总的塔内工作时间。

① 顶部喷淋壁板开孔，穿梁，对该层喷淋进行加固；满铺脚手板；在壁板上焊接吊耳，穿安全绳；进行除雾器拆除、大梁拆除工作，并安装新增的除尘器上部环形圈。

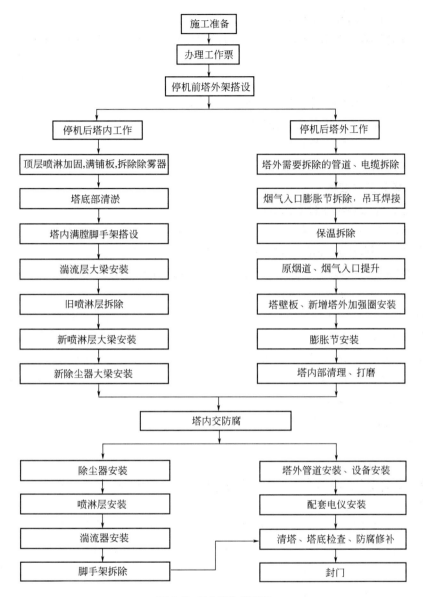

图 6-7 吸收塔作业程序

② 塔底部清淤。

③ 塔内脚手架搭设至湍流器标高，进行湍流器大梁安装。

④ 塔内脚手架搭设至 21m，安装新设计的第一层喷淋梁。

⑤ 塔内脚手架搭设至 23m，拆除旧的第一层喷淋，然后安装第二层喷淋梁。

⑥ 塔内脚手架搭设至 25m，拆除旧的第二层喷淋，然后安装第三层喷淋梁。

⑦ 塔内脚手架搭设至 27m，拆除旧的第三层喷淋，然后安装第四层喷淋梁。

⑧ 塔内脚手架搭设至 29m，拆除旧的第四层喷淋，安装新设计的除尘器大梁。

⑨ 塔内打磨清理，交防腐。

⑩ 安装除尘器格栅及下部管道，安装完成后，拆脚手架，剩余工作在格栅上进行。

⑪ 安装四层喷淋装置。

⑫ 拆脚手架至湍流器下方，安装湍流器。

⑬ 拆除脚手架，安装浆液循环泵、脉冲悬浮泵等入口滤网。

⑭ 塔底清理，防腐检查修复。

⑮ 封门。

(2) 塔外工作顺序

① 停机前开始塔外脚手架搭设。

② 拆除塔外连接件，其连接件有：除雾器冲洗水主管、支管，塔顶人孔，塔外平台照明及控制电缆，拆除件搬移或者牢固绑扎在平台上。

③ 拆除原有除雾器冲洗水管，支管封堵，重新开孔。

④ 烟气入口保温拆除，积灰清理，待内部脚手架搭设至该标高，进行内部划线，做防腐工作。同时外部焊接吊耳，挂 10t 手拉葫芦，然后进行壁板切割，最后将烟气入口提升到位。

⑤ 原烟道弯头的提升等同于烟气入口提升，提升后烟气入口下部缺板安装。

⑥ 新增塔外加强圈安装。

⑦ 冲洗水管吊架安装。

⑧ 冲洗水管短接及补强板安装。

⑨ 浆液循环管拆除，待设备安装完成后，装新到货管道。

6.29 新型湿式电除雾 (尘) 器的技术革新有哪些?

在广泛吸取国内成熟的湿式电除雾 (尘) 器 (WESP) 设计技术与制造经验基础上，高气速高效新型湿式静电除雾器 (NWESP)，取得了以下相应的技术革新突破，以适应于燃煤锅炉、钢铁烧结机及水泥炉窑等生产线烟气排放量巨大的特点，使得湿式电除雾器应用于脱硫脱硝尾气的深度净化是行之有效的。

(1) 高操作气速的技术突破 传统湿式电除雾器，其阴极线固定在主副梁上，主梁固定在绝缘箱上，阴极线下端靠重锤张紧固定，其电场内烟气操作气速一般小于 1.2m/s，如操作气速大于 1.2m/s，则极线容易摆动，导致其电压电流出现波动，影响其除雾效率，从而限制了电场的烟气操作气速。

传统湿式静电除雾器，从理论上讲，电晕极线的比电流为 $0.15 \sim 0.2 \text{mA/m}$、停留时间为 4s 左右就能确保除雾效率大于 99%，当气速加快、雾滴及细微粉尘停留 (荷电) 时间变短时，除雾效率亦降低。

针对以上传统湿式电除雾器的受高速气流限制的因素，在高气速高效新型电除雾

（尘）器中，采取以下的应对措施，以保证高气流操作情况下的湿式电除雾器的稳定运行。

1）阴极系统的固定措施　为避免高速气流对阴极线的影响，首先在气体进口管处设计并安装了气体旋流装置及气体分布装置，以保证气流在径向均匀分布；其次在阴极线下端考虑"重锤张紧＋整体阴极线固定框架"的固定措施。

如图6-8所示，电晕极线下方设置有下部阴极固定架，电晕极线自固定架的小孔穿出，同时下部采用重锤对电晕极线进行张紧。这样，对电晕线做横向和纵向的双向约束固定，并保证电晕极线在工况状态下的膨胀要求。可以确保电晕线在较高气速下保持稳定，保证电压和电流在一个合理的范围内，保证湿式电除雾（尘）器稳定运行。同时，还在静电除雾器壳体外沿周向均布若干下部张紧绝缘箱，下部张紧绝缘箱上的张紧拉杆与电晕线固定框架固定，通过调整张紧绝缘箱上的张紧拉杆把电晕线框架牢牢固定住。同时亦可为避免下部阴极固定架出现爬电情况，下部张紧绝缘箱的结构与顶部绝缘箱类似。

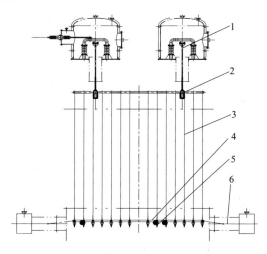

图6-8　NWESP阴极固定系统

1—上部张紧绝缘箱；2—阴极大梁；3—放电阴极线；4—下部阴极固定架；

5—重锤；6—下部张紧绝缘箱

2）高效电晕极线的选用　经试验及生产实践证明，处理同一性质烟气时，湿式电除雾器的除雾效率主要影响因素有二：烟气在电场中的停留（荷电）时间 τ 和电晕极线的比电流 I。τ 越长、I 越大，则其除雾效率越高。

传统湿式静电除雾器，电晕极线常选用六角铅导线，其电晕极线的比电流为 $0.2mA/m$，雾滴及粉尘荷电时间在4s左右即可满足除雾效率的要求。

对于高气速湿式电除雾（尘）器，因其操作气速加快，烟气在电场中的停留（荷电）时间 τ 变短。因此，要保证其除雾效率就必须加大电晕极线的比电流。而电晕极线的比电流与电晕极线的形式有很大的关系。目前，电晕极线的主要型式有：六角芒刺线、四角芒刺线、二角芒刺线、六角铅导线等（图 6-9）。

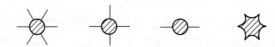

(a) 六角芒刺线　(b) 四角芒刺线　(c) 二角芒刺线　(d) 六角铅导线

图 6-9　电晕极线主要型式

经对不同型式电晕极线进行比电流测试，其测试结果如表 6-2 所示。从表中可以看出，芒刺线的比电流要比最初使用的六角铅导线的比电流大得多，较之芒刺状电晕线，六角铅导线是性能较差。

依国内外的试验和实际使用情况来看，使用芒刺线在气速 1.6m/s 时与使用六角铅导线在气速 0.9m/s 时，其除雾效率相当。

⊡ **表 6-2　不同型式电晕极线比电流测试结果**　　　　　　　　　　单位：mA/m

序号	极线名称	电压/kV					
		20	30	40	50	55	60
1	六角铅导线	0.07	0.46	0.82	1.35	2.30	3.26
2	六角芒刺线	0.85	1.96	3.83	6.66	8.15	9.38
3	四角芒刺线	0.58	1.90	4.00	6.50	8.00	9.46
4	二角芒刺线	0.90	2.00	4.00	6.50	8.00	9.50

新型湿式电除雾（尘）器采用改良高效型的芒刺线电晕极线。该极线通过采用齿排状的中间电除雾结构，左右都为连续排列的梯形齿，这种结构放电点多、效率高、起晕电压低，采用铅锑合金制造，其高效性及耐腐蚀性可很好地满足新型高气速高效湿式电除雾（尘）器的使用要求。

3）设备本体材质及阳极管束排列的选择　目前，静电除雾器按沉淀极材质分可为铅静电除雾器、塑料静电除雾器和玻璃钢静电除雾器 3 种。新型湿式电除雾（尘）器阳极管采用高性能的进口碳纤维和以特殊处理后导电填料及高档乙烯基树脂复合成型，管束采用蜂窝管排列方式。相比于常规铅、PVC 塑料电除雾器，具有以下诸多优点：

① 导电性强、除雾效率高。导电玻璃钢电除雾器，阳极管采用高性能的进口碳纤维和以特殊处理后导电填料及高档乙烯基树脂复合成型，使整个阳极组具有优良的导电性能和低的表面电阻率，导电方式为阳极管束+液膜。而常规使用的 PVC 电除雾器，仅靠 PVC 阳极管束的液膜进行导电。因此，导电玻璃钢电除雾器具有更好的导电性、除雾效率高等优点。

② 强度高、重量轻，节省支撑平台费用。较之铅、PVC 材质，玻璃钢具有轻度高特性，故而阳极管束及客体较薄。处理同等烟气量的玻璃钢除雾器，较 PVC 除雾器轻 50% 以上，从而可大幅减少支撑平台的投资费用。

③ 结构紧凑、占地面积小。要把铅管和塑料管做成蜂窝式，其加工难度较大，而使用玻璃钢则很容易做到这一点。蜂窝式沉淀电极的结构具有结构紧凑、尺寸精确、最大限度利用空间、管壁内/外表面都能有效利用、占地面积小，能在制造厂直接制作及安装简单等特点。

④ 无焊一次成型、无易拉裂变形，制作、安装周期短。玻璃钢电除雾由于采用无焊一次性成型技术，避免 PVC 需焊接所存在的焊缝，故而无易拉裂变形。同时亦可大幅缩短制作、安装周期。

⑤ 阻燃性能好。碳纤维玻璃钢电除雾器，整体氧指数≥32，可在空气中阻燃和耐电火花冲击。较之 PVC 除雾器，具有更优的阻燃性。

以 $50000m^3/h$ 烟气量为例，对 3 种电除雾器进行技术经济比较，其结果如表 6-3 所示。

▣ 表 6-3 电除雾器的技术经济比较

项目	圆管式 PVC 电除雾器	圆管式铅电 除雾器	蜂窝式导电玻璃钢 电除雾器
操作电压/kV	55±5	55±5	65±5
沉淀电极管数/根	2×216	342	196
沉淀电极长度/m	4.0	4.0	4.5
电场有效截面积/m²	2×10.6	16.8	15.3
电场气速/(m/s)	0.66	0.83	0.9
设备直径/mm	2×5100	6300	5400
设备占地面积/m²	2×20.4	31.2	22.9
设备重量/t	2×43	230	22
设备造价/万元	2×75	210	100

从表 6-3 可看出，在同样的处理气量下，蜂窝式导电玻璃钢电除雾器的沉淀电极管数大为减少，而有效截面积却降低不多；由于玻璃钢的低密度和高强度，设备重量大大减轻，与同规模圆管式铅电除雾器相比，重量仅为 1/10，造价仅为 48%。硬 PVC 由于设计气速低，单台设备已不能满足需求。因此，处理同样气量，其占地面积比玻璃钢电除雾器要高出近 80%，设备造价也要高出 50%。

新型湿式电除雾（尘）器采用蜂窝式导电玻璃钢管束，具有除雾效率高、强度好、重量轻、占地面积小、土建及设备投资费用省的优点，尤其处理烟气量愈大，其优势愈为明显。

(2) 引进连续冲洗雾化凝并技术 当含 SO_2 烟气进入脱硫吸收塔，经吸收液绝热增湿洗涤后，温度下降到露点以下时，气体中的水蒸气含量超过了饱和值，称为过饱和。温度再继续下降，使过饱和程度达到某一数值时，超过饱和的那一部分水蒸气便开始在空间凝结成细小液滴，这便是所说的脱硫脱硝尾气中夹带的雾滴。

当雾滴首先出现时，由于酸雾颗粒极小，数量极多，表面积很大。$(NH_4)_2SO_4$、Hg等重金属离子等会有相当的数量直接从气体状态被溶解入酸雾中。当$(NH_4)_2SO_4$、Hg等重金属离子结晶首先出现时，它们便会与炉气中的细小矿尘一起成为雾滴的凝聚核心，而被溶解在酸雾中。因此，不管具体过程如何，在炉气中未被洗涤液溶解的杂质微粒，最终几乎都要溶于酸雾中。

至此时，清除$(NH_4)_2SO_4$、Hg等重金属离子结晶气溶胶，以及去除细微颗粒的任务，便同清除雾滴的任务结合在一起了，这样整个炉气的湿法净化便成为主要是气溶胶粒子的分离过程了。而且主要是集中到酸雾的清除上，这就是炉气湿法净化的重要特点，也就是炉气中的杂质在净化过程中的相互关系。

在实际生产中，要想把酸雾除得干净，就需要让酸雾粒子长大，为进一步提高电除雾效率，新型湿式电除雾器首次在其下部进气处引入冲洗水雾化喷淋措施。其主要目的有二：

① 通过冲洗冷却水的雾化喷淋，雾化水与烟气间进行传质传热作用，进一步把炉气温度降低，使炉气中的水蒸气和残存的气溶胶颗粒物在酸雾粒子上凝结，这样就能使雾粒较快地长大，以进一步提高除雾效率。这一原理，已被长期的生产实践所证实。

② 通过雾化液滴的作用，进一步增加酸雾粒间互相碰撞频率，使酸雾间发生凝聚凝并现象，使小颗粒变成较大颗粒，再不断地碰撞凝聚，细小颗粒就逐渐变成了大颗粒。

(3) 绝缘保护系统的改进 传统湿式电除雾器，主要应用于化工制酸、焦化回收等工艺流程工艺，通常在负压状态下工作，常规电除雾器采用电加热形式对其绝缘子进行干燥保证其绝缘性。

对于应用在脱硫脱硝尾气深度净化的新型湿式电除雾器，因其工艺流程决定其在正压状态下运行。在正压情况下，热烟气及细微粉尘、雾滴在正压的作用下，进入顶部保温箱，并黏附在绝缘子表面上，黏附在绝缘子表面上的粉尘吸潮后将变为半导体，在粉尘层中流过较大的泄漏电流，导致其表面发热。这样的过程同样显示了泄漏电流的脉冲特性，随着电压增高，局部电弧增多，最后形成串级电弧放电，电弧连接两个电压级，整个粉尘表面发生闪络，出现污闪现象，使绝缘子炸裂或产生裂纹，将导致电除雾器出现故障停运。

为避免其在正压状态下出现污闪事故的发生，对新型湿式电除雾器的绝缘保护系统，采用热风正压保护装置，即在工作状态下，热风均匀地吹向绝缘箱内壁空间，由于在其内壁形成较为均匀的热空气隔绝层，从而阻止了热烟气及细微粉尘、雾滴进入，保证箱体绝缘性更可为靠。热风保护装置主要包含有风机、电加热、电控箱等。

(4) 气体分布系统的改进 针对燃煤电厂锅炉、钢铁厂等脱硫脱硝尾气排放量大的特点，湿式电除雾（尘）器对其进口烟气的分布是否均匀，直接将影响到其除雾效率及其运行的稳定性。

鉴于此，新型高气速高效电除雾，对气体分布系统做了相应的改进。具体做法为：首先在气体进口管处设计并安装气体旋流装置及气体分布装置，以保证气流在径向均匀分布。同时，在除雾器下气室，考虑了布满小孔的两层气体分布花板，花板上方铺一定粒径填料，适当增加电除雾器下气室的阻力，避免出现烟气短路现象，保证烟气布气均匀。

6.30 新型湿式电除雾（尘）器结构与布置型式有哪些？

（1）NWESP 结构 新型湿式电除雾（尘）器，是以高档耐腐蚀乙烯基树脂为基体，碳纤维、玻璃纤维为增强材料，通过模压、缠绕、手糊成型工艺制成的一种高效净化除雾设备。其设备本体，主要由上壳体、中壳体、阳极管束组、阴极电晕极线系统、整流板、导流（风）板、喷淋冲洗系统、绝缘子室等部件组成。

NWESP 阳极管束组，由内切圆 $\phi360mm$（或 $\phi350mm$、$\phi300mm$）正六边形阳极管采用先进的层压粘接工艺复合成型，该工艺使每台阳极管组束具有完美的整体性，强度高，阳极管的同心度、平行度高。根据工程要求，NWESP 外形可设计为方形或圆形布置。

（2）NWESP 布置型式 根据工程特点，吸收塔内保留一级或二级机械除雾器，新型湿式电除雾器本体可选择吸收塔顶布置或单独布置方式。

如某公司 NWESP，采用吸收塔顶布置型式，新型湿式电除雾器系统安装于脱硫吸收塔顶部。烟气由上往下，经喷淋液吸收完成脱硫过程，含雾滴烟气经折板除雾器预除雾，再进入电除雾器进一步去除细微雾滴，除雾后净化烟气从顶部排出返回水平混凝土主烟道送烟囱达标排放，收集的液体及电除雾器冲洗水流入吸收塔内。

6.31 新型湿式电除雾（尘）器的应用性能保证有哪些？

经实际运行使用情况表明，NWESP 的使用可达以下性能保证：

（1） 在设计工况下，电除雾器进口酸雾雾滴浓度不高于 $750mg/m^3$ 情况下，电除雾器出口酸雾雾滴浓度不高于 $75mg/m^3$，执行《火电厂烟气脱硫工程技术规范》雾滴排放标准，去除酸雾雾滴效率不低于 90%。

（2） 在设计工况下，电除雾器进口夹带硫铵以及气溶胶颗粒浓度不高于 $200mg/m^3$ 的情况下，电除雾器出口气溶胶不高 $20mg/m^3$，执行《火电厂大气污染物排放标准》（GB 13223—2011）粉尘排放标准。

（3） Hg 蒸气可以气体状态被溶解、凝并入酸雾中一同被去除，对烟气中的 Hg 去除率可达 75% 以上。

（4） 可实现多种污染物的联合脱除，可有效去除 SO_3 气溶胶、微细粉尘

（$PM_{2.5}$）、细小液滴等。由于有效去除 SO_3 和水雾，减缓烟囱腐蚀，延长烟囱寿命，提高可用率。

(5) 取代烟气再热器（GGH）再热装置的设置，解决湿法脱硫形成的"石膏雨""大白烟"问题。

(6) 设计工况下，设备压力降 200～800Pa；冲洗水耗：累计不高于 2～10t/h。

(7) 整套装置运行时间相对于锅炉运行时间的可用率不低于 95%。设备每 4 年大修一次，主体设备设计寿命为 20 年（不含易损件）。

(8) 烟气进电除雾器温度在 85℃ 时，能运行 20min 而无损坏，无永久性变形。在含尘量 100～500mg/m³ 时电除雾器系统能连续运行。

(9) 电除雾器在烟气脱硫（FGD）装置没有停机清洁的情况下能连续运行 16000h。

6.32 新型湿式电除雾（尘）器实际应用优势有哪些?

依新型湿式电除雾（尘）器实际使用效果看，主要优势如下：

(1) 相比于常规的折流板机械除雾器，NWESP 对雾滴、气溶胶颗粒的去除效率更高，去除粒径更小。从机理上分析，机械除雾器是利用浆液液滴的惯性力进行分离，当液滴粒径小到一定程度时，机械除雾器就失去了分离能力。一般其所能去除的最小粒径为 40～50μm，粒径小于 40μm 的液滴以及微细粉尘、气溶胶粒子等无法去除。

(2) 可取代 GGH 再热装置的设置，解决湿法脱硫形成的"石膏雨""大白烟"问题。GGH 系统因存在阻力大、电耗高、易堵塞，严重影响系统的正常运行；因此，目前 FGD 装置一般不考虑设置 GGH，由于未设置 GGH，湿烟囱排放烟羽透明度差，烟羽呈白色。有时在烟囱下风向的一定范围内形成"尘雨"，气温低时形成"小雪花"，存在"景观"污染。NWESP 装置能有效去除烟气中的微细粉尘（$PM_{2.5}$）、细小液滴及气溶胶，去除率可达 90% 以上，使出口烟气处于各种颗粒几乎被全部去除的比较"洁净"状态，有效解决"石膏雨""大白烟"问题。

(3) 有效去除酸雾，减缓烟囱腐蚀。NWESP 技术除了具有除尘除雾功能外，可以实现多种污染物的联合脱除，可有效去除 SO_3 气溶胶、NH_3 气溶胶（氨法脱硫）、微细粉尘（$PM_{2.5}$）、细小液滴、汞等重金属。由于有效去除 SO_3 和水雾，NWESP 技术减缓烟囱腐蚀，延长烟囱寿命，提高可用率。

(4) 有效解决 SCR＋WFGD 之后烟囱的"蓝烟""黄烟"问题：SCR 装置的催化剂，促进了烟气中的 SO_2 向 SO_3 的转化，转化率一般为 0.75%～3.75%，导致 SCR 出口 SO_3 浓度比入口提高 50%。经湿法脱硫后，排烟中形成硫酸气溶胶，烟囱出口形成"蓝烟"或"黄烟"，污染严重。NWESP 技术可以有效去除 SO_3 和水雾，解决这一问题。

第7章
脱硝除碳技术

7.1 氮氧化物的种类有哪些?

氮氧化物是造成大气污染的主要污染源之一。通常所说的氮氧化物 NO_x 有多种:N_2O、NO、NO_2、N_2O_3、N_2O_4 和 N_2O_5,其中 NO 和 NO_2 是重要的大气污染物。我国氮氧化物的排放量中 70% 来自煤炭的直接燃烧,电力工业又是我国的燃煤大户,因此 NO_x 排放的主要来源是火力发电厂。

7.2 氮氧化物的生成途径有哪些?

研究表明,氮氧化物的生成途径有 3 种:①热力型 NO_x。指空气中的氮气在高温下氧化而生成的 NO_x;②燃料型 NO_x。指燃料中含氮化合物,在燃烧过程中进行热分解,继而进一步氧化而生成 NO_x;③快速型 NO_x。指燃烧时空气中的氮和燃料中的碳氢离子团(CH)等反应而生成 NO_x。在这 3 种途径中,快速型 NO_x 所占的比例不到 5%;在温度低于 1300℃时,几乎没有热力型 NO_x。对常规燃煤锅炉而言,NO_x 主要通过燃料型生成途径而产生。

降低 NO_x 排放主要措施有 2 种。一是控制燃烧过程中 NO_x 的生成,即低 NO_x 燃烧技术;二是对已生成的 NO_x 进行处理,即烟气脱硝技术。

7.3 什么是炉膛喷射法?

实质是向炉膛喷射还原性物质,在一定温度条件下可使已生成的 NO_x 还原,从而降低 NO_x 的排放量。该方法包括:喷水法、二次燃烧法(喷二次燃料即前述燃料分级燃烧)、喷氨法等。喷氨法亦称选择性非催化还原法(SNCR)。

7.4 什么是烟气处理法?

烟气脱硝技术有气相反应法、液体吸收法、吸附法、液膜法、微生物法等。

液体吸收法的脱硝效率低，净化效果差；吸附法虽然脱硝效率高，但吸附量小，设备过于庞大，再生频繁，应用也不广泛；液膜法和微生物法是两种新技术，还有待发展；脉冲电晕法可以同时脱硫脱硝，但如何实现高压脉冲电源的大功率、窄脉冲、长寿命等问题还有待解决；电子束法技术能耗高，并且有待实际工程应用检验；SNCR法氨的逃逸率高，影响锅炉运行的稳定性和安全性等。目前脱硝效率高，最为成熟的技术是 SCR 技术。烟气脱硝的技术特点比较见表 7-1。

表 7-1　烟气脱硝的技术特点比较

方法	原理	技术特点
催化分解法	在催化剂作用下，使 NO 直接分解为 N_2 和 O_2。主要的催化剂有过渡金属氧化物、贵金属催化剂和离子交换分子筛等	不需要耗费氨，无二次污染，催化活性易被抑制，二氧化硫存在时催化剂中毒问题严重，还未工业化
SNCR 法	用氨或尿素类物质使 NO_x 还原为 N_2 和 H_2O	效率较高，操作费用较低，技术已工业化。温度控制较难，氨气泄漏可能造成二次污染
SCR 法	在特定催化剂作用下，用氨或其他还原剂选择性地将 NO_x 还原为 N_2 和 H_2O	脱除率高，被认为是最好的烟气脱硝技术。投资和操作费用大，也存在 NH_3 的泄漏问题
固体吸附法	吸附	对于小规模排放源可行，具有耗资少，设备简单，易于再生。但受到吸附容量的限制，不能用于大排放源
电子束法	用电子束照射烟气，生成强氧化性 OH 基因、O 原子和 NO_2，这些强氧化基团氧化烟气中的二氧化硫和氮氧化物，生成硫酸和硝酸，加入氨气，则生成硫硝铵复合盐	技术能耗高，有待实际工程应用检验
湿法脱硝	先用氧化剂将难溶的 NO 氧化为易于被吸收的 NO_2，再用液体吸收剂吸收	脱除率较高，但要消耗大量的氧化剂和吸收剂，吸收产物会造成二次污染

7.5　SCR 脱硝技术的反应原理及反应流程是什么？

选择性催化剂还原法（SCR）脱硝技术近二十年来在日本和西欧得到了广泛的应用，近十年来在美国发展较快。

SCR 主要反应如下：

$$4NO + 4NH_3 + O_2 \longrightarrow 4N_2 + 6H_2O$$
$$NO + NO_2 + 2NH_3 \longrightarrow 2N_2 + 3H_2O$$
$$6NO_2 + 8NH_3 \longrightarrow 7N_2 + 12H_2O$$
$$4NH_3 + 3O_2 \longrightarrow 2N_2 + 6H_2O$$
$$4NH_3 + 5O_2 \longrightarrow 4NO + 6H_2O$$

SCR 技术采用催化剂，催化作用使反应活化能降低，反应可在较低的温度条件

（300～400℃）下进行，相当于锅炉省煤器与空气预热器之间的烟气温度。

选择性是指在催化剂的作用和在氧气存在条件下，NH_3 优先和 NO_x 发生还原脱除反应，生成氮气和水，而不和烟气中的氧进行氧化反应，与 SNCR 技术相比从而降低了氨的消耗。

对 SCR 系统的限制因素因运行环境和工艺过程而变化。这些制约因素包括系统压降、烟道尺寸、空间、烟气微粒含量、逃逸氨浓度限制、SO_2 氧化率、温度和 NO_x 浓度，都影响催化剂寿命和系统的设计。

图 7-1 为 SCR 烟气脱硝系统工艺流程简图，SCR 系统一般由氨或尿素的储存系统、尿素转化为氨系统、氨与空气混合系统、氨气喷入系统、反应器系统、省煤器旁路、SCR 旁路、检测控制系统等组成。

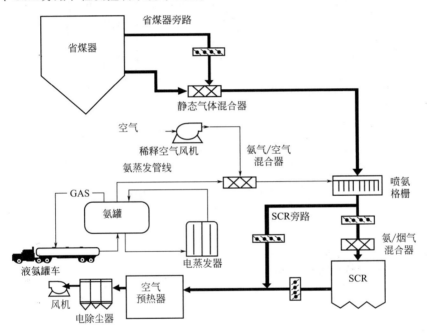

图 7-1　SCR 烟气脱硝系统工艺流程

7.6　SNCR 烟气脱硝技术反应原理及反应流程是什么?

SNCR 是用 NH_3、尿素等还原剂喷入炉内与 NO_x 进行选择性反应，不用催化剂。还原剂喷入炉膛温度为 850～1250℃ 的区域，该还原剂（尿素）迅速热分解成 NH_3 并与烟气中的 NO_x 进行 SNCR 反应生成 N_2，该方法是以炉膛为反应器。

在 800～1250℃ 范围内，NH_3 或尿素还原 NO_x 的主要反应为：

$$4NH_3 + 4NO + O_2 \longrightarrow 4N_2 + 6H_2O$$
$$4NO + 2CO(NH_2)_2 + O_2 \longrightarrow 4N_2 + 2CO_2 + 4H_2O$$

不同还原剂有不同的反应温度范围，此温度范围称为温度窗。NH_3的反应最佳温度区为850～1100℃。当反应温度过高时，由于氨的分解会使NO_x还原率降低；另一方面，反应温度过低时，氨的逃逸增加，也会使NO_x还原率降低。

从SNCR系统逃逸的氨可能来自两种情况，一是由于喷入点烟气温度低影响了氨与NO_x的反应；另一种可能是喷入的还原剂过量或还原剂分布不均匀。

图7-2为一个典型的SNCR工艺流程图，它由还原储槽、多层还原剂喷入装置和与之相匹配的控制仪表等组成。

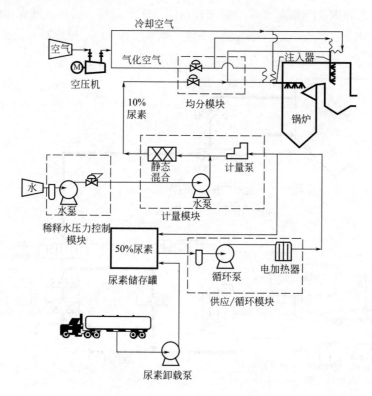

图7-2　SNCR工艺流程示意图

SNCR系统烟气脱硝过程是由下面四个基本过程完成：

① 接收和储存还原剂；

② 还原剂的计量输出、与水混合稀释；

③ 在锅炉合适位置注入稀释后的还原剂；

④ 还原剂与烟气混合进行脱硝反应。

7.7　SCR、SNCR烟气脱硝技术对比结果是怎样的？

SCR、SNCR烟气脱硝技术比较见表7-2。

项目	SCR 技术	SNCR 技术
还原剂	可使用 NH_3 或尿素	可使用 NH_3 或尿素
反应温度/℃	300～400	800～1250
催化剂	成分主要为 TiO_2、V_2O_5、WO_3 的全尺寸催化剂	不使用催化剂
脱硝效率/%	80～90	25～50
SO_2/SO_3 氧化	会导致 SO_2/SO_3 氧化,SO_3 浓度一般增加 2～4 倍	不导致 SO_2/SO_3 氧化,SO_3 浓度不增加
NH_3 逃逸/$\times10^{-6}$	3～5	10～15
对空气预热器影响	NH_3 与 SO_3 易形成 NH_4HSO_4 造成堵塞或腐蚀	不导致 SO_2/SO_3 的氧化,造成堵塞或腐蚀的机会为三者最低
系统压力损失	催化剂会造成压力损失	没有压力损失
燃料的影响	灰分会磨耗催化剂,碱金属氧化物会使催化剂钝化。AS、S 等会使催化剂失活。煤的灰分越高,催化剂的寿命越短,将显著影响运行费用	无影响
锅炉的影响	受省煤器出口烟气温度的影响	影响与 SNCR/SCR 混合相同
锅炉负荷变化的影响	跟随负荷变化非常困难	跟随负荷变化很容易
燃料变化的影响	对灰分增加和灰分成分变化敏感	无影响

7.8　NO$_x$ 气体危害有哪些？　应如何处理？

燃煤燃烧过程中排放的 NO$_x$ 气体是危害大且较难处理的大气污染物,它不仅刺激人的呼吸系统,损害动植物,破坏臭氧层,而且也是引起温室效应、酸雨和光化学反应的主要物质之一。我国是燃煤大国,开展对降低 NO$_x$ 排放的治理具有十分重要的意义。

国内外在降低锅炉 NO$_x$ 排放方面进行的工作大致可分为以下 3 个方面:

① 锅炉燃烧技术的改进;

② 无催化情况下向炉内喷氨水;

③ 有催化物的氨水喷射系统。

后两类技术都是在锅炉燃烧生成 NO$_x$ 以后,用氨来还原 NO$_x$。这不仅增加设备投资和运行维护费用,还可能引起预热器等锅炉尾部受热面的堵塞等。因此,要降低 NO$_x$ 的排放量,更有效的方法是改进炉内燃烧状况。

7.9　什么是空气分级燃烧？

燃烧区的氧浓度对各种类型的 NO$_x$ 生成都有很大影响。当过量空气系数 $\alpha < 1$,燃烧区处于"贫氧燃烧"状态时,抑制 NO$_x$ 的生成量有明显效果。根据这一原理,

把供给燃烧区的空气量减少到全部燃烧所需用空气量的70%左右，从而降低了燃烧区的氧浓度，也降低了燃烧区的温度水平。因此，第一级燃烧区的主要作用就是抑制NO_x的生成并将燃烧过程推迟。燃烧所需的其余空气则通过燃烧器上面的燃尽风喷口送入炉膛与第一级所产生的烟气混合，完成整个燃烧过程。

7.10　空气分级燃烧包括哪几种？

炉内空气分级燃烧包括：轴向空气分级燃烧（OFA方式）和径向空气分级燃烧。轴向空气分级将燃烧所需的空气分两部分送入炉膛：一部分为主二次风，占总二次风量的70%～85%；另一部分为燃烬风（OFA），占总二次风量的15%～30%。炉内的燃烧分为3个区域，即热解区、贫氧区和富氧区。径向空气分级燃烧是在与烟气流垂直的炉膛截面上组织分级燃烧的。它是通过将二次风射流部分偏向炉墙来实现的。空气分级燃烧存在的问题是二段空气量过大，会使不完全燃烧损失增大；煤粉炉由于还原性气氛而易结渣、腐蚀。

7.11　空气分级燃烧的方法有哪几种？

采用分级燃烧的方法有：

(1) 在配风方式上使煤粉气流与"二次风"气流的混合燃烧分为两个"区域"进行。在一次燃烧区内煤粉是在"缺氧"（一般控制空气系数 $n=0.7\sim0.75$）的工况下进行着火燃烧。一次燃烧区中未燃尽的煤粉颗粒（焦炭）与余下的燃烧空气（分级二次风）在二次燃烧区进行混合、燃尽。

(2) 燃烧器主风箱中设置一定数量的富裕喷嘴，当烟气中未燃物上升到排放标准以上时，分别投入运行。

(3) 控制送入炉膛的燃料和风量分配均匀，通过测量把燃料偏差控制在5%以内，风量偏差在10%以内，达到优化燃烧，降低NO_x的目的。

7.12　什么是烟气再循环？　存在的问题是什么？

该技术是把空气预热器前抽取的温度较低的烟气与燃烧用的空气混合，通过燃烧器送入炉内从而降低燃烧温度和氧的浓度，达到降低NO_x生成量的目的。存在的问题是由于受燃烧稳定性的限制，一般再循环烟气率为15%～20%，投资和运行费较大，占地面积大。

7.13　低NO_x燃烧器是如何抑制NO_x的生成的？

通过特殊设计的燃烧器结构（LNB）及改变通过燃烧器的风煤比例，以达到在燃烧器着火区空气分级、燃烧分级或烟气再循环法的效果。在保证煤粉着火燃烧的同时，有效地抑制NO_x的生成。如浓淡煤粉燃烧方式为：在煤粉管道上的煤粉浓缩器使一次风分成水平方向上的浓淡两股气流，其中一股为煤粉浓度相对较高的煤粉气流，含大部分煤粉；另一股为煤粉浓度相对较低的煤粉气流，以空气为主。

我国低NO_x燃烧技术起步较早，国内新建的300MW及以上火电机组已普遍采用LNBs技术。对现有100～300MW机组也开始进行LNB技术改造。采用LNB技术，只需用低NO_x燃烧器替换原来的燃烧器，燃烧系统和炉膛结构不需要做任何更改。

7.14　国外开发的低NO_x烧煤燃烧器有哪些?

国外开发的低NO_x烧煤燃烧器包括：

(1) 墙置式分级混合烧煤燃烧器（德国斯坦因缪勒公司生产）　燃烧器为圆形墙置式、前后墙对冲布置的轴向旋流燃烧器，从燃烧器中心管圆形截面流出的是中心二次风。燃烧器烧油时才投入中心二次风，烧煤时其中心二次风挡板几乎处于关闭状态。煤粉一次风气流是由环行截面喷入炉膛。除中心风外，下剩的二次风分成周界风和分级风两部分。周界风的环行喷口处于煤粉喷口的外侧，两者同心。分级风的喷口布置在燃烧器外围，该喷口可以是圆形的也可以是缝隙式。分级风用挡板进行调节。煤粉一次风和周界风在燃烧器出口附近形成一个低于理论空气量运行的一次燃烧区。而分级风以分股射流的方式从一次火焰外部喷入燃尽区，保证了煤粉的完全燃烧。

Weihen电站0.7万千瓦燃煤锅炉改装为分级混合燃烧器后，满负荷运行时，当分级风接近关闭时，测得锅炉的NO_x排放量为550mg/m³，投用分级风后，当控制一次燃烧区的空气系数为$n_1 = 0.9$时，NO_x排放量为335mg/m³，约减少了40%；当$n_1 = 0.75$时，NO_x排放量为270mg/m³，约减少了50%。

(2) 多股火焰燃烧器［美国福斯特惠勒（FW）公司生产］　该燃烧器采用两层二次风，煤粉一次风气流经环行通道喷出四股射流，每股射流各自形成火焰。此燃烧器一次风的多股喷射和二次风的双层配风方式，能保证在喷口6.83～3.05m的范围内，燃烧区的空气量维持在60%～70%的理论空气量。预期的锅炉的NO_x排放量为0.2lb/10⁶Btu（150～155mg/m³）。

(3) DMB燃烧器［美国能源和环境研究所（EER）生产］　具有3个同心的环行喷口中心煤粉一次风喷口和内外层双调风器的二次风喷口。以上3个喷口供给的风量总和为70%的理论空气量。另外，在燃烧器的周围布置了几个空气喷嘴，引入的三次空气量使锅炉炉膛具有20%的空气过剩量，用以保证煤粉颗粒的燃尽。预期的锅

炉的 NO_x 排放量为 0.45lb/10^6Btu。

(4) SGR 煤粉燃烧器（日本三菱重工生产） 其结构是煤粉一次风喷嘴与辅助二次风喷嘴相间布置，与传统的切向燃烧器相比，SGR 煤粉燃烧器在结构上具有如下特点：

① 在煤粉喷嘴的上下方各布置一个再循环烟气分隔（SGR）喷嘴，通过 SGR 喷嘴向炉膛喷入再循环烟气。

② 由于 SGR 喷嘴的存在，使煤粉隔仓和辅助三次风的间距加大。

③ SGR 的煤粉喷嘴出口是渐扩型，用以保证煤粉气流靠近喷嘴出口发生着火，并起着稳定火焰的作用。

④ SGR 射流对一次、二次风射流的分隔作用，把煤粉的燃烧过程分为两个燃烧区，它的 NO_x 排放量是一次燃烧区生成的（NO_x）p 和二次燃烧区生成的（NO_x）s 的总和。预期锅炉的 NO_x 排放量为 0.2lb/10^6Btu（150～155mg/m^3）。

(5) HTNR 低 NO_x 烧煤烧器（荷兰拔伯葛-日立公司生产） HTNR 燃烧器的火焰能提供使主燃区生成的部分 NO_x 在火焰中再度被还原的必要条件，从而降低火焰中的 NO_x。

(6) 切向燃煤 PM（polution minimun）**燃烧器**（三菱重工研制） 三菱重工研制的切向燃煤 PM 燃烧器，PM 燃烧器的关键部位是分离器，它由靠近燃烧器的一次风管的一个弯头及两个喷口组成。煤粉气流流过分离器时进行简单的惯性分离，富粉流进入上喷口，贫粉流进入下喷口，实行浓淡分离。此外，如果在 PM 燃烧器上部设置顶部燃尽风喷口，使 PM 燃烧器区域处于富燃区，顶部燃尽风喷口处于燃尽区，形成分级燃烧，可使 NO_x 进一步降低。所以，PM 燃烧器实际上是集烟气再循环、分级燃烧和浓淡燃烧于一体的低 NO_x 燃烧系统。这种燃烧器的 NO_x 生成量较 SGR 燃烧器的低，比常用的直流燃烧器煤粉火焰更低，因而称为污染物最少型燃烧器。据报道，PM 燃烧器的 NO_x 值为：烧气为 30mg/m^3，烧油为 80mg/m^3，烧煤为 150mg/m^3。与常规燃烧器相比，PM 燃烧器可使 NO_x 的生成量减少 60%。

(7) A-PM 燃烧器（三菱重工研制） A-PM 燃烧器主要的特征为：用内置式煤粉浓淡分离器，形成煤粉浓淡分布，大宽度燃烧器，分割式燃烧器风箱代替常用的整体式燃烧器风箱，减少燃烧器喷嘴数。

其原理是希望在 PM 燃烧器基础上进一步降低 NO_x。在燃烧器着火区，一次风煤粉浓淡分离后，把浓粉气流集中分布在外侧，并增大燃烧器宽度来增加从周围吸收热量，目的是实现低空气比和高温环境；在燃烧器到燃尽区，除了要低的空气比和提高温度，还要求风粉混合良好，并加长停留时间，采取的措施是将燃烧器风箱分割开使炉膛高度方向的空气分割，来实现炉内流动的最佳化，并扩大 NO_x 还原区；燃尽区以后，要求低温、低空气比，而且还得防止产生高飞灰含碳可燃物，因此需特别均匀地降低炉内空气比，使氧气扩散均匀。

7.15 煤粉再燃燃烧技术的机理是什么?

燃料燃烧过程中,将燃烧分成 3 个区域:一次燃烧区,为氧化性或稍还原性气氛;在第二燃烧区,为还原性气氛,将二次燃料送入,则生成 CH 基团,这些基团与一次燃烧区内生成的 NO 反应,最终生成 N_2;这个区域通常称为再燃烧区,二次燃料又称为再燃燃料,最后送入二次风,使燃料完全燃烧,因此,成为燃尽区,这就是再燃烧技术的机理。

7.16 再燃燃料是如何选取的?

根据再燃的原理,再燃区的还原性气氛中最利于 NO_x 还原的成分是烃(CH_i),因此,选择二次燃料时应采用能在燃烧时产生大量烃根而又不含氮类的物质。丙烷和其它燃料相比,能最有效地降低 NO_x,这是因为丙烷能产生大量烃根而没有额外的氮类成分。而在所有燃料中,氢气降低 NO_x 的效果最差,因为它本身不能产生烃根。显然,天然气是最有效的二次燃料。研究还表明,气态烃燃料还原 NO_x 的能力随着烃分子中碳原子数目的增加而增加,因此,气态烃是最好的二次燃料。

再燃燃料作为二次燃料,一般是在还原性气氛中燃烧,对于锅炉炉膛来说,一般都是在炉膛的燃烧区的上部,因此,再燃燃料必须易着火,易燃尽。

7.17 三次风煤粉是否可以作为再燃燃料?

三次风煤粉作为再燃燃料的可能性分析,改进的成本、运行的安全性都不方便。根据测试发现,三次风煤粉粒度比一次风煤粉粒度明显要小(见表 7-3 所示),易着火,易燃尽,比较适合再燃燃料的要求。

⊡ 表 7-3 三次风煤粉与一次风煤粉粒度比较

项目	一次风煤粉	三次风煤粉
平均粒度/μm	21.34	13.5

另外,对于锅炉膛内的燃烧工况而言,当三次风投入时,相当于增设了顶部燃烧区,实行分级燃烧,在燃烧器区域形成富燃区,三次风喷嘴附近形成燃尽区,使排放量降低,此外,含粉三次风还可起到还原已生成 NO_x 的作用,使 NO_x 进一步下降。当然,使用三次风细粉再燃降低 NO_x 的方法也会出现一定的问题,如磨煤乏气中煤粉燃烧火焰长度不足,飞灰可燃物含量增加,火焰中心上移,引起出口结渣,过热器超温等不良现象。

但是通过改造三次风将其作为再燃燃料送入炉膛,实行再燃烧技术还是值得研究的。由于三次风含粉量较少（占总粉量的 $10\%\sim15\%$），为满足再燃区过量空气系数 $\alpha_2<1$ 的要求，必须对三次风进行浓缩。只要浓缩后的三次风喷入炉膛后，形成富燃料的二次燃烧区（即再燃区），就可生成大量 CH 基团，这些基团与主燃烧区生成的 NO_x 发生反应，最终生成 N_2，即可降低 NO_x 的排放量。这就是说，将原有的燃烧方式改造成再燃燃烧方式。这对我国大量的中间储仓式热风送粉锅炉是值得考虑的。

7.18 我国脱硝技术的性价比是怎样的?

5 种脱硝技术的性价比较见表 7-4。从表 7-4 中可看出，低 NO_x 燃烧技术的脱硝效率仅有 $25\%\sim40\%$，单靠这种技术已无法满足日益严格的环保法规标准。对我国脱硝而言，采用烟气脱硝技术势在必行。

⊡ 表 7-4　脱硝技术的性价比较

所采用的技术	脱销效率/%	工程造价	运行费用
低 NO_x 燃烧技术	25~40	较低	低
SNCR 技术	25~40	低	中等
LNB+SNCR 技术	40~70	中等	中等
SCR 技术	80~90	高	中等
SNCR/SCR 混合技术	40~80	中等	中等

7.19 声波清灰技术在 SCR 脱硝反应器中的应用工况是怎样的?

由于燃煤电厂烟气中的飞灰含量普遍较高，烟气进入 SCR 反应器后，在反应器的进出口、催化剂表面、内部钢结构表面会产生不同程度的积灰。

积灰的危害主要表现在降低催化剂效能、阻滞烟气流通、增加反应器重量以及系统阻力等。具体如下：

(1) 飞灰附着在催化剂的表面，飞灰中的 CaO 与 SO_3 反应生成 $CaSO_4$，催化剂表面被 $CaSO_4$ 包围，将催化剂与烟气隔绝开，阻止了反应物向催化剂表面及内部扩散，使催化剂的效能下降。

(2) 飞灰附着在反应器内部的其它结构上，时间久了结为块状，降落在催化剂上，会堵塞催化剂表面的小孔，引起催化剂钝化，同样影响催化剂效能的发挥，同时阻碍了烟气的流通。

(3) SCR 反应器内积灰会增加反应器重量及系统中压力阻力，系统阻力增大对后续空预器及除尘器将产生不利影响，使除尘器运行阻力相应增大，风机功耗增大。

(4) 积灰的清除耗费不必要的维修人力及材料费用，造成生产停工周期延长，以及两次检修之间的运行时间缩短等问题。

因此，为防止 SCR 反应器内积灰，需采取有效的清灰方式。

7.20 什么是声波清灰技术？

声波清灰技术是国际和国内清灰领域的一项成熟技术，它以 0.5MPa 的压缩空气为动力源，使声能器内部的高强度钛合金膜片自激振荡，并在谐振腔内产生振动，将压缩空气的势能转换成低频声能，发出低频、高能的声波，通过扩声筒放大，由空气介质把声能传递到相应的积灰点，直接作用于灰尘的分子结构内，使灰尘分子间积聚力由紧密变为疏松，在重力或流体介质媒体的作用下脱离附着体表面，达到有效清灰的目的。

针对脱硝反应器开发的专用声波清灰器可使堆积在催化剂表面的粉尘松脱，这样气流就可以将粉尘带走。其声波频率远高于设备结构的共振频率，也不会损害催化剂，经常开启声波清灰装置，可以使催化剂免于堵塞，通过合理安排声波清灰的周期，灰量处于稳定的低水平。其技术特点如下：

(1) 声波清灰是预防性的清灰方式，阻止灰渣在催化剂表面形成堆积，保持催化剂的连续清洁，最大限度、最好地利用催化剂对脱硝反应的催化活性。

(2) 声波清灰对催化剂没有任何的毒副作用，长期的运行不会影响催化剂失效，且没有对催化剂发生腐蚀和堵塞的危险。

(3) 声波清灰器是非接触式的清灰方式，对催化剂没有磨损，可有效延长催化剂使用寿命，并降低 SCR 的维护成本。

(4) 设备结构简单，声波一旦进入 SCR 反应器内，通过反射、绕射、透射、折射作用能自动地传播到需要除灰的空间部位，无需庞大复杂的伸缩、旋转机构，所以设备成本远低于传统的除灰器。

(5) 运行维护费用低。声波清灰器没有旋转部件，设备本体为不锈钢材质，使用寿命在 10 年以上，发声器的钛金属膜片使用寿命一般都在 2 年以上。

(6) 对设备和人体健康安全无伤害。声波频率段避开了 SCR 反应器设备结构的固有震动频率，因声波激励而产生的设备结构震动很小；不会产生机械磨损。

7.21 SCR 脱硝工艺中氨逃逸监测的重要性是什么？

SCR（selective catalytic reduction）选择性催化还原法是国际上成熟的燃煤电厂脱硝工艺，原理是利用还原剂在催化剂的作用下选择性的与烟气中的 NO_x 发生化学反应生成 N_2 和 H_2O 的方法：

$$NO + NO_2 + 2NH_3 \longrightarrow 2N_2 + 3H_2O$$

还原剂：液氨、尿素或氨水

催化剂：$V_2O_5\text{-}WO_3/TiO_2\text{-}SiO_2$

但是即使 SCR 工艺中 NH_3 的喷入量不过量，也不可能完全反应，总有一部分没有被反应的 NH_3 逃逸出催化剂层，另外，由于催化剂的安装不密封，也有可能部分的 NH_3 随着烟气从催化剂层的连接缝隙处逃逸出催化剂层。

对于燃煤电厂而言，逃逸氨最大的危害在于逃逸氨与烟气中的 SO_3 发生反应：$NH_3 + SO_3 + H_2O \Longrightarrow NH_4HSO_4$，$NH_4HSO_4$ 简称 ABS，ABS 在一定的温度区间内呈液态，并具有黏性特征，而 SCR 后的空预器恰巧在这一温度区间内，液态的 ABS 附着在空预器的表面，并吸附烟气中的粉尘，造成空预器的前后压差增大，严重的情况是造成空预器堵塞。空预器压差增大甚至堵塞会严重危害锅炉的运行安全，电厂必须停炉清洗空预器，故造成很大的经济损失。

研究表明，当氨逃逸超过 $3mL/m^3$ 后，空预器就容易发生堵塞。ABS 的产生也受 SO_3 浓度的影响，SO_3 大部分来自 SO_2 的转化，SCR 催化剂的应用也提高了 SO_2 的转化率。氨逃逸量和 SO_3 的浓度决定了 ABS 的生成温度区间。以下是 NH_3 和 SO_3 的生成 $(NH_4)_2SO_4$(AS) 和 NH_4HSO_4(ABS) 生成温度区间：

值得注意的是由于在实际电厂工况下，逃逸氨的量总是小于 SO_3 的量，所以铵盐是以 ABS 的形态出现。从图 7-3 可以看出，ABS 的生成温度区间基本上就是空预器的温度区间。

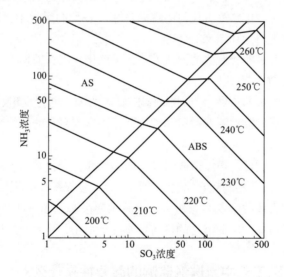

图 7-3 ABS 的生成温度区间

如上所知，准确并且全面地监测 SCR 工艺后的氨逃逸浓度极其重要，只有准确并且全面地监测氨逃逸浓度才能给 SCR 的优化提供科学的数据。

7.22 中国燃煤电厂 SCR 监测氨逃逸的难点是什么？

对于燃煤电厂，由于空预器的 ABS 现象，监测氨逃逸必须是在空预器之前。空预器布置在除尘和脱硫之前。燃煤电厂的工艺布置如图 7-4 所示。

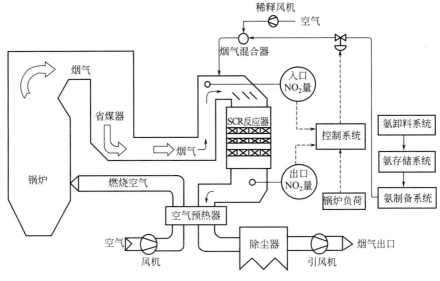

图 7-4　燃煤电厂的工艺布置

烟气中粉尘量通常高达 $20\sim50\text{g/m}^3$，相当数量的电厂粉尘量高达 50g/m^3 以上。而美国电厂的粉尘量通常在 10g/m^3 以下。

烟气温度高。烟气温度通常在 $350\sim400℃$，这也是 SCR 催化剂的工作温度。

烟道为 1cm 的厚钢板矩形结构，通常对于一个 600MW 机组，烟道为 A 和 B 双烟道布置，矩形界面的长和宽通常为 8m 和 5m。锅炉负荷的变化会导致烟气温度、压力和流量的变化，这种矩形钢板结构的烟道会产生相应的形变。目前国际上主流的氨逃逸监测是基于 TDLAS（可调式二极管激光吸收光谱）技术的原位对射式（in-situ）氨逃逸分析仪，代表品牌有西门子的 LDS6，挪威 NEO 的 LaserGas Ⅱ SP，加拿大 UNISEARCH（优胜）公司的 LasIR（SPSO）等。另外还有德国 SICK 的 GM700探杆式激光氨气分析仪和日本 Horiba 以及美国热电的基于稀释法和化学发光 NO$_x$ 分析仪的氨逃逸分析系统。

但是众多的国际品牌在实际应用中都出现各种各样的问题，尤其在中国燃煤电厂的工况下，鲜有运行良好的，大多数分析仪甚至完全成为摆设。总结来说存在如下问题和检测难点：

(1) 烟气粉尘太大的问题　烟气中高达 $20\sim50\text{g/m}^3$ 的粉尘导致对射式（in-situ）的激光气体分析仪的激光不能够穿透整个烟道，有时在安装调试时能够穿透烟道，但是当锅炉负荷增大时，激光光束就不能通过，导致检测中断。另外锅炉吹灰也会导致激光光束不能通过。对于探杆式的激光分析仪，由于依靠烟气渗透进入探杆的过滤管，在如此高的粉尘下，探杆过滤管也容易堵塞，维护量很大。

(2) ABS 的问题　燃煤电厂的 SO$_3$ 含量通常都在 50mL/m^3 以上，有些电厂由于使用高硫煤，SO_3 的含量甚至高达 200mL/m³。SCR 中使用的催化剂含有 V_2O_5 成分也对 SO_2 转化到 SO_3 起到催化作用，也导致了 SO_3 含量的提高。根据 ABS 形成温度区间表可知，当氨逃逸 3mL/m³，SO_3 在 50mL/m³ 到 100mL/m³ 之间时，ABS 的生成温度在 220～230℃之间。对于传统的抽取式分析系统而言，采样管线和检测池很难加热到如此高的温度，并且在采样环节上任何细小位置的温度低于此温度区间都会导致 ABS 的生成，导致氨气损失甚至完全消失。

(3) 氨逃逸检测灵敏度不够的问题　对于激光光谱分析仪而言，NH_3 的吸收光谱随着温度的提高吸收峰会减弱，灵敏度会随之降低。在 350～400℃的烟气温度下，每米光程的灵敏度大约在 $1.5×10^{-6}$，对射式激光表由于烟气粉尘过大通常会安装在烟道对角位置，把光程控制在 1～2m 之内，这样氨逃逸的检测灵敏度最好的情况也只能达到大约 $1×10^{-6}$，这对于 $0～3×10^{-6}$ 的氨逃逸检测范围来说，显然灵敏度是不够的。对于稀释法的化学发光 NO_x 分析仪法的氨逃逸分析系统而言，由于氨逃逸本身含量很低，通过 10～100 倍的稀释以及氨气转换炉的转化损失以及采样管路的损失，基本上很难检测到 $3×10^{-6}$ 以下的氨逃逸。

(4) 氨逃逸分析仪的校正问题　对于标气公司，基本上不能提供 $10×10^{-6}$ 以下的准确氨气标准气体，另外对于对射式激光分析仪而言，也很难进行在线校正。

(5) 逃逸氨在烟气中分布不均的问题　逃逸氨的分布不均是造成空预器堵塞的主要原因之一。原因来自喷氨喷嘴的故障以及喷嘴分布，也有来自催化剂层的安装不严密，导致烟气没有通过催化剂层而进入下游烟道。逃逸氨分布不均的严重情况是一两米的间隔逃逸氨相差几倍甚至几十倍。无论是对射式激光表的平均浓度还是单点抽取式都不能很好地反映真实的氨逃逸分布，从而给 SCR 的喷氨优化造成困难。

7.23　基于 PIMs 技术的氨逃逸多点监测系统是在什么背景下研发的?

由于原有的射式激光光谱氨逃逸分析仪无法满足中国电厂的工况，尽管也采用了一些改进措施，比如在烟道内搭设半圆管阻挡粉尘等措施，但是都不能根本性地解决问题。基于近百套对射式氨逃逸分析仪的应用教训，研发了新一代的基于伪原位检测系统 PIMs（pseudo in-situ measurement system）光学端的激光光谱氨逃逸分析仪系统。目前 PIMs 系统已经成熟，根本性地解决了氨逃逸检测的诸多问题。2014 年，PIMs 技术在美国、加拿大、欧盟、中国获得发明专利。

7.24　基于 PIMs 技术的氨逃逸多点监测系统的工作原理是什么?

PIMs 集成了所有的高温采样、光学检测组件于一体，直接安装在烟道上，不同于传统的抽取式检测系统，PIMs 没有传统的采样管线，烟气被直接抽取到高温多次反射检测池并返回烟道，形式上和功能上近似于原位检测（in-situ measurement），所以称为伪原位检测（pseudo in-situ measurement）。PIMs 示意图如图 7-5。

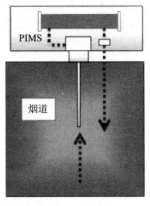

图 7-5　PIMs 示意图

7.25　PIMs 的核心技术是什么？

PIMs 的核心技术之一是镜片隔离的多次反射光学检测池，与众不同的是 PIMs 多次反射镜面并不与烟气接触，避免了传统的多次反射池的反射镜片污染和温度/压力变化导致的多次反射光束偏移。示意图如图 7-6 所示。

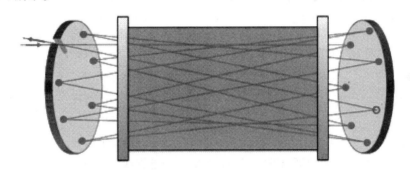

图 7-6　镜片隔离的多次反射光学检测池示意图

PIMs 的多次反射池的光程并不是固定不变的，可以根据现场的要求在 $10\sim30m$ 范围内调节。由于光程相对于对射式光学端提高了 $10\sim20$ 倍，PIMs 的氨逃逸检测灵敏度也提高了 $10\sim20$ 倍，灵敏度达到 0.1×10^{-6}。

PIMs 的另一个核心技术是其独特的采样设计，PIMs 抛弃了传统的抽取式系统设计，采样气体通过探杆直接进入过滤腔，过滤后的气体直接进入多次反射检测池，检测池出来的气体直接返回到烟道。采样管线几乎为 0，并且气体接触部分在 300℃ 以下温度可调。PIMs 的这种独特的设计最大限度地保证了采样烟气与原烟气的工况一致，并且是一种热湿法采样，并不去除水汽，只去除粉尘。PIMs 最大限度保证了烟气采样过程中没有 ABS 的生成，避免了逃逸氨的采样损失。PIMs 的检测响应时间可以控制在 3s 以内，近似于原位检测（in-situ measurement）的响应时间。实际上，PIMs 的这种快速响应更加适合于工艺流程检测需要，是替代原位检测的一种独特技术。

PIMs 的过滤器反吹系统可以通过 R 系列分析仪设定反吹时间和频率，即使在 $100g/m^3$ 的粉尘工况下，也能保证探杆和过滤器不堵塞，过滤系统的维护量小。

PIMs 氨逃逸检测系统的另一个核心技术是整套系统的免标定技术，PIMs 系统并不需要用户通过氨气标准气体对系统进行定期标定。免标定技术是通过 LasIR R 系列激光光谱分析仪来实现的，R 系列激光光谱分析仪内置了密封的氨气标准气体，用户可以通过分析仪的 LasIR view 软件设定系统的零点（zero）和跨度（span）来定期考核。本质上，Unisearch 的激光分析仪能实现零点和跨度无系统漂移，除了内置标准气体外，真正的原因是 Unisearch 的激光光谱分析仪采用的是直接吸收法（DI：Direct Absorption）TDLAS 技术，而不是通常的二次谐波法（2F）的 TDLAS 技术。

图 7-7 是用户自定义的利用内置标准氨气进行的零点和跨度考核数据截图：

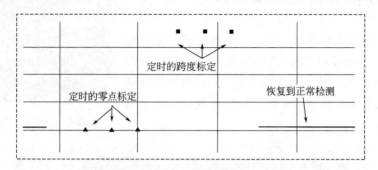

图 7-7　用户自定义的利用内置标准氨气进行的零点和跨度考核数据截图

本质上 PIMs 是一种独特光学检测终端，PIMs 直接安装在烟道，通过光缆/同轴电缆与分析小屋的 LasIR R 系列多通道激光光谱分析仪连接，构成一套完整的氨逃逸监测系统。LasIR R 系列分析仪发出的激光通过光缆到达 PIMs 光学端，激光在 PIMs 的检测池内多次反射后到达检测器，检测器将光信号转换成电信号通过同轴电缆传输回 R 系列分析仪，分析仪通过光谱分析仪，计算出逃逸氨的浓度。

R 系列多通道分析仪在 1～16 通道都能提供，可以连接多个 PIMs 终端组成多点氨逃逸监测系统。由于多个 PIMs 都是独立的检测单元，所以多点能够同时进行监测，并且分析仪对应每个通道都有独立的 4～20mA 输出。值得注意的是，多点的检测浓度值最终并不进行平均，而是将多点的检测浓度值传输至电厂 DCS，提供给 SCR 进行喷氨优化。

这种多点监测系统最大可能地反映了烟道中逃逸氨的分布情况，对于 SCR 的喷氨优化以及催化剂的区域活性检测非常有意义。

图 7-8 是一个以四通道 PIMs 系统为例的示意图。

图 7-8　四通道 PIMs 系统

可以从示意图中看出，这种四点检测系统可以大致地反映出烟道截面各个区域的氨逃逸分布。国际上通常也是通过这种多点监测解决逃逸氨的不均匀性问题。

7.26 什么是 TDLAS 技术？

PIMs 氨逃逸检测系统除了 PIMs 技术以外，另一个核心是基于 TDLAS 技术的 R 系列激光光谱分析仪。

TDLAS 技术原理：TDLAS（tunable diode laser absorption spectroscopy，可调式二极管激光吸收光谱）技术的核心是使用近红外二极管激光器作为光源，通过实时改变激光器的温度以及注入电流产生高频窄波段的激光扫描，激光器产生的窄波段扫描激光束通过光纤传输到检测光学端，在光学端激光束穿过被检测气体后被聚焦到光电检测器，光电检测器将吸收光谱电信号通过同轴电缆传输回分析仪，分析仪通过对扫描吸收光谱的分析计算得到检测气体的浓度。

TDLAS 技术基于气体对特定波长光谱的选择性吸收原理来获得气体的吸收光谱，定量分析上基于 Lambert Beer 定律：

$$I = I_0 \exp(-\sigma c l)$$

式中　I——被吸收后的光强度；

　　　I_0——吸收前的光强度；

　　　σ——吸收截面；

　　　c——吸收物质的浓度；

　　　l——光程路径长度。

基于 TDLAS 技术的 LasIR R 系列气体分析仪可检测如下气体：HF、HCl、H_2S、NH_3、HCN、H_2O、D_2O、HDO、CH_4、CO、CO_2、O_2……

TDLAS 的技术核心是通过对单一气体吸收峰做窄带的高频扫描，由于激光光源的光谱宽度可精细到 0.0001nm，所以通过电流和温度调节，可以在极小的范围内对单一吸收峰进行扫描，从而避开了邻近其它气体吸收峰的干扰，可以做到真正意义上的无背景气体交叉干扰。

UNISEARCH 公司在 2000 年弃用了原来的二次谐波法（2F）TDLAS 技术，而采用了直接吸收法（DA）的 TDLAS 技术，直接吸收法 TDLAS 技术最大的优势在于可以借助目标气体参比池锁定目标气体吸收峰，真正实现分析仪无系统漂移。这种直接吸收法技术优势在 HF、HCN、HCl、NH_3、H_2S 等有毒气体监测中表现尤其明显。UNISEARCH 公司的 HF 分析仪在全世界的电解铝厂 HF 监测中占有绝对的份额，其中主要原因是由于 UNISEARCH 的 HF 分析仪无需用户使用 HF 标气进行标定。UNISEARCH 公司的 TDLAS 技术的另一个特点是使用光纤输出激光器，使用光纤输出的激光器可以将分析仪配置成多通道的分析仪系统，实现现场的多点同时检测。

7.27 600MW 机组 SCR 脱硝系统应用案例

某发电有限责任公司脱硝系统采取选择性催化还原（SCR）法去除烟气中的 NO_x。还原剂采用纯氨（纯度≥99.6%），由液氨槽车运送液氨，利用卸料压缩机，将液氨从槽车输入液氨储罐内，并依靠自身重力和压差将液氨储罐中的液氨输送到液氨蒸发槽内利用辅汽提供的热蒸发为氨气，后经与稀释风机鼓入的空气在氨/空气混合器中混合后，送达氨喷射系统。在 SCR 入口烟道处，喷射出的氨气和来自锅炉省煤器出口的烟气混合后进入 SCR 反应器，SCR 反应器采用高灰型工艺布置（即反应器布置在锅炉省煤器与空气预热器之间），通过催化剂进行脱硝反应，最终从出口烟道至锅炉空预器，达到脱硝目的。整套脱硝装置主要由 SCR 反应区和氨站区两个区域组成。脱硝 SCR 工艺系统（单侧）布置见图 7-9。

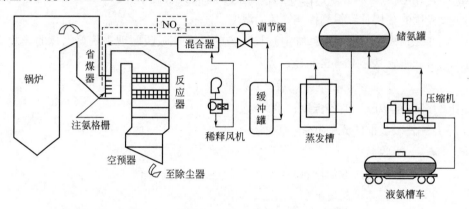

图 7-9 脱硝 SCR 工艺系统（单侧）布置图

脱硝系统布置在锅炉省煤器和空预器之间的位置。根据锅炉机组现状，SCR 反应器系统按一台机组配置两台脱硝反应器，烟道分两路从省煤器后接出，经过垂直上升后变为水平，接入 SCR 反应器，反应器为垂直布置，经过脱硝以后的烟气经水平烟道接入空预器入口烟道。

选择性催化还原法（SCR）是利用氨（NH_3）对 NO_x 的还原功能，使用氨气（NH_3）作为还原剂，将体积浓度为 5% 的氨气通过氨注入装置（AIG）喷入温度为 280~420℃ 的烟气中，在催化剂作用下，氨气（NH_3）将烟气中的 NO 和 NO_2 还原成无公害的氮气（N_2）和水（H_2O），"选择性"的意思是指氨有选择地进行还原反应，在这里只选择 NO_x 还原。

催化剂是整个 SCR 系统的核心和关键，催化剂的设计和选择是由烟气条件、组分来确定的，影响其设计的三个相互作用的因素是 NO_x 脱除率、NH_3 的逃逸率和催化剂体积。

上述脱硝反应是在反应器内进行的，反应器布置在省煤器和空气预热器之间。反应器内装有催化剂层，进口烟道内装有氨注入装置和导流板，为防止催化剂被烟尘堵塞，每层催化剂上方布置了吹灰器。SCR脱硝反应所需的还原剂氨气，可以通过液氨、氨水及尿素三种化学药品获取。在能保证药品正常供应的情况下，优先选择液氨作为还原剂。

本工程烟气在锅炉省煤器出口处被平均分为两路，每路烟气垂直布置的SCR反应器，经过均流器后进入催化剂层，每台锅炉配有二个SCR反应器，经过脱硝以后的烟气直接接入空预器入口烟道，然后经空预器、电除尘器、引风机和脱硫装置后，排入烟囱。在进入烟气催化剂前设有氨注入的系统，烟气与氨气充分混合后进入催化剂反应，脱去NO_x。锅炉SCR区供氨系统阀门布置如图7-10所示。

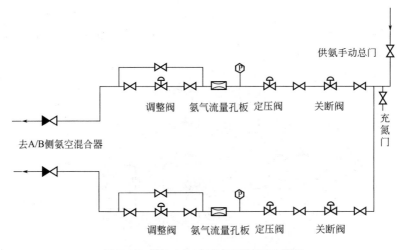

图 7-10　锅炉 SCR 区供氨系统阀门布置图

7.28　分析上述脱硝系统 SCR 区供氨压力下降的原因及解决方法是什么?

脱硝系统运行中，遇到了一些较为重大的难点问题，通过认真分析，查阅资料等大量工作，解决了遇到的问题，保证了脱硝系统的稳定达标运行。

（1）异常过程及现象　某年冬季，锅炉脱硝SCR系统发生多起管道阀门堵塞异常，主要异常情况整理如表7-5。

▫ **表 7-5　多次氨气压力下降主要异常情况**

序号	主要现象	采取措施	处理结果	备注
1	供氨压力从正常的85kPa降至20kPa以下	就地手动开关,活动供氨关断门	恢复正常	
2		活动阀门无效,检修更换定压阀		发现阀芯有黑色粉末异物
3		提高氨区供氨压力,强制吹扫		未解体管道及阀门
4		拆除阀门疏通阀芯;压缩空气进行管道吹扫		发现阀芯及管道内壁有一定数量的黑灰色粉末

(2) 杂质样品化验分析　现场检查自立式调压阀阀芯及后面管道中均发现粉末状杂物，从异常处理过程可以看出，供氨管道中有杂物，氨气流速降低，杂质堵塞供氨系统的节流处（速关阀、定压阀阀芯等处），导致供氨不畅，SCR区供氨压力下降。弄清楚杂质来源是解决问题的关键。

1）电厂初步分析。电厂技术人员和化验人员对杂质进行初步分析，结果如下。

① 外观分析。从供氨管道和阀门中取出的杂物图片如图7-11所示。取出的杂质颜色有黑色和土黄色两种，除杂质的干湿度有不同之外，外观基本一致，均成粉末或结块形状，结块可碾碎，均有明显臭味和氨气刺激味。

② 杂质磁性分析。通过磁铁试验（见图7-12），发现该杂质能够被磁铁吸附，说明其中含有铁物质或铁的氧化物。

(a) 黑色黏湿杂质

(b) 较干杂质

图7-11　从供氨管道和阀门中取出的杂物图片

图 7-12　杂质磁铁试验过程

③ 杂质溶水性分析。在电厂化验室中，取少量杂质溶于水中，搅拌均匀后就在水中沉淀，出现明显分层，说明该杂志不溶于水。

2）电科院分析结果。现场提取的杂质样品进行成分分析，氧化物含量分析结果见表 7-6。

⊡ 表 7-6　对样品氧化物含量分析

成分	K_2O	Na_2O	CaO	MgO	Fe_2O_3	CuO	ZnO	SiO_2	P_2O_5
含量/%	0.00	0.04	0.00	0.22	51.26	0.05	0.08	0.00	0.00

从上述样品氧化物含量分析结果看，其中主要氧化物为 Fe_2O_3。

7.29　上述系统氨管道内产生异物的原因是什么？

该发电公司脱硝系统发现氨气管道堵塞的异常后，针对该公司的实际情况对可能的原因进行了分析排查，采取了有针对性的措施，具体如下。

（1）液氨品质问题　如果采购的液氨本身含有杂质，那么必然会造成液氨蒸发区和氨气管道中带有杂质，堵塞管道。华东某发电公司发生过因液氨品质问题导致氨蒸发区调整门门芯堵塞的异常，经过更换液氨厂家，问题得到解决。该公司一直采用同一厂家的液氨产品，经厂家化验，液氨纯度＞99.6％，残留物含量＜0.04％符合要求，结合本次异常前的运行情况，基本可以排除液氨来源问题。

（2）管道安装残留物问题　脱硝系统管道在安装时均采取封堵措施，投运前进行吹扫和氨气置换，有粉末状残留物存留的可能不大。但华东某发电厂发生过因为管道和氨罐中有残留物运行中堵塞阀门门芯的异常，取样样品外观与该公司取样样品明显有异，基本可以排除残留物的问题。

（3）管道材质的影响　该发电公司氨存储区、蒸发区和 SCR 区内主要管道设计施工上均采用碳钢管。本次管道堵塞杂物样品的化验结果也表明，碳钢氨管道和氨发生腐蚀形成铁的氧化物的可能性较大，同时结合某些氨泄漏事故分析结论，考虑到碳钢的耐腐蚀性不强，为防止碳钢管道因酸腐蚀尤其是焊口等高应力部位因腐蚀而发生泄漏，公司决定利用年终机组小修机会对氨管道进行更换。

(4) 环境温度的影响 通过对发生 SCR 区氨气管道堵塞时间段的各相关参数分析，发现近期恰逢秋冬交替，环境温度出现明显下降，夜间最低温度接近于 0℃。同时，SCR 区氨气管道布置在炉外露天场所，平台处风力较大，氨气在氨蒸发器出口温度最低在 40℃以上，SCR 区氨气温度最低降到 10℃以下。环境温度的明显下降，供氨管道外壁结露严重有可能造成氨气密度增大流速相对降低，如果氨气管道中有一定的粉末状杂质，对其携带能力下降，极易在阀门阀芯等节流明显的部位形成沉积，最终导致堵塞，出现供氨压力、流量下降的异常。

7.30　对上述问题采取的措施有哪些？

基于对氨管道内出现异物的可能原因分析及排除，该发电公司采取了如下措施：

(1) 向环保局申请退出脱硝系统，对整个氨管道采取分段对空压缩空气吹扫，彻底清除管道内杂质及异物。

(2) 对 SCR 区供氨阀门门芯进行疏通及清理，部分阀门更换新阀门。

(3) 对 SCR 区主要管道、阀门采取加棉被等临时保温的措施，同时对 SCR 区域平台加装了临时挡风墙加强了保温；并计划利用检修机会对 SCR 区管道增加蒸汽伴热系统。

(4) 利用年底机组检修机会，更换了从氨罐第一道法兰至 SCR 区氨气空气混合器之间所有的液氨、气氨管道，更换为耐腐蚀性更好的不锈钢管道。

(5) 安排专业技术人员继续进行对氨管道内产生异常的情况跟踪分析，并持续关注国内兄弟单位相似情况的处理及解决方法。

通过采取上述措施，该公司脱硝系统氨管道内产生异物堵塞管道的异常得到了控制，脱硝系统运行恢复正常。

7.31　如何对上述脱硝系统进行优化运行？

(1) 锅炉燃烧优化 通过对脱硝系统 SCR 采集数据的分析，在机组投产后的运行过程中脱硝系统每天进口 NO_x 含量平均为 $495mg/m^3$，远超出了锅炉厂的设计浓度（$350mg/m^3$），且随机组负荷上下波动大。锅炉燃烧优化前机组负荷与反应器进口 NO_x 含量关系如图 7-13 所示。

影响脱硝系统进口 NO_x 浓度的因素很多，包括机组负荷、燃用煤种、氧量控制、制

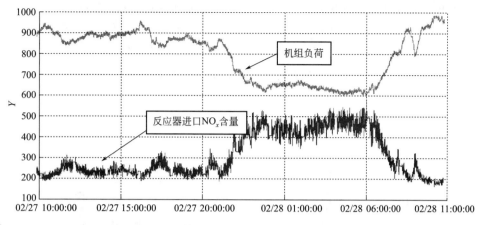

图 7-13　锅炉燃烧优化前机组负荷与反应器进口 NO$_x$ 含量关系图

粉系统运行方式及二次风配比等，而机组负荷和燃用煤种，对于运行人员来说属于不可控因素，因此，通过在不限定煤种、负荷稳定的情况下进行试验，改变二次风门开度、燃烧器摆角以及制粉系统运行方式等手段进行调整。通过试验，得出如下调整建议：

① 减小燃烧区二次风门开度，将二次风门控制投入自动，控制主燃区的过量空气系数；

② 合理的燃烧器摆角；

③ 尽量运行下层磨煤机。

根据上述燃烧调整策略，脱硝系统进口 NO$_x$ 含量平均值下降至 245mg/m³，且随机组负荷上下波动幅度明显降低，锅炉燃烧优化后机组负荷与反应器进口 NO$_x$ 含量关系如图 7-14 所示。在 SCR 脱硝装置正常投用的前提下，保证环保排放，脱硝喷氨量也会大幅下降，表现出良好的经济性。

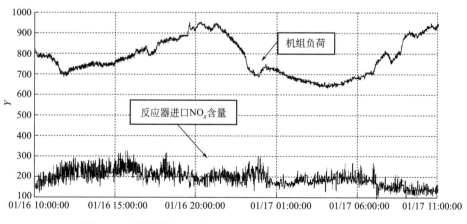

图 7-14　锅炉燃烧优化后机组负荷与反应器进口 NO$_x$ 含量关系图

（2）脱硝喷氨优化　1000MW 机组 SCR 脱硝装置喷氨优化调整在机组 800～

1000MW 负荷下进行，优化调整完成后在机组各负荷下进行了验证测试。

1）摸底测试。在机组 1000MW 负荷下，调节喷氨流量，使出口 NO_x 浓度在 50mg/m³ 以内，测试反应器进出口的 NO_x 浓度分布，初步评估脱硝装置投运的脱硝效率和氨喷射流量分配状况。喷氨优化调整前，SCR 脱硝效率控制在 88.0% 时反应器出口 NO_x 分布情况如图 7-15 所示。

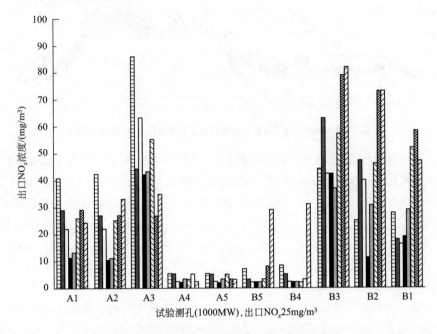

图 7-15　喷氨优化前反应器出口 NO_x 浓度分布

注：反应器出口测孔编号 H1～H8 为炉前至炉后方向，每一测孔内测点编号
A1～A5、B1～B5 为反应器外侧至锅炉中心线方向。

两台反应器出口截面 NO_x 浓度沿宽度方向呈现不均匀分布，靠锅炉中心线区域及外侧墙部分区域 NO_x 浓度明显偏低。

反应器出口 NO_x 浓度分布不均，主要是经过喷氨格栅支管喷入反应器内的氨与烟气中的 NO_x 混合后，在顶层催化剂入口处的氨氮摩尔比分布不均引起，由此也导致反应器出口截面上局部区域氨逃逸浓度过高（图 7-16），如 A 反应器出口靠外侧墙炉前 H1 区域氨逃逸浓度高达 10.6μL/L。氨逃逸浓度过高，将对下游空预器等设备形成 ABS 堵塞风险，因此，有必要对 SCR 装置的 AIG 喷氨格栅进行喷氨优化调整，使喷氨格栅各支管喷氨量趋于合理，以提高 SCR 出口 NO_x 浓度分布均匀性，降低局部较高的氨逃逸，提高系统运行的安全性和经济性。

2）喷氨优化调整。根据机组实际负荷条件，主要在 800MW 和 1000MW 负荷下进行喷氨优化调整，根据 SCR 反应器出口截面的 NO_x 浓度分布，对 AIG 喷氨格栅的手动阀门开度进行调节，最大限度提高反应器出口的 NO_x 分布均匀性，并在机组

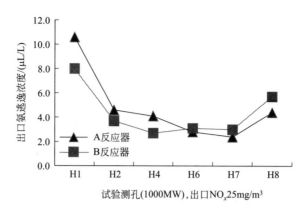

图 7-16　喷氨优化前反应器出口氨逃逸浓度分布

$600\sim1000MW$ 负荷下进行校核调整。

经过 6 轮次的优化调整，SCR 出口截面 NO_x 浓度分布情况得到明显改善，局部较高或较低的 NO_x 浓度峰、谷值基本消除。喷氨优化调整后 SCR 反应器出口 NO_x 浓度分布情况如图 7-17 所示。

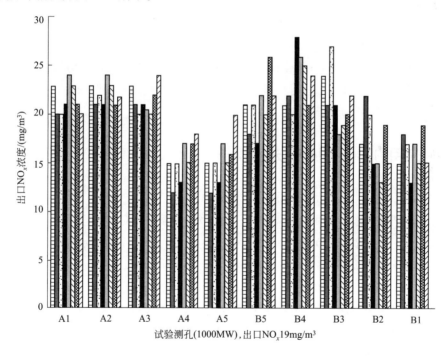

图 7-17　喷氨优化后 SCR 反应器出口 NO_x 浓度分布

喷氨优化调整后，机组 1000MW 负荷、SCR 出口 NO_x 浓度约 $19mg/m^3$ 时，A、B 反应器出口 NO_x 浓度分布趋于均匀，氨逃逸浓度由调整前的 $4.8\mu L/L$、$4.4\mu L/L$ 降低至 $2.5\mu L/L$、$2.6\mu L/L$，截面氨逃逸浓度峰值分别由调整前的 $10.6\mu L/L$、

$8.0\mu L/L$ 降低至 $3.3\mu L/L$、$3.2\mu L/L$，喷氨优化后反应器出口氨逃逸浓度分布合理（见图 7-18）。

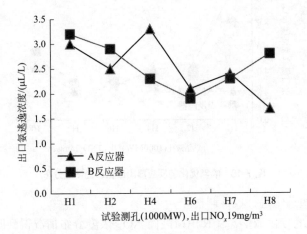

图 7-18　喷氨优化后反应器出口氨逃逸浓度分布

为确保不同负荷下 SCR 出口 NO_x 浓度分布均能保持较好的均匀性，在机组 855MW 和 600MW 负荷下，对喷氨格栅进行了验证性微调，调整后 SCR 出口 NO_x 及氨逃逸浓度分布情况良好。

通过 SCR 脱硝装置喷氨优化调整，使氨喷射系统各支管的气氨流量分配趋于合理，提高 SCR 出口 NO_x 浓度分布均匀性，降低局部过高的氨逃逸浓度，从而提高脱硝系统的运行安全性和经济性。

7.32　常用的 CO_2 回收方法有哪些?

常用的 CO_2 回收利用方法有以下几种。

(1) 溶剂吸收法　使用溶剂对 CO_2 进行吸收和解吸，CO_2 浓度可达 98％以上。该法只适合于从低浓度 CO_2 废气中回收 CO_2，且流程复杂，操作成本高。

(2) 变压吸附法　采用固体吸附剂吸附混合气中的 CO_2，浓度可达 60％以上。该法只适合于从化肥厂变换气中脱除 CO_2，且 CO_2 浓度太低不能作为产品使用。

(3) 有机膜分离法　利用中空纤维膜在高压下分离 CO_2，只适用于气源干净、需用 CO_2 浓度不高于 90％的场合，目前该技术国内处于开发阶段。

(4) 催化燃烧法　利用催化剂和纯氧气把 CO_2 中的可燃烧杂质转换成 CO_2 和水。该法只能脱除可燃杂质，能耗和成本高，已被淘汰。

上述方法生产的 CO_2 都是气态，都需经吸附精馏法进一步提纯净化、精馏液化，才能进行液态储存和运输。吸附精馏技术是上述方法在接续过程中必须使用的通用技术。

7.33 回收和捕集 CO_2 的新技术有哪些?

世界上新的 CO_2 回收和捕集技术正在加快发展之中。

(1) 脱除 CO_2 新溶剂 巴斯夫公司和日本 JGC 公司已开始联合开发一种新技术,可使天然气中含有的 CO_2 脱除和贮存费用削减20%。巴斯夫公司实验室试验表明,采用新型溶剂从发电厂排放物中脱除 CO_2,具有耐用和耗用很少能量的优点。

(2) 基于氨的新工艺 美国 Powerspan 公司开发了 ECO_2 捕集工艺,可使用含水的氨(AA)溶液从电厂烟气(FG)中捕集 CO_2。这是该公司与美国能源部国家能源技术实验室(NETL)共同研究的成果。这种后燃烧 CO_2 捕集工艺适用于改造现有的燃煤发电机组和新建的燃煤电厂。ECO_2 捕集工艺与 Powerspan 公司的电催化氧化技术组合在一起,使用氨水吸收大量二氧化硫(SO_2)、氮氧化合物(NO_x)和汞。CO_2 加工步骤设置在 ECO 的 CO_2、NO_x 和汞脱除步骤的下游。与常规胺类相比,有4大优点:①蒸汽负荷小(500Btu/磅被捕集的 CO_2);②产生较浓缩的 CO_2 携带物;③较低的化学品成本;④产生可供销售的副产物,实现多污染物控制。

法国 Alstom 公司推出先进的吸收剂后燃烧 CO_2 捕集(制冷氨)工艺。制冷氨工艺是用于后燃烧捕集而开发的几种新工艺之一,它使烟气冷却,回收大量水用于循环,然后按照减少二氧化硫排放的系统所用吸收器相似的方法,利用 CO_2 吸收器。在洁净烟气中剩余的低浓度氨用冷水洗涤加以捕集,并返回吸收器。CO_2 然后被压缩用于提高石油采收率或贮存。该技术将在现有燃煤电厂改造和新设计中应用。Alstom 公司现已采用制冷氨系统用于 5MW 的中型项目中。Alstom 开发的 CO_2 捕集技术将为减少使全球变暖的温室气体排放做出贡献,该技术可为电力工业减少碳排放起重要作用。

(3) CO_2 吸附技术 近年来工业级和食品级 CO_2 的标准要求越来越高,而通常采用的溶剂吸收法、变压吸附法、有机膜分离法和催化燃烧法等回收的 CO_2 产品无法达到食品级标准要求,在工业领域的应用也受到限制。大连理工大学立足于 CO_2 回收、精制技术,成功开发出吸附精馏法回收 CO_2 新工艺,并推广应用到生产过程中,用于将化工企业生产过程中排放的二氧化碳气回收提纯。美国新开发的一种超级海绵状物质可吸收发电厂或汽车尾管排放的排气中的大量 CO_2。

(4) 利用陶瓷管过滤氧气的纯氧燃烧使 CO_2 易于捕集 一项最近的科研成果表明,采用先进陶瓷材料制作的微细管,通过控制燃烧过程,可望使发电站的温室气体排放减少至近乎零。

从理论上看,该技术也可能应用于燃煤和燃油电站,这一操作在理论上说是简单的,但会增大电站运营的成本和复杂程度。据英国政府统计,英国能源工业产生超过2亿吨/年的二氧化碳,这些二氧化碳超过英国二氧化碳总排放量的1/3。

(5) 分离 CO_2 的膜法技术 美国得克萨斯大学的工程技术人员开发的改进型塑

料材料可大大提高从天然气中分离温室气体 CO_2 的能力。这种新的聚合物膜可自然地仿制电池膜中才有的小孔，基于它们的形状，其独特的沙漏形状可有效地分离分子。科学工业研究组织 2007 年 10 月的评价表明，它可从甲烷中分离 CO_2。像海绵一样，它仅吸收某些化学品。新的塑料允许 CO_2 或其他小分子通过沙漏形状的小孔，而天然气（甲烷）则不会通过这些相同的小孔运移。这种热重排（TR）塑料通过小孔分离 CO_2 要优于常规膜的 4 倍。Benny Freeman 教授的实验室研究也表明，热重排塑料膜的分离速度也较快，比常规膜去除 CO_2 要快几百倍。如果这种材料用于替代常规的醋酸纤维素膜，则天然气加工装置需要的空间可减小 500 倍，因为该种膜有更高效的分离能力，废弃产物中损失的天然气也很少。热重排塑料将来也有助于再捕集 CO_2 以泵入油藏。热重排塑料分离 CO_2 和天然气后，管输天然气则仅含 2％CO_2，提高了天然气浓度。这种膜可望应用于天然气加工装置，包括空间有限的海上平台。

(6) 海藻生物反应器去除 CO_2 开发 Chinchilla 地下煤气化（UCG）从合成气制油的澳大利亚 Linc 能源公司 2007 年 11 月底宣布，与 BioCleanCoal 公司组建各持股 60％和 40％的合资企业，开发将工艺过程 CO_2 转化为氧气和生物质的海藻生物反应器。该合资公司将开发生物反应器，通过光合成工艺将 CO_2 转化为氧气和固体生物质，以持久地和安全地从大气中去除 CO_2。Linc 能源公司将在今后一年内投入 100 万澳元，开发原型装置，用于在 Chinchilla 地区运行。BioCleanCoal 公司是生物技术公司，专长于利用海藻将 CO_2 转化为氧气和生物质。

7.34 二氧化碳的捕获与储存技术的步骤是什么？

二氧化碳的捕获与储存技术包含了三个明显的步骤：①从发电厂、工业加工过程中或燃料处理过程中捕获二氧化碳；②将捕获的二氧化碳通过管道，或采用储存罐进行运输；③将二氧化碳永久储存在地下深处的盐矿中、已枯竭的油田和气田中或者是废弃的煤矿中。这项技术实际上已经应用了数十年，但它并没有和二氧化碳减排相结合。目前，该技术还需要进一步研发，而技术成本中的大部分是在捕获技术上，地下储存的保持性也有待进一步论证，技术的经济性和捕获技术的效率有待进一步提高。

7.35 什么是燃烧前捕获？ 什么是燃烧后捕获？

采用不同的现有的或今后新出现的技术，CO_2 既可以在燃烧前，也可以在燃烧后被捕获。在常规过程中，可以从燃烧排出的烟气中捕获 CO_2，这是燃烧后捕获；也可以将碳氢燃料转化成 CO_2 和氢气，去除掉燃料气中的 CO_2，剩余的富氢燃料气作为燃料燃烧，这就是燃烧前捕获。在燃烧前捕获中，物理吸收 CO_2 是最有前途的技术选择，而在燃烧后捕获中，可选择的技术包括化学吸收过程和纯氧加燃料过程，因为如果加纯氧进行燃烧，产生的烟气几乎都是二氧化碳，这样就无需进一步的分离。图 7-19 是烟气中 CO_2 回收的精制装置。

图 7-19　烟气中 CO_2 回收精制装置照片

7.36　CO_2 捕获技术的流程是怎样的?

CO_2 捕获流程和系统概况见图 7-20（见下页）。

7.37　CO_2 捕获技术的应用前景是怎样的?

从长远看，气体分离膜和其他新技术都将会被应用于燃烧前捕获和燃烧后捕获过程中。被捕获的 CO_2 必须被加压至 100bar 或更高，便于运输和储存，这就增加了该技术的耗能强度。

在发电领域，二氧化碳捕获技术只有用在大容量、高效率的发电机组上，才具有经济意义。对燃煤发电机组，整体气化联合循环机组加上物理吸收技术，在燃烧前阶段捕获 CO_2 被认为是很有发展前途的一项技术。燃煤超超临界蒸汽循环机组，加上燃烧后捕获技术，或者各种类型的纯氧加燃料技术，也将出现在可供选择的技术里。对于天然气发电机组，加氢氧基燃料，燃烧前燃气的转化和物理吸收与氢燃汽轮机的结合，或者燃烧后的化学吸收都是有前景的技术选择。将来燃料电池也可以与高效率的燃气和燃煤发电机组整合在一起，并加上二氧化碳回收技术。

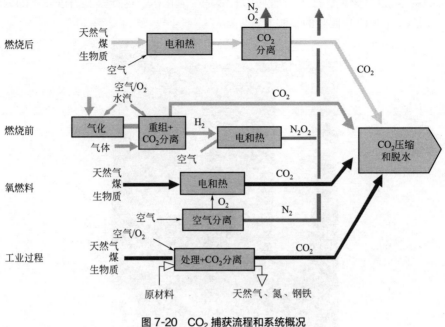

图 7-20　CO_2 捕获流程和系统概况

7.38　什么是 CCS 技术？由哪些环节组成？

CCS（carbon capture and storage）技术是一种将排放源产生的 CO_2 进行收集、运输并安全存储到某处，使其长期与大气隔离的过程，主要由捕获、运输和封存 3 个环节组成。一是捕获，是指将 CO_2 从化石燃料燃烧产生的烟气中分离出来，并将其压缩的过程。目前针对化石燃料电厂的捕获分离系统主要有三种，即燃烧后捕获系统、燃烧前捕获系统和氧化燃料捕获系统。二是运输，CO_2 的运输，指将分离并压缩后的 CO_2 通过管道或运输工具运至存储地。三是封存，是指将运抵存储地的 CO_2 注入如地下盐水层、废弃油气田、煤矿等地质结构层或者深海海底以及海床以下的地质结构中。

(1) 碳捕获　对于大量分散型的 CO_2 排放源是难于实现碳的收集，因此碳捕获的主要目标是像化石燃料电厂、钢铁厂、水泥厂、炼油厂、合成氨厂等 CO_2 的集中排放源。针对电厂排放的 CO_2 的捕获分离系统主要分为燃烧后系统和富氧燃烧系统。燃烧后捕获与分离主要是烟气中 CO_2 与 N_2 的分离。化学溶剂吸收法是当前最好的燃烧后 CO_2 收集法，具有较高的捕集效率和选择性，而能源消耗和收集成本较低。除了化学溶剂吸收法，还有吸附法、膜分离法。富氧燃烧系统是用纯氧或富氧代替空气作为化石燃料燃烧的介质。燃烧后的气体中主要成分是 CO_2 和水蒸气，另外还有多余的以保证燃烧完全氧气，以及燃料中所有组成成分的氧化产物、燃料或泄漏进入系统的空气中的惰性成分等。

(2) 碳运输　输送大量 CO_2 一般采用管道运输，在碳输送环节中，主要考虑的是成本。管道运输的成本主要由 3 部分组成：基建费用、运行维护成本以及其他的如设计、保险等费用。由于管道运输是成熟的技术，因此其成本的下降空间预计不大。对于 250km 的运距，管道运输 CO_2 的成本一般为 1～8 美元/t。当运输距离较长时，船运将具有竞争力，船运的成本与运距的关系极大。

(3) 碳封存　碳的地质封存技术是直接将 CO_2 注入地下的地质构造当中，如油田、天然气储层、含盐地层和不可采煤层等都适合 CO_2 的储存。

地质封存取决于这些构造的物理和地球化学的俘获机理。CO_2 注入后，储层构造上方的大页岩和黏质岩起到了阻挡 CO_2 向上流动的物理俘获作用。毛细管力提供的其他物理俘获作用可将 CO_2 留在储层构造的孔隙中。随着 CO_2 与现场流体和寄岩发生化学反应，地质化学俘获机理开始发挥作用。如果 CO_2 在现场水中溶解，充满 CO_2 的水的密度越来越高，因此会沉伏于储层构造中而不是浮向地表。此外，溶解的 CO_2 与岩石中的矿物质发生化学反应形成离子类物质并转化为碳酸盐矿物质。不可采煤层也可用以储存 CO_2，因其可吸附于煤层表面，但是否可行则取决于煤床的渗透性。储存过程中会产生甲烷气体，并可加以开采利用。

含盐地层中主要是高度矿化的盐水，并无利用价值，有时用于存放化学废弃物。盐碱含水层的主要优点是其巨大的储存容量，且地理分布较广，对 CO_2 的运输而言较为方便。

7.39　CCS 技术进展是怎样的?

当前，CCS 技术已受到国际科技和产业界的密切关注。由于其与现有能源系统基础构造的一致性，受能源资源条件限制较小，该技术尤其受到工业化国家的广泛关注与密切重视，美国、欧盟和加拿大等都制定了相应的技术研究规划，开展相应的CCS 技术的理论、试验、示范及应用研究。根据国际能源署的统计，截至目前，全世界共有碳捕获商业项目 131 个，捕获研发项目 42 个，地质埋存示范项目 20 个，地质埋存研发项目 61 个。其中，比较知名的有挪威 Sleipner 项目、加拿大 Weyburn 项目和阿尔及利亚 In Salah 项目等。

CCS 技术是一项极具潜力的、可有效减少 CO_2 排放的前沿技术，该技术有可能在经济发展与环境保护两个方面实现双赢局面。因此，我国也应密切关注 CCS 技术的研究现状和最新进展，及早开展相关技术研究规划和理论与试验的示范与应用。

7.40　我国 CCS 技术的发展现状是怎样的?

我国对 CCS 技术的发展给予了高度重视，CCS 技术作为前沿技术已被列入《国家中长期科技发展规划（2006～2020）》；在国家科技部 2007 年的《中国应对气候变化科技专项行动》中，CCS 技术作为控制温室气体排放和减缓气候变化的重点技术被列入专项行动的 4 个主要活动领域之一。"十一五"期间，国家"863"计划也对发展 CCS 技术给予很大支持。2007 年 6 月国家发展和改革委员会在公布的《中国应对气候变化国家方案》中强调重点开发 CO_2 的捕获和封存技术，并加强国际间气候变化技术的研发、应用与转让。

我国与国际社会一起积极开展了 CCS 技术研究与项目合作。2007 年启动了"中欧碳捕获与封存合作行动"，到目前，已有 12 个欧方机构和 8 个中方机构参与了此项行动；2007 年 11 月 20 日，启动了"燃煤发电二氧化碳低排放英中合作项目"；2008年 1 月 25 日，中联煤层气有限责任公司（以下简称"中联煤"）与加拿大百达门公司、香港环能国际控股公司签署了"深煤层注入/埋藏二氧化碳开采煤层气技术研究"项目合作协议；2013 年，编制《中国 CCUS 技术发展规划》等。自 2002 年以来，中联煤和加拿大阿尔伯达研究院已在山西省沁水盆地南部合作，成功实施了浅部煤层的 CO_2 单井注入试验。

7.41 影响 CCS 技术的因素有哪些?

CCS 技术作为应对全球气候变暖的一种有效措施，正在逐步受到科学界和企业的关注。然而，这项技术的进一步发展还会受到环境、经济和社会诸多因素的影响。

(1) 环境风险评估与风险缓解与补救 CO_2 作为一种带有窒息特性的酸性物质，其捕获和存储会对人类健康和安全、对自然和环境造成一定的风险，风险主要与可能泄漏有关。具体说，碳捕获和存储对当地健康、安全和环境的危害来源于 3 方面：浅层地下和近表面环境处气态 CO_2 高浓度产生的直接效应；溶解的 CO_2 对地下水化学的影响；CO_2 注入替代流体所造成的效应。从来源推断出可能潜在的主要风险包括：CO_2 逃逸到大气层后对人体健康与安全的潜在危害、CO_2 泄漏和盐水取代对地下水的危害、对陆地和海洋生态系统的危害、诱发地震、引起地面沉降或升高。对地质存储风险的有效缓解可从仔细地选择厂址，实施监测，在管理上实施有效的监管，实施补救措施以及排除和限制泄漏的起因和后果等方面考虑改进。然而，在某些场合下，泄漏还是有可能会发生的，需要采取补救措施，以终止泄漏或阻止对人类或生态系统造成的危害。

(2) 公众意识 CCS 作为一项新兴的 CO_2 减排技术，除在化石能源生产和研究的企业和机构外，对其可以作为一种潜在的减排选择方式还了解不多。因此政府需要在提高公众对这项技术优缺点的知晓方面扮演一个重要角色，需要将公众意识普及与技术开发放在同等重要的地位给予考虑，以保证公众意识的提高和合理的应对。

(3）经济评估 如果将 CCS 技术用于电力生产企业的 CO_2 减排中，每千度电的费用估计会增加 0.01～0.05 美元。随着技术开发的进步，规模经济的扩大等，未来碳捕获和存储技术的费用将会降低。根据预测，在未来 10 年，捕获的费用将可能下降 20％～30％。更多的新技术目前尚在研究和示范阶段，随着这些技术的成熟运用，将可望有更多的降价空间。运输和存储的费用也将随着技术的进一步成熟和规模化的增加而逐渐下降。

(4）市场障碍 除了上面谈到的经济因素外，市场障碍也不容回避，这包括从事风险的组织机构和部门、技术不确定性和市场的不确定性几个因素。从组织机构讲，要求能源企业、油气海运企业、产油企业和政府在 20～30 年内通力合作和大量的前期资本投入，这就需要建立一种机制在利益相关者之间能均衡分摊风险，以使项目顺利进展。

7.42 折流板除雾器的工作原理是什么?

当含有雾沫的气体以一定速度流经除雾器时，由于气体的惯性撞击作用，雾沫与除雾器叶片（由于流线偏折）相碰撞而被凝聚的雾沫大到其自身产生的重力超过气体的上升力与液体表面张力的合力时，雾沫就从叶片表面上被分离下来。

除雾器叶片的多折向结构增加了雾沫被捕集的机会，未被除去的液滴在下一个转弯处经过相同的作用而被捕集，这样反复作用，从而大大提高了除雾效率。气体通过除雾器后，基本上不含雾沫。烟气通过除雾器的弯曲通道，在惯性力及重力的作用下将气流中夹带的液滴分离出来。脱硫后的烟气以一定的速度流经除雾器，烟气被快速、连续改变运动方向，因离心力和惯性的作用，烟气内的雾滴撞击到除雾器叶片上被捕集下来，雾滴汇集形成水流，因重力的作用，下落至浆液池内，实现了气液分离，使得流经除雾器的烟气达到除雾要求后排出。

除雾器的除雾效率随气流速度的增加而增加，这是由于流速高，作用于雾滴上的惯性力大，有利于气液的分离。但是，流速的增加将造成系统阻力增加，也使能耗增加。而且流速的增加有一定的限度，流速过高会造成二次带水，从而降低除雾效率。通常将通过除雾器断面的最高且又不致二次带水时的烟气流速定义为临界流速，该速度与除雾器结构、系统带水负荷、气流方向、除雾器布置方式等因素有关。设计流速一般选定在 3.5～5.5m/s。

折流板除雾器工作原理见图 7-21（见下页）。

7.43 折流板除雾器系统构成是怎样的?

(1） 脱硫系统中的除雾器通常由两部分组成，即除雾器本体、冲洗系统。

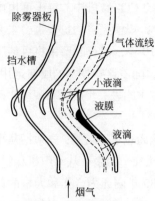

除雾器板
气体流线
挡水槽
小液滴
液膜
液滴

↑烟气

图 7-21 折流板除雾器工作原理示意图

（2）除雾器本体由除雾器叶片、卡具、夹具、支架等按一定的结构形成组装而成。

其作用是捕集烟气中的液滴及少量的粉尘，减少烟气带水，防止风机振动。

（3）除雾器布置形式通常有：水平型、垂直型、屋脊型等。一般流速较高的场合采用屋脊型布置，吸收塔出口水平段烟道上采用垂直型布置。

（4）除雾器冲洗系统主要由冲洗喷嘴、冲洗泵、管道、阀门、压力仪表及电气控制部分组成。其作用是定期冲洗由除雾器叶片捕集的液滴、粉尘，保持叶片表面清洁和湿润，防止叶片结垢和堵塞，维持系统正常运行。折流板除雾器系统构成见图 7-22。

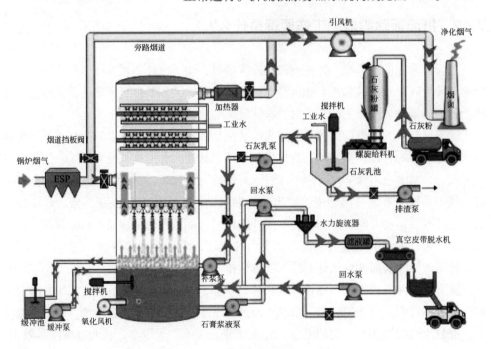

引风机
旁路烟道
净化烟气
加热器
石灰粉罐
烟囱
搅拌机
工业水
石灰粉
工业水
烟道挡板阀
石灰乳泵
螺旋给料机
锅炉烟气
石灰乳池
ESP
回水泵
排渣泵
水力旋流器
滤液罐
真空皮带脱水机
补浆泵
回水泵
搅拌机
缓冲池 缓冲泵
氧化风机
石膏浆液泵

图 7-22 折流板除雾器系统构成示意图

7.44 高效除雾器的原理与技术特点是什么？

旋流子除雾器只能适用于小烟气量的除雾，其原因为：液滴靠离心力向外侧移动，如除雾直径过大，大部分微小液滴其未到达外侧壁板就已经离开除雾器，不能与其它液滴凝聚，也就使除雾效果并不理想。为此，减小旋流子外径尺寸就成为关键。新技术是将旋流子做成小直径模块，并上下 3～4 个旋流子组成一个单元。大烟气量的大型脱硫塔则布置数个或数十个旋流子单元，从而达到良好的除尘除雾效果。其为小直径圆柱状，下部设置4层旋流子除尘除雾器。为保证旋流子不发生堵塞现象，以及外侧壁不积灰，在下部旋流子中心盲板处设置有喷水装置，可定期或不定期对外侧管壁和旋流板进行冲洗。为达到良好的除尘除雾效果，根据烟气量大小布置一体化除尘除雾单元输入，以控制进入筒内烟气流速在合适的范围。为防止液滴随烟气向上流动，在外筒内侧设置一定数量的聚液环，一方面可制止液滴随烟气向上流动，另一方面可使液滴进一步凝聚长大。吸收塔喷淋后的净烟气首先经过气旋除尘除雾区，烟气中含有大量的雾滴，雾滴由浆液液滴、凝结液滴和粉尘颗粒组成，大量的细小液滴与颗粒在经过气旋除尘除雾器的旋流板时，与旋流板叶片发生碰撞，烟气中的小颗粒雾滴经过碰撞聚集成为大颗粒，同时在旋流板叶片上形成液膜，烟气中的粉尘与液膜碰撞后被捕捉下来，液膜厚度逐渐增加从叶片脱离向下流入吸收塔浆池，实现除尘除雾滴作用。烟气经过旋流板后，运动方向由原来的垂直向上运动变成旋转上升运动，未被旋流板捕捉的雾滴在旋转运动过程中受离心力的作用向气旋筒表面运动，气旋筒表面同样是存在均匀的液膜，运动到液膜表面的雾滴及粉尘同样被捕捉，从而进一步达到了除尘除雾的作用。

第8章
除灰除尘技术

8.1 电除尘器是如何分类的?

电除尘器可以根据不同的构造和特点来分类。

(1) 单区和双区电除尘器 根据粉尘在电除尘器内的荷电方式及分离区域布置不同,可分为单区电除尘器和双区电除尘器。

① 单区电除尘器:尘粒的荷电和捕集分离在同一电场内进行,亦即电晕电极和集尘电极布置在同一电场区内。

② 双区电除尘器:尘粒的荷电和捕集分离分别在两个不同的区域中进行,即安装有电晕放电的第一区主要是完成对尘粒的荷电过程,而装有集尘电极的第二区主要是捕集已荷电的尘粒。双区电除尘器可以有效地防止反电晕现象。

(2) 立式和卧式电除尘器 按气流在除尘器中的流动方向不同,可分为立式电除尘器和卧式电除尘器。

① 立式电除尘器:立式电除尘器的本体一般做成管状,垂直安置,含尘气体通常自下而上流过尘器,可正压运行也可负压运行。这类电除尘器多用于烟气量小,粉尘易于捕集的场合。

② 卧式电除尘器:电除尘器本体水平布置,含尘气体在除尘器内水平流动,沿气流方向每隔数米可划分为若干单独电场(一般分成2~5个电场),依次为第一电场、第二电场等,这样可延长尘粒在电场内通过的时间,从而提高除尘效率。卧式电除尘器安装灵活,维修方便,通常是负压运行,适用于处理烟气量大的场合。

(3) 管式和板式电除尘器 根据电除尘器集尘电极形式的不同,可分为管式电除尘器和板式电除尘器二种。

① 管式电除尘器:这种电除尘器多为立式布置,管轴心为放电电极,管壁为集尘电极。集尘电极的形状可做成圆管形或六角形的气流通道,六角形可多根并列布置成"蜂窝"状,充分利用空间。管径范围以150~300mm,管长2~5m为宜。

② 板式电除尘器:这种电除尘器多为卧式布置,集尘板为板状,放电极呈

线状设置在一排排平行极板之间，极板间距一般为 250～400mm。极板和极线的高度根据除尘器的规模和所要求的效率及其它技术条件决定。板式电除尘器是工业上常用的除尘设备。

(4) 湿式和干式电除尘器 根据对集尘极上沉降粉尘的清灰方式不同，可分为湿式电除尘器和干式电除尘器。

① 湿式电除尘器：通过喷雾或淋水等方式将沉积在极板上的粉尘清除下来。这种清灰方式运行比较稳定，能避免二次扬尘，除尘效率较高。但是净化后的烟气含湿量较高，会对管道和设备造成腐蚀，还要考虑含尘洗涤水的处理问题，不适用于高温烟气场合。

② 干式电除尘器：通过振打装置敲击极板框架，使沉积在极板表面的灰尘抖落入灰斗。这种清灰方式比湿式清灰简单，回收干灰可综合利用。但振打清灰时易引起二次扬尘，使效率有所下降。振打清灰是电除尘器最常用的一种清灰方式。

8.2 高频恒流高压直流电源原理是什么？

高频恒流高压直流电源由工频三相交流电输入，经三相整流桥变为两相电压源，再经过逆变器逆变成为高频交流电压源，通过恒流组件进行 V/I 转换把高频交流电压源转化为近似正弦的高频交流电流源，再经升压变压器将高频交流电流源转化为高频高压交流电流源，最后整流输出为高频恒流高压直流电流源。所谓恒流是指其电路特性，而并不是说系统的输出电流无法改变，其真正含义是根据系统的实际情况选择设定的电晕电流，在系统运行中与电场电压、负载大小无关，即不受工况和负荷的影响，高频恒流电源系统的电路原理见图 8-1。

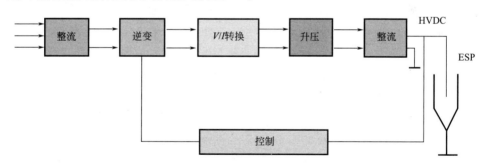

图 8-1 高频恒流电源系统的电路原理示意图

8.3 什么样的恒流高压直流电源用于湿式电除尘器？

湿式电除尘器对 $PM_{2.5}$、PM_{10}、SO_3 有很高的去除效率，但湿式电除尘器所使用的阳极大部分为导电玻璃钢，喷淋清灰时，电除尘器内发生闪络或者瞬态短路在所难免。电厂脱硫后湿式电除尘器的烟气量都比较大，对 660MW 以上的机组，湿式电除尘器所配的电源的规格一般都大于 72kV/1.6A。电场容量大、电源功率高的情况下，电场出现闪络时，灭弧的难度增加，火花对本体的伤害也大。而高频恒流源可以有效地解决此问题。

8.4　高频电源的节能是怎样的?

高频电源采用 IGBT 逆变技术，变压器铁芯采用纳米晶材料，相对于可控硅电源，功率因素更高，损耗更低，有着明显的节电效果。以 72kV 1600mA 电源为例，高频电源与可控硅电源的输入视在功率对比如表 8-1。

◻ 表 8-1　高频电源与可控硅电源的输入视在功率对比表

项目	高频电源	可控硅电源
输出电压	72kV	72kV
输出电流	1600mA	1600mA
功率因素	95％	80％
有功效率	93％	80％
输入视在功率	130kVA	180kVA

8.5　火电厂的除灰方式有哪些?

电厂锅炉除灰系统是指将锅炉灰渣斗中的灰渣和除尘器等灰斗落下来的细灰排放至灰场所需要的全部设备和建筑物。它包括清除由锅炉燃烧产生的炉下灰渣，以及经电除尘器、省煤器、空气预热器所收集的飞灰的过程，此外还有磨煤机甩下的石子煤的清除过程，它包括收集、储存、输送、排放处理的方式及其整套设备。

目前，火电厂的除灰方式大致上可分为水力除灰、机械除灰和气力除灰三种。水力除灰是用一定压力的水将电除尘灰斗、省煤器灰斗和空预器灰斗里的灰通过沟或管道冲入灰浆池，用灰浆泵将低浓度的灰浆打至浓缩机浓缩，浓缩后的灰浆通过前置泵（也称喂料泵）或者是高位自流的方式带一定的压力进入流体输送机械（如柱塞泵等）打至灰场堆放。机械除灰是利用刮板机、输送皮带、埋刮板输送机械等将灰通过机械手段送到指定的地方堆放贮存。

有的电厂采用单一的输送方式，也有一些电厂将不同的输送方式结合起来，但大多数电厂采用水力输送或气力输送方式。水力输送又称为湿出灰，气力输送又称为干出灰。炉膛底部的灰渣一般采用湿出灰方式，而除尘器和省煤器灰斗多采用干出灰方式。

8.6 气力除灰的工作原理是什么?

下面介绍最常见的气力除灰方式。

气力除灰是应用最广泛的一种除灰方式,它是以空气为载体,借助于某种压力设备(正压或负压)在管道中输送粉煤灰的方法。

在锅炉正常运行过程中,飞灰在静电除尘器的作用下,落入安装在静电除尘器下方的灰斗里,灰在重力的作用下,落入 MD 或 AV 泵中(MD 或 AV 泵,以后皆称为灰泵),灰泵将灰流化,流化后的灰,流动性极强,像流体一样。灰泵利用压缩空气,将灰输送至灰库。

气力除灰是由三个部分组成的一个循环过程:灰泵的进料、灰的流化和输送、输灰管道的吹扫。

根据不同的标准,气力除灰大致上可划分为:

① 依据粉煤灰在管道中的流动状态分为悬浮流(均匀流、管底流、疏密流)输送、集团流(停滞流)输送、部分流输送和栓塞流输送等。

② 根据输送压力种类,可分为动压输送和静压输送两大类别。

③ 根据压力的不同,气力除灰方式又可分为负压系统和正压系统两大类型。

④ 根据粉煤灰在输送过程中的物相浓度,大体上可以分为稀相气力除灰系统和浓相气力除灰系统。

下面以正压浓相气力除灰系统为例介绍,除灰系统流程(图 8-2)。

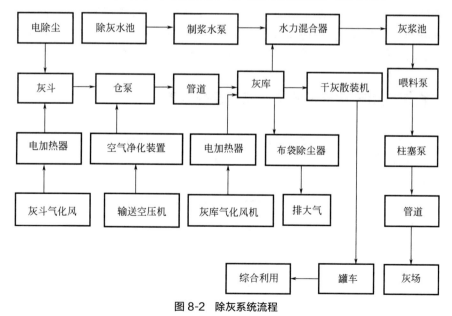

图 8-2 除灰系统流程

电除尘区灰斗气化风系统共设 4 台灰斗气化风机,3 运 1 备,出口设电加热器,用于对所有灰斗提供加热的气化空气。

每台炉设二台电除尘器，电除尘器下设 32 个灰斗，16 个相对独立的电场，每个电场有 2 个灰斗。每个灰斗下对应一台 MD 仓泵，一、二电场为大 MD 仓泵，三、四电场为小 MD 仓泵。每台炉设两根灰管，1 根粗灰管，1 根细灰管。设四座灰库，三座粗灰库和一座细灰库。

电除尘器一电场的干灰通过一根灰管输送到粗灰库内，电除尘器二、三、四电场的干灰通过另一根灰管输送到细灰库或粗灰库内。每根灰管经库顶切换阀均可进入两座灰库，1 号炉的粗灰可以进 1、2 号粗灰库；2 号炉的粗灰可以进 2、3 号粗灰库；3 号炉的粗灰可以进 1、3 号粗灰库，每台炉的细灰进入细灰库，也可进入与每炉相对应的粗灰库。

每台炉为一个单元，设一套正压浓相气力输送系统。采用的是英国 Clyde 公司的气力除灰技术，主要设备包括仓泵、灰库、空压机、气化风机、排空过滤器等。在静电除尘器一电场灰斗下安装 8 台 80/12MD 泵，分为两组，合并后通过一条输灰管路输送到两座粗灰库，灰库之间通过库顶切换阀切换。仓泵固定在除尘器 0 米，在每个仓泵上方落灰管上设有膨胀节，充分吸收灰斗热位移的膨胀量。在二电场灰斗下安装 8 台 45/8MD 泵，三、四电场灰斗下各安装 8 台 9/8 小 MD 泵，三个电场的灰通过一条输灰管路输送到一座细灰库和一座粗灰库，二、三、四电场按时间顺序和灰斗料位优先运行，灰库之间通过库顶切换阀切换。每个灰库都安装有高料位计，灰库高料位计触发，控制系统将输灰管路切换至另一个灰库，或停止 MD 泵的下一次运行。

输送空气在每一个灰库中经由一个反吹式布袋除尘器进行过滤，然后排放到大气中。在输灰系统运行中，除尘器能连续进行反吹清洗。任何情况下，除尘器必须保证工作在畅通无阻地对大气排放的状态，即使在系统没有运行的情况下。同时也要保证泄漏到系统中的压缩空气或者由于温度升高引起膨胀的空气能够被安全排放。

8.7 仓泵气力除灰系统的工作原理是什么？

正压浓相气力输送系统通过脉冲气力把管道中的物料切割成一段段料栓和气栓，利用料栓两端的静压差来推动料栓运动。浓相气力输送系统的核心部分是一只仓储式气力发送泵。

仓泵由仓体、蝶阀、排气阀、加料口、气体管路等气阀到圆锥体内部突起的气嘴，使气体产生涡流，随着发送器内部压力的增加，被送物料成涡旋状流动，以达到物料顺利输送的目的（见图 8-3）。

利用较低的气压实现低速度、高浓度的输送。其工作流程大致如下：

① 灰斗内的料位计未被覆盖，入口圆顶阀关闭并密封，此时不消耗空气。

② 当同一组所有灰斗中任何一个的料位计被覆盖，系统触发，仓泵的入口圆顶阀打开，进料计时器开始计时，并持续一个设定时间使得灰落入仓泵中。

图 8-3 现场仓泵图

③ 一旦设定的进料时间到达，入口圆顶阀关闭，密封圈加压密封，并由压力开关确认密封正常。然后主输送器的进气阀打开，压缩空气将灰从仓泵输送到灰库。

④ 在进气管线上设有压力变送器，当探测到管线内的压力下降到一定值时，关闭压缩空气入口阀，系统复位，等待下一个循环。

图 8-4 为仓泵工作流程图（见下页）。

8.8 影响气力除灰的因素有哪些？

压缩空气是气力除灰的原动力，灰流化后，流动性的强弱，是气力除灰的关键，灰的合理流化，是气力除灰的技术条件。

因此，影响气力除灰的主要因素，表现在 5 个方面：一是压缩空气品质；二是灰的流动性；三是灰的粒度；四是节流孔板孔数的调整；五是输灰管道的内径。

8.9 压缩空气品质是如何影响气力除灰的？

压缩空气是气力除灰的原动力，因此压缩空气的品质，直接影响着气力除灰的正

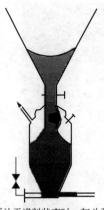

(a) 当仓泵处于进料状态时，灰斗及仓泵料位
计都未被覆盖，进料阀和排气阀得电打开，
仓泵处于进料状态，此时出口圆顶阀关闭

(b) 当一个或多个仓泵内高料位计
已被覆盖，或者进料定时器已完
成，进料阀与排气阀失电关闭

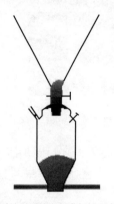

(c) 同时输送压缩空气进气阀和出口
圆顶阀打开，进入输灰状态

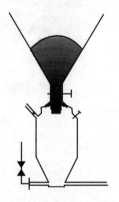

(d) 输灰后，输送压缩空气进气门关闭，
灰斗位于储灰状态

图 8-4　仓泵工作流程

常运行。压缩空气的品质，主要是指压缩空气的压力，压缩空气的净化程度。

气力除灰所需要的压缩空气的压力，有一个最低值 0.55MPa。在灰泵送灰过程中，若压力低于这一值时，会出现两种情况，一是输灰管道容易堵塞，灰泵送不出去灰；二是输灰时间增长。若灰泵输送完泵内的灰时，压缩空气压力尚未达到 0.55MPa，循环停滞，灰泵不进料，等到压缩空气压力升到 0.55MPa 后，灰泵再进行下一个循环。

压缩空气的净化程度，对气力除灰影响也比较大。压缩空气中含有大量的水，首先水分影响灰的流化；另外，大量的水分，带到灰库，经过一段时间后，引起灰板结，灰的流动性会更差，又直接影响灰库的放灰。

由于节流孔板的孔比较小，孔的直径大多在 $\phi 3mm$，压缩空气中的冷凝水，往往会在节流孔板处聚集。冬天时，当气温低于 0℃ 时，冷凝水结成冰，堵塞节流孔板，严重影响气力除灰的正常运行。

在气力除灰的过程中，由于节流孔板的配置很难达到最理想的状态，当逆止阀关闭不严时，在输灰的过程中，灰可能会逆向压缩空气的流向，流到节流孔板处，由于孔板上有水，灰形成灰泥，将节流孔板的孔堵塞，也会影响气力除灰的正常运行。

8.10 灰的粒度是如何影响气力除灰的?

灰的粒度与灰的流动性有着密切的关系。

通常情况下，灰的粒度越小，灰的流动性越强；灰的粒度越大，灰的流动性越差。这是因为，单位重量的灰，粒度越小，灰的表面积越大，灰吸附的烟气越多，灰的密度也越小，灰不容易板结；另外，灰粒越小，灰粒重量越小，烟气越容易托浮起灰粒。

省煤器的输灰管道上每隔一段距离有一个配气，而电除尘器的输灰管道上没有配气，这是因为省煤器灰斗的灰，颗粒粗大，而电除尘器灰斗的灰颗粒小。配气的目的，就是为了搅动灰，防止粗灰沉积，造成输灰管道堵塞。这也说明了粗灰较细灰难以输送。

灰的粒度越小，灰的流动性越强，灰越容易输送。细灰价格高，而且容易出售，这不仅仅是因为细灰能够直接被利用，还因为细灰容易输送的原因。水泥厂收购的灰要先存放在灰库里，灰库较高，较粗的干灰难以送入灰库，无法利用。

8.11 节流孔板的孔数是如何影响气力除灰的?

灰的合理流化，是气力除灰的技术条件。

灰的流化是指，灰泵通过流化组件，利用压缩空气将灰吹散开，并形成一定的气灰比，气灰以一定的速度向前运动。

对于某一粒度的灰，气灰比有一个最佳值，这个值既能保证将灰输送出去，又能保证用气量最少。当气灰比高于最佳值时，灰也能够被输送出去，但是用气量大，灰在输灰管道里流速高，而灰的流速越高，灰对管道的磨损也就越严重。现在人们提倡"浓相"气力除灰，目的就是尽量减小灰的输送速度。当气灰比低于最佳值时，灰的流动性相对差，灰容易在输灰管道里沉积，出现输灰管道堵塞现象。

在气力除灰过程中，灰是通过其重力落入灰泵，各部位的气量控制是通过节流孔板的孔数来实现的。对于某一除灰系统，节流孔板的孔数在某一范围内。山东滕州新源热电有限公司，20/8/3 MD 灰泵，节流孔总数为 15~19 个，节流孔板总数是 8 个，每个节流孔板的孔数并不是一定的，需要根据输灰的情况进行调整。由于节流孔板、节流孔比较多，节流孔的调整显得比较复杂。节流孔的配置不当，输灰的效果会有明显的差别，有时会出现输灰管道堵塞，有时会出现输灰周期长等一些情况。因而灰的合理流化，是气力除灰的技术条件。

8.12 输灰管道的内径是如何影响气力除灰的?

输灰管道的内径与灰泵的大小及节流孔板的孔数相匹配。在气力除灰设计时,设计院根据锅炉的出力,灰库的距离,以及燃煤的灰分情况进行计算,选取灰泵的型号,配置相应的输灰管道。当灰泵型号及输灰管道确定后,节流孔板的总孔数也就基本确定下来。输灰管道内径大,与之相匹配的灰泵大,节流孔板的孔数也多。

8.13 气力除灰常出现的故障及处理方式有哪些?

在锅炉正常运行过程中,气力除灰系统出现问题,主要有两个方面的原因:一个是压缩空气的品质发生变化;另一个是灰的情况发生变化。

(1) 压缩空气的品质发生变化 压缩空气系统设计容量偏小,气力除灰在运行中,压缩空气压力波动大,压力低,严重影响了气力除灰。需要增加空压机和储气罐,并对气力除灰的运行方式作了调整,解决了压缩空气压力低,压力波动的问题。

气力除灰运行的调整:气力除灰运行的调整,应根据灰斗灰量的多少,以及实际运行的状况,在主、副泵满泵运行的前提下,合理设置循环间隔时间,尽量减少不同电场在同一时间里同时输灰。

除灰系统在调整节流孔板时,是以两灰泵都能够满泵运行为前提的,因此,只有在两灰泵都满泵的情况下运行,气灰比才能接近最佳值,灰泵的出力最大,输灰管道磨损量最小;当两灰泵的装灰量不同时,就会出现单灰泵运行,气灰比大于最佳值,这样既浪费气,而且输灰时间又长,输灰管道的磨损也严重。

由于主、副灰泵大小一样,两灰斗的落灰量差别不大,在主、副灰泵都能满泵运行的情况下,既能保证两灰斗的料位相差不大,又为主、副灰泵始终保持满泵运行,创造了条件。

(2) 灰的情况发生变化 正常情况下,发电用燃煤的成分比较稳定,变化不大,气力除灰受到的影响不大,但当煤的成分发生较大变化时,气力除灰将受到很大的影响,严重时,灰泵的出力远远小于锅炉产生的灰量,灰斗积灰越来越多,当灰量达到一定程度时,灰斗承受不了灰的重量,而发生变形,甚至会出现更严重的问题。当灰堆积到电除尘阴、阳极时,又会影响到电除尘的运行,影响锅炉安全经济运行。

8.14 气力除灰时煤质发生巨大变化应如何处理?

正常情况下,煤粉燃烧后,产生的灰比煤粉更细小。锅炉燃烧贫煤时,煤粉的细度 R_{90} 一般在 25% 左右,灰的粒径一般在 $30\mu m$ 以下。但是当燃煤煤质下降时,煤的灰分含量增大,煤粉燃烧后,产生的灰虽然比煤粉细小,但比正常情况下灰的粒度要粗得多。若煤中含有大量的煤矸石，煤矸石几乎不会燃烧；又因为煤矸石比较难磨，从磨煤机出去的煤矸石粉末，比煤粉粗大，在炉膛中燃烧后，其颗粒并没有减小多少。因而，当煤中含有较多的煤矸石时，灰的细度可能会远远超过煤粉的细度。

当煤的灰分增大时，处理方法：

(1) 灰分多的煤与灰分少的煤混合，尽量降低入炉煤的灰分，提高煤的质量。

(2) 调整气力除灰的节流孔板，尽量缩短灰泵的循环周期。

(3) 适当降低锅炉负荷。

(4) 做好从灰斗直接放干灰的准备。通过管道直接将灰从灰斗底部放灰口，输送到灰罐车里。

也有人提议，尽量降低一电场电除尘器的出力，减少一电场落灰量，增多二电场落灰量。这种说法并不正确，因为烟道的截面积远远小于电除尘器的截面积，又由于此时灰粒粗大，灰依靠自身的重量，落下的灰量占总灰量的绝大多数。事实证明，当一电场电除尘全部停运，二电场的灰量并没有明显的增加。

如果一电场电除尘不投运，落入一电场灰斗的灰全部是粗灰，粗灰流动性差，更不利于气力除灰的运行，灰泵的循环周期增长较多；如果在这些粗灰中，掺入部分细灰，反而有利于气力除灰，灰泵的循环周期明显缩短，输灰量增大。这是因为细灰流动性强，能够携带粗灰一起运动，气灰比与最佳值相差不大的原因。

为了不影响机组负荷，在应急的情况下，也可以考虑从灰斗底部放灰口将灰输送到灰罐车里，其方法如图 8-5 所示。

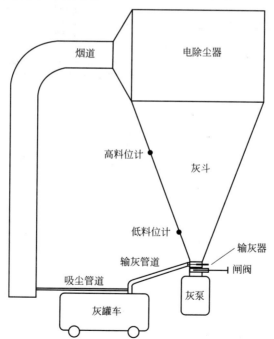

图 8-5　从灰斗底部放灰口将灰输送到灰罐车里

从灰斗的放灰口至灰罐车装料口，接一输灰管道，如图 8-6 所示。

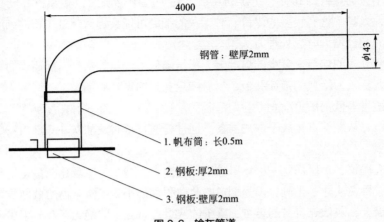

图 8-6　输灰管道

灰斗放灰口的对侧安装一"输灰器"。"输灰器"接压缩空气管道，依靠压缩空气，对灰斗里的灰进行流化，并形成一定的压力，将灰送至灰罐车，"输灰器"示意如图 8-7 所示。

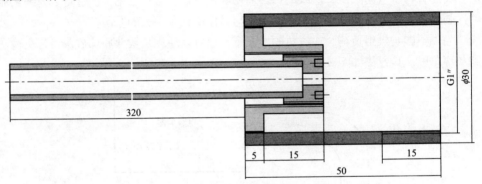

图 8-7　输灰器

从灰罐车的装料口至烟道，接一吸尘管道。这样，从灰罐车进料口冒出的气、灰，通过吸尘管道送至烟道；吸尘管道不需要加任何设备，依靠烟道负压，自动将灰尘吸走。

具体操作步骤：

① 正常情况下，将输灰管道拆下，当干除灰不能满足锅炉运行的需要时，将输灰管道安装上；

② 灰罐车停在合适的位置，将输灰管道出口放好；

③ 将吸尘管道装好，打开吸尘管道阀门；

④ 打开灰斗气化装置阀门；

⑤ "输灰器"接通压缩空气，打开阀门；

⑥ 当灰罐车装满时，关闭"输灰器"阀门；

⑦ 关闭气化装置阀门；

⑧ 关闭吸尘管道阀门；

⑨ 当灰斗高料位降低之后，灰泵能够正常运行时，关闭"输灰器"、气化装置、吸尘管道阀门，拆下输灰管道和吸尘管道。

8.15　如何根据历史曲线对气力除灰系统的节流孔板进行调整？

正常情况下，气力除灰的历史曲线没有大的变化，灰泵满泵运行，其循环周期一般在 4min 左右。当历史曲线发生变化时，说明气灰比发生了变化，需要对气力除灰系统的节流孔板进行调整。调整的原则：一是，节流孔板的总孔数要在规定的范围内变化；二是，每次调整的孔数不能超过 2 个。

(1) 如果在运行中，灰泵开始送灰时，压力升高太快，频繁出现输灰管道堵塞的情况，有三种情况：第一种情况是节流孔板的孔有堵塞现象；第二种情况是灰的粒度有所变化，引起气灰比变化；第三种情况是灰中可能有板结的灰块，灰块进入输灰管道中，阻碍了气力输灰。

针对第一种情况，首先检查流化气的节流孔板是否有堵塞现象，若有堵塞，应当检查其逆止门关闭是否严密；其次检查配气节流孔板是否有堵塞现象，若有堵塞，应当检查其逆止门关闭是否严密。

针对第二种情况，第一个方法是，首先检查节流孔板总的孔数，如果总孔数不低于规定值，应适当增多灰泵的流化风量，同时减少主输送风量，或减少预充压风量；如果节流孔板的总孔数较低，适当增加流化风量即可；第二个方法是，增多配气风量，减少主输送风量，或者减少预充压风量。

对于第三种情况，只能等待机组停机检修时，彻底清理电除尘器及灰斗。

(2) 如果灰泵的运行周期增长，而输送压力低（气源压力不低于 0.55MPa），而灰泵在开始送料时，压力升高得快，输灰管道吹扫压力正常，说明流化风量大，配气风量少，应当适当减少流化风量，增多配气风量。

(3) 如果灰的运行周期增长，输送压力高（气源压力不低于 0.55MPa），灰泵在开始送料时，压力升高得不快，在每一个周期最后，压力下降较缓慢，不发生堵塞输灰管的现象，输灰管道吹扫压力高。说明配气风量大，应当适当减少配风量。

8.16　完全蒸汽加热方案是怎样的？

完全蒸汽加热方案是指整个低低温电除尘器的低压加热全部采用蒸汽。具体方案为：辅汽经过减压装置后，压力保持在 0.7～0.9MPa，先加热除尘器灰斗，使灰斗加热区域的温度达到 100～120℃。灰斗加热后的饱和水或汽水混合物，再进入灰斗气化风蒸汽加热器和绝缘子吹扫风蒸汽加热器，将气化风和吹扫风的温度加热到130～150℃，凝结水最后以70～90℃的过冷温度排出，进入锅炉启动扩容器水箱回收利用。

本方案与普通蒸汽加热方案的不同之处，在于带压力的饱和水热能得到了进一步利用，最后以很大过冷度的低温水排出，蒸汽的热能利用率可达到90%，因此汽耗量显著降低。过冷排水不会产生闪蒸蒸汽，方便回收利用。

(1) 灰斗蒸汽加热方案 灰斗蒸汽加热与普通的蒸汽盘管加热没有区别，只是布置方式稍有不同。所使用的盘管通常是光管盘管，布置高度为锥部以上 2/3 灰斗高度。但对于某些机构复杂的灰斗，也可以采用带翅片管的盘管，以便在较小的布置空间，安排较大的散热面积。

盘管与灰斗壁之间的换热，本质上是自然对流与低温辐射换热的综合。作为散热器的圆盘管是不可能与平板灰斗壁进行导热传热的。此方案采用经过实践验证的专利技术，具体做法是采用小直径小节距盘管，盘管的外表面与灰斗壁保持一定的距离，在盘管外侧一定距离处，覆盖一层铝箔，最后才覆盖保温层。这种带夹层空间的布置方式，可以最大限度地发挥自然对流的作用，而高反射率的铝箔又可以强化盘管的低温辐射换热，因此，总的对流辐射换热系数可以达到 $15W/(m^2 \cdot ℃)$。盘管为碳钢，不需要油漆，因为普通油漆在高温下开裂起壳，会严重影响传热。如果必须涂油漆，也只能采用高辐射率的耐温 200℃ 以上的耐高温漆。

(2) 灰斗气化风与绝缘子吹扫风加热方案 0.7～0.9MPa 的蒸汽，其饱和水温度为 170～180℃，如果通过疏水器饱和疏水，将产生 15% 以上的闪蒸蒸汽，既浪费能源又有视觉污染。灰斗气化风和绝缘子吹扫风需要加热到 130℃ 以上，正好可以利用饱和水的显热。因此，此完全蒸汽加热方案，就是将灰斗加热后的高温饱和水引入灰斗气化风与绝缘子吹扫风蒸汽加热器，最后成为 70～90℃ 的过冷水排放出去。由于饱和水的热功率小于气化风和吹扫风的加热功率，因此还需要补充部分蒸汽，这样进入气化风与吹扫风蒸汽加热器的热源，实际上是汽水混合物。

此方案的灰斗气化风与绝缘子吹扫风蒸汽加热器是一种高效安全的汽水-空气加热装置，能同时满足饱和水、汽水混合物、蒸汽等介质的冷却，最后都是以过冷水的形式排放出去。加热器的换热元件为厚壁的不锈钢-铝翅片管，经久耐用。加热器自带调节装置和就地仪表。另外，该加热装置还配置保安控制系统，实时监测冷风与热风的温湿度，判断是否发生了汽水泄漏，从而采取措施。

吹扫风蒸汽加热器布置在除尘器下面，一般采用两台加热器，同时使用又互为备用。正常使用时是低温过冷排水，如果有一台故障检修，则另一台通过提高排水温度，可以大幅度的增大加热功率，从而能最低限度地满足吹扫风的加热需要。风机也是两用一备或一用一备。热风通过一根总风管送到除尘器顶部，再分配到绝缘室。对于 1000MW 机组，为减小吹扫风分配的不均匀性，最好采用 4 台加热器，两根总风管。

为确保吹扫风对绝缘子的有效加热，最好采用环形吹风管对瓷套外表面进行吹风加热，对瓷套顶盖进行进风口改造，确保必要的阻力损失和对内壁的均匀吹扫。绝缘室的热风吹扫，如图8-8所示。

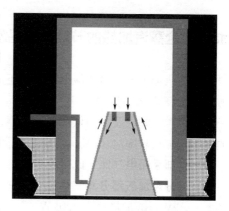

图8-8　绝缘室布风示意图

8.17 完全蒸汽加热的效果是什么?

上述方案的完全蒸汽加热，在一些电厂做过低低温除尘器的完全蒸汽加热。电除尘的电加热系统虽然简单，投资很少，但加热效果和可靠性并不好。电加热器的使用寿命一般只有5000～10000h，灰斗上的板式加热器数量多，坏了也无从发现，维修极其困难。而且板式加热器的加热不均匀，没有加热器的地方温度很低，而焊接良好的蒸汽盘管不容易泄漏，可靠性很高，加热非常均匀。

以某电厂的低低温电除尘器完全蒸汽加热为例，其基本参数如表8-2。该电厂除尘器有32个灰斗，顶部为大绝缘室结构，136个绝缘瓷套集中在顶部AB两侧对的大绝缘室里，吹扫风通过一根总风管送入绝缘室的布风管，最终通过瓷套的环形吹扫管吹出。

⊡ **表8-2　600MW机组低低温电除尘器完全蒸汽加热参数表**

序号	名称	灰斗蒸汽加热	气化风蒸汽加热	吹扫风蒸汽加热
1	加热功率/kW	640	40	280
2	加热温度/℃	110～125	135	135
3	各装置排水温度/℃	170	80	80
4	综合排水温度/℃	80～85		
5	蒸汽耗量/(kg/h)	1160	0	240
6	蒸汽耗量合计/(kg/h)	1400		
7	蒸汽折算功率/kW	190		
8	节能率	[1−(190/960)]×100％＝80％		

由表8-2可见，完全加热系统的加热效果还是很好的。根据检测和计算，环形出风管吹向绝缘子的风温高于110℃。

以1400kg/h的蒸汽耗量，就替代了960kW的电加热功率，考虑到这些蒸汽最多可以发出190kW的电，折算成电加热后，节能率可达到80％。如果采用普通的蒸汽加热方案，完全饱和排水，需要的蒸汽量为1750kg/h，比高效加热系统增加350kg/h的蒸汽耗量，增加率为25％。

8.18 完全蒸汽加热的节能效果是怎样的?

完全蒸汽加热无论对常规电除尘器还是低低温电除尘器,都是最节能最经济的加热方式。假设某600MW机组有32个灰斗,有1台40kW的气化风加热器,136个绝缘子电加热器,如果要成为低低温除尘器,每个灰斗的加热功率约20kW,每个绝缘子的吹扫风加热功率约2kW。表8-3是三种情况的经济性对照表。

(1) 全部采用电加热 此时电加热的功率达到960kW。

(2) 部分电加热部分蒸汽加热 通常是灰斗蒸汽加热,其余电加热。此时蒸汽加热功率640kW,电加热功率320kW。

(3) 完全蒸汽加热 此时电加热功率为0,蒸汽加热功率960kW。

⊡ 表8-3 不同加热方式的经济性对比

序号	名称	全部电加热	部分电加热部分蒸汽加热	完全蒸汽加热
1	总加热功率/kW	960	960	960
2	电加热功率/kW	960	640	0
3	蒸汽加热功率/kW	0	320	960
4	年运行时间/h	7000	7000	7000
5	年电加热能耗/(10^4kW·h/a)	672	224	0
6	年蒸汽加热消耗/(t/a)	0	8120	9800
7	年折算电耗/(10^4kW·h/a)	672	224+45	133
8	电价成本/[元/(kW·h)]	0.4	0.4	0.4
9	年加热成本/万元	269.6	107.6	53.2

由表8-3可见,完全蒸汽加热的年加热成本,大约只有完全电加热成本的1/5,只有部分电加热成本的1/2。

8.19 导电过滤器在热电机组电除尘器改造提效中的应用案例

某电厂机组配套的是$2×265m^2$四电场双室电除尘器,处理烟气量为$2003775m^3/h$,电场风速1.05m/s,烟尘排放浓度约$100mg/m^3$。本次改造原方案是在第四电场的后部增加一个电场,改造成$2×265m^2$五电场双室电除尘器,以达到增加收尘面积、提高收尘效率的目的。但该电厂已有相同工况的五电场电除尘器的烟尘排放约50~$80mg/m^3$,远超出改造预期目标值$<20mg/m^3$,因此该热电厂经过多方考察,最终选择导电滤槽技术对第三、四电场进行同步改造,改造完成后,对该电除尘器进行烟尘排放的检测结果为$<15mg/m^3$,比改造前降低烟尘排放浓度85%(停运第五电场时降低烟尘排放浓度约70%)。

8.20　过滤式电除尘器有效捕集 PM$_{2.5}$ 的微细粉尘应用案例

某公司烘干机新建 72m^2 过滤式三电场电除尘器。

该烘干机采用燃烧烟煤烘干焦炭粉，其粉尘比电阻＜10$^4\Omega\cdot$cm，属低比电阻的微细粉尘，其燃煤黑烟大部分粒径属于 PM$_{2.5}$ 范围。新建滤槽电除尘器投运一年后，经当地环保部门几次检测烟尘排放＜30mg/m^3，收尘效率 99.9％以上，一般只投运两个电场林格曼黑度就＜1。过滤式电除尘器改变了电除尘器只能收尘不能消烟的历史，可有效捕集 PM$_{2.5}$ 微细粉尘，扩展了电除尘器的应用范围和领域。

8.21　粉煤灰的主要来源是什么？

粉煤灰的主要来源是以煤粉为燃料的火电厂和城市集中供热锅炉，其中 90％以上为湿排灰，活性较干灰低，且费水、费电、污染环境，也不利于综合利用。为了更好地保护环境并有利于粉煤灰的综合利用，考虑到除尘和干灰输送技术的成熟，干灰收集应成为今后粉煤灰收集的发展趋势。

我国多数大中型电厂粉煤灰的化学成分与黏土很相似，但其二氧化硅含量偏低，三氧化二铝含量偏高。含碳量少于 8％的占 68％，随着锅炉燃烧技术的提高，含碳量趋向于进一步降低。粉煤灰的细度随煤粉细度、燃烧条件和除尘方式不同而异，多数电厂粉煤灰细度为 4900 孔筛筛余 10％～20％。各电厂粉煤灰容重差异较大，一般为 700～1000kg/m^3。

8.22　粉煤灰的形态特征是什么？

粉煤灰是一种高度分散的微细颗粒集合体，主要由氧化硅玻璃球组成，粒径 1～50μm，根据颗粒形状可分为球形颗粒与不规则颗粒。球形颗粒又可分为低铁质玻璃微珠与高铁质玻璃微珠，若据其在水中沉降性能的差异，则可分出漂珠、轻珠和沉珠；不规则颗粒包括多孔状玻璃体，多孔炭粒以及其他碎屑和复合颗粒。以上各颗粒非常细小，只有借助 SEM（扫描电子显微镜）才能详细观察其形态特征。

8.23　粉煤灰的化学成分是什么？

粉煤灰是一种火山灰质材料，来源于煤中无机组分，而煤中无机组分以黏土矿物为主，另外有少量黄铁矿、方解石、石英等矿物。因此粉煤灰化学成分以二氧化硅和三氧化二铝为主（氧化硅含量在 48％左右，氧化铝含量在 27％左右），其它成分为三氧化二铁、氧化钙、氧化镁、氧化钾、氧化钠、三氧化硫及未燃尽有机质（烧失量）。不同来源的煤和不同燃烧条件下产生的粉煤灰，其化学成分差别很大。表8-4为我国火力发电厂粉煤灰的主要化学成分。

⊡ 表8-4　我国火力发电厂粉煤灰的主要化学成分　　　　　　　　　　　　　　　　单位：%

成分	二氧化硅	三氧化二铝	三氧化二铁	氧化钙	氧化镁	氧化钾	氧化钠	三氧化硫	烧失量
变化范围	33.9～59.7	16.5～35.4	1.5～19.7	0.8～10.4	0.7～1.9	0.6～2.9	0.2～1.1	0～1.1	1.2～23.6
平均值	50.6	27.1	7.1	2.8	1.2	1.3	0.5	0.3	8.2

8.24　粉煤灰的物相组成是什么？

粉煤灰以玻璃质微珠为主，其次为结晶相，主要结晶相为莫来石、磁铁矿、赤铁矿、石英、方解石等。

玻璃相是粉煤灰的主要结晶相，粉煤灰玻璃质微珠及多孔体均以玻璃体为主，玻璃体含量为50%～80%，玻璃体在高温煅烧中储存了较高的化学内能，是粉煤灰活性的来源。

莫来石是粉煤灰中存在的二氧化硅和三氧化二铝在电厂锅炉燃烧过程中形成的。SEM下偶尔可以见到莫来石的针状自形晶集合体，莫来石含量在3.6%～11.3%之间，其变化与煤粉中三氧化二铝含量及煤粉燃烧时的炉膛温度等诸多因素有关。

磁铁矿和赤铁矿是粉煤灰中铁的主要赋存状态，一般磁铁矿含量较高。

石英为粉煤灰中的原生矿物，常量棱角状，不规则粒，粒度20～150目不等，含量不高。

8.25　粉煤灰的其它性质还有哪些？

(1) 活性　也称为火山灰活性，指粉煤灰能够与石灰生成具有胶凝性能的水化物。粉煤灰本身没有或略有水硬胶凝性能，但在水分存在，特别是在水热处理（蒸压养护）条件下，能与氢氧化钙等碱性物质发生反应，生成水硬胶凝性能化合物。

粉煤灰活性与粉煤灰化学成分、玻璃体含量、细度、燃烧条件、收集方式等因素有关。一般水合二氧化硅含水量高、燃烧温度高、玻璃体含量多、曲度大、含碳量低的粉煤灰活性高。

(2) 物理性能　粉煤灰物理性能包括容重、密度、曲度和比表面积等，这些性质对粉煤灰非常重要，是化学成分及矿物组成的宏观反映。粉煤灰的细度、含水率等物理性质见表8-5。

项目	细度/%	含水率/%	烧失量/%	需水比/%	28 天活性指数/%
测量值	18.3	0.2	2.1	100	72.5
标准值	≤25.0	≤1.0	≤8.0	≤105	—

8.26　粉煤灰的危害有哪些?

粉煤灰是火力发电的必然产物，每消耗 4t 煤就会产生 1t 粉煤灰。中国的火电装机容量从 2002 年起呈现出爆炸式的增长，因此，粉煤灰排放也在过去 8 年内增长了 2.5 倍。据报道，2009 年中国粉煤灰产量达到了 3.75 亿吨，相当于目前中国城市生活垃圾总量的 2 倍多；其体积可达到 4.24 亿立方米，相当于每 2 分半钟填满 1 个标准游泳池。如此规模，如不能妥善治理，将严重威胁环境和公众健康。报告称，中国超七成的能源消耗来自煤炭，电力行业耗煤量占其中一半以上。煤炭中的有害重金属和放射性物质，在燃烧后以较高浓度留存于粉煤灰中。

粉煤灰污染进入食物链，曾有组织在 2010 年 1 月至 8 月间对中国 14 家火电厂的粉煤灰灰场进行了实地调查。报告称，调查共测出 20 多种对环境和人体健康有害的重金属、化合物等物质。虽然粉煤灰中重金属等物质的浓度低于某些工业污染，但由于粉煤灰排放量巨大，最终释放到环境中的有害物质总量仍然相当可观。这些有害物质对环境和公众健康的危害是长期的、慢性的，所以更容易被忽视。

粉煤灰中的有害物质已不可避免地污染了周围的土壤、空气和水，不仅威胁到附近居民的身体健康，还会通过食物链危害到更大的公众群体。在水体污染情况调查中，查出多家火电厂灰场附近的地表水和地下井水污染物超标。

粉煤灰灰场占地问题也日趋严重。灰场运行中，附近的村落和农田均受到不同程度的粉煤灰扬尘污染。所有被调查的火电厂灰场附近居民都表示患有皮肤病或肺病等呼吸道疾病。在一些灰场附近，牛羊食用受到粉煤灰污染的草叶后出现腹泻、掉奶、掉仔及死亡等情况。大量扬尘飘落到附近农田中，造成土地盐碱化。由于地下水源受到粉煤灰渗滤液影响，村民被迫改变饮水源，有些村民不得不购买昂贵的瓶装纯净水。一些村庄的房屋地基，受上涨地下水浸泡，开裂变形，以至无法居住。

强降雨、洪涝等自然灾害引起山体崩塌、滑坡、泥石流等次生灾害时，灰场中贮存的数十万吨含有多种重金属等有害物质的粉煤灰会成为人身安全和生态灾难的巨大隐患。目前粉煤灰的实际综合回收利用率只有 30%。

8.27　我国是如何处理粉煤灰的?

为了处理工业固体废弃物粉煤灰、保护环境，早在 20 世纪 50 年代中后期，国内就开展了大量利用粉煤灰的研究，首先生产了粉煤灰泡沫混凝土板，用于北京首都机场的机库屋面。60年代，粉煤灰中型密实砌块在上海市公共住宅建筑普遍应用，在上海城市建设中发挥了重大作用。受上海启发和影响，苏州、无锡、常州、南京、济南、成都、攀枝花等地相继建设了近30条生产线，一直生产到80年代中后期，后因块型大、块太重、施工麻烦，而逐渐改产、停产。当蒸压灰砂砖在我国开发成功，并普遍推广后，受其启发，研究用粉煤灰和炉渣代替砂子做原料生产蒸养和蒸压粉煤灰砖，并获得成功，随即在全国推广相继建成近40条生产线，因性能、价格、市场问题经营销售一些年以后陆续萎缩、停产，但也有部分企业至今仍继续生产，并取得不错的效益，如武汉硅酸盐制品厂等，目前也有些新的生产线在建设。70年代在引进消化蒸压加气混凝土技术的基础上，研究成功用粉煤灰代替砂子生产粉煤灰加气混凝土制品，目前用粉煤灰做原料的加气混凝土产品的产量已占全国加气混凝土总产量的80％。70年代又进行了利用粉煤灰做原料生产烧结陶粒的研究，在天津硅酸盐制品厂建成了我国唯一的一条采用烧结机和燃煤粉烧结粉煤灰陶粒生产线，成功生产出粉煤灰陶粒用于天津市建筑和建筑构件生产，如预制混凝土大板，至90年代因城市的拓展，该厂场地改作房地产开发用地，而被迫停产。同期很多单位以粉煤灰代替部分黏土生产烧结实心砖和空心砖，并探索不断提高粉煤灰掺加量，力求最大限度地利用粉煤灰。

8.28 粉煤灰在建材制品方面是如何被应用的?

此类用灰量约占粉煤灰利用总量的35％左右，主要技术有：粉煤灰水泥（掺量30％以上）、替代黏土作水泥原料、普通水泥（掺量30％以下）、硅酸盐承重砌块和小型空心砌块、加气混凝土砌块及板、烧结陶粒、烧结砖、蒸压砖、蒸养砖、高强度双免浸泡砖、双免砖、钙硅板等。

粉煤灰建筑材料的性能与传统的建筑材料相比有许多优点。如粉煤灰加气混凝土，其干容重只有$500kg/m^3$，不到黏土砖的1/3；热导率为$0.11\sim0.13W/(m\cdot K)$，约为黏土砖的1/5，具有轻质、绝热、耐火等优良性能。硅酸盐砌块强度达到100～150号，热导率比普通混凝土小一半，且砌筑效率高。粉煤灰烧结砖比普通黏土砖轻15％～20％，热导率只有黏土砖的70％。粉煤灰陶粒性能优于天然轻骨料，用其配制的混凝土不仅容重轻，而且具有保温、隔热、抗冲击等优良性能，在高层建筑、大跨度构件和耐热混凝土中得到应用。粉煤灰硅酸盐水泥干缩性小，水化热低，抗裂性、和易性与可泵性好，特别适用于大坝工程及泵送混凝土施工。

粉煤灰含有一定的残留炭，用其烧制建筑材料可节约大量能量。当粉煤灰热值为500kcal/kg，掺用量为40％时，可节约烧砖用煤50％。生产粉煤灰砌块的能耗仅为同体积黏土砖的60％左右。利用粉煤灰生产建筑材料、筑路和回填可以节约大量黏土。对粉煤灰烧结砖，粉煤灰掺加量一般为30％～50％，最高到70％，相应节约用土

$30\%\sim70\%$。

8.29 粉煤灰是如何代替黏土做生产水泥的原料的?

粉煤灰的成分与黏土相似,可以替代黏土配料生产水泥,还可利用其残余炭,在煅烧水泥熟料时可节约燃料。生产工艺和技术装备与生产普通硅酸盐水泥一样,无特殊工艺技术要求。但要注意配料方案的调整,严格控制各种原料的掺入量,以保证出磨生料化学成分符合要求。熟料煅烧采用机立窑或回转窑均可。

8.30 粉煤灰是如何做生产水泥的混合材料的?

在磨制水泥时,除掺加$3\%\sim5\%$的石膏外,还允许按水泥的品种和标号添加一定量的材料与熟料共同粉磨,习惯上称此材料为混合材料。

用粉煤灰做混合材料时,其质量需达到GB 1596的要求。根据粉煤灰的掺量,可生产普通硅酸盐水泥、矿渣硅酸盐水泥(粉煤灰掺量$\leqslant15\%$)和粉煤灰水泥(粉煤灰掺量$20\%\sim40\%$)。由于粉煤灰掺量增加,粉煤灰水泥与普通硅酸盐水泥性能有所不同,主要是早期强度有所降低。在生产中对粉煤灰的均匀性要求严格。用$60\%\sim70\%$粉煤灰、$25\%\sim30\%$水泥熟料及少量石膏进行研磨,可生产低标号水泥,称为砌筑水泥。这种水泥用灰量大,生产成本低,市场容量大,是很有开发前途的利废产品。

粉煤灰做水泥混合材料最好用干灰,可以降低能耗和二次污染。干排灰可由密封罐车、密封罐船或通过管道用气体输送进厂,经贮库、加料仓进入水泥磨与熟料和石膏混磨。

8.31 粉煤灰在建设工程方面是如何被应用的?

此项用灰量占利用总量的10%,主要技术有:粉煤灰用于大体积混凝土、泵送混凝土、高低标号混凝土,粉煤灰用于灌浆材料等。粉煤灰在砂浆中可以代替部分水泥、石灰或砂,用于砂浆中的粉煤灰质量要求不高,砂浆在建筑工程中用量很大,可利用大量粉煤灰。目前尚无国家或行业技术标准和施工规范,在使用前需经过配比试验。

用粉煤灰作混凝土掺和料,要求粉煤灰有较高的质量,如细度要大、活性要高、含碳量要低。因此常用磨细粉煤灰,每立方米混凝土可用灰$50\sim100kg$,节约水泥$50\sim100kg$。掺粉煤灰的水泥凝结较缓慢,和易性好,能减少离析、泌水,可泵性能好,有利于较长距离运输和泵送施工。

掺粉煤灰混凝土的制作工艺流程与普通混凝土基本相同,只是增加了粉煤灰这种原料需要增加相应的储存、计量和输送设备。

8.32 粉煤灰在道路工程方面是如何被应用的?

这部分用灰量占利用总量的 20%，主要技术有：粉煤灰、石灰石砂稳定路面基层，粉煤灰沥青混凝土，粉煤灰用于护坡、护堤工程和刚粉煤灰修筑水库大坝等。

粉煤灰用于筑路和回填是投资少、见效快的一种直接大用量利用粉煤灰的途径。此种道路寿命长，维护少，可节约维护费用 30%～80%。用粉煤灰、石灰和碎石按一定比例混合搅拌可制作路面基层材料。掺加量最高可达 70%，对粉煤灰质量要求不高，可根据《粉煤灰、石灰道路基层施工暂行技术规定》(CJJ 4—83) 进行生产和施工。粉煤灰代替黏土筑路堤有全灰和间隔灰两种。

8.33 粉煤灰作为填筑材料是如何被应用的?

填筑用灰量占利用总量的 15%，主要有：粉煤灰综合回填，矿井回填，小坝和码头等的填筑等。

粉煤灰均可满足对填方材料的质量要求，且粉煤灰对水质不会造成污染。工程回填、围海造田和矿井回填等可大量使用粉煤灰。

8.34 目前粉煤灰综合利用方面存在的问题有哪些?

我国地域辽阔，各地煤质及电厂锅炉燃烧情况不尽相同，各地政府及群众的认识和重视程度也有差异。所以我国粉煤灰综合利用还存在一些问题，如：以煤为主的电力工业迅速发展和粉煤灰综合利用相对落后问题，供需双方利益分配及政策调控力度不够问题，技术研究开发力量较薄弱分散，宣传力度和群众认识程度不够等，很多技术上需要进一步完善。今后的发展重点主要有：

(1) 大用灰量项目的研究开发和推广 这可以迅速有效地解决粉煤灰所带来的环境问题，是目前减少粉煤灰污染占地的最有效途径。要进一步扩大粉煤灰在公路建设中的利用，继续完善粉煤灰建材制品如免烧砖的配比和工艺等。

(2) 粉煤灰在混凝土中的优效应用技术 继续开展粉煤灰应用于混凝土工程的机理研究。引用国际上正在发展的"高标号水泥＋大产量粉煤灰＋高效减水剂"的方法，同时，积极开展高钙粉煤灰中 F-CaO 的控制研究，发展高钙粉煤灰作为混凝土掺和料的应用技术。

(3) 粉煤灰硅铝铁合金冶炼技术 这种方法是在高温下用炭将粉煤灰中的 SO_2、Al_2O_3、Fe_2O_3 等氧化物的氧脱去，并除去杂质制成硅、铝、铁三元合金或硅、铝、铁、钡四元合金，作为热法炼镁的还原剂和炼钢的脱氧剂，这样粉煤灰利用率高，成本低，市场大，可显著提高金属镁的纯度和钢的质量。

（4）粉煤灰在塑料、橡胶等方面的应用　粉煤灰在此主要作为添加剂来使用，可以不断扩大粉煤灰的高值利用领域。

（5）粉煤灰高新技术的研究　如粉煤灰复合高温陶瓷涂层技术，粉煤灰微珠复合材料，粉煤灰微珠细末分离技术等。

（6）粉煤灰利用专用设备的研究开发和粉煤灰利用管理体系研究　着重开展自动化程度高的粉煤灰利用专用设备，提高粉煤灰利用的技术装备水平。

开展粉煤灰综合利用工程技术经济性和系统性理论研究，制订合理的粉煤灰综合利用的产品标准、技术规程、质量管理体系和评价体系。

粉煤灰科学技术是一项综合性、边缘性科学技术，其技术的可持续发展，依赖于其它学科的最新进展。若能合理利用，则既能够用来化解粉煤灰所带来的环境问题，又能够将其作为一个新兴的资源以发展多种实用性产品，其前景是非常美好的。

8.35　低低温除尘器加热的基本要求是什么？

（1）灰斗加热　低低温除尘器的烟气温度一般低于 90℃，燃用含硫量 0.5％～1％的煤机组的露点温度在 85～100℃，因此，低低温除尘器的烟气温度一般正处于露点温度附近。为防止灰的黏结和腐蚀，灰斗壁的加热温度应高于酸露点温度 10℃以上。因此一般要求灰斗壁的加热温度在 100～120℃。加热面一般是灰斗锥部以上 2/3 灰斗高度。

灰斗加热的功率与灰斗大小、烟气温度、环境温度、保温状况等有关，通常的设计功率为 15～20kW/灰斗。

（2）灰斗气化风加热　灰斗气化风的作用是使灰斗内的积灰流化，防止板结，排灰顺畅。电除尘器一般采用电加热器，配罗茨风机，将加热到 120～150℃的热风输送到除尘器的气化风管道，然后从每个灰斗锥部两侧的气化板进入除尘器灰斗内。气化风的风量较小，每个灰斗约 30～40m³/h，因此每台 600MW 机组除尘器的灰斗气化风加热功率在 50～100kW 不等，与灰斗数量有关。

（3）绝缘子吹扫风加热　常规除尘器的每个绝缘子的加热功率在 1～1.5kW，由于烟气温度在 100～120℃，绝缘子通常只在环境温度较低的时候才需要加热。而低低温除尘器的烟气温度通常低于 90℃，处于露点温度附近或以下，因此绝缘子室必须不间断地加热，而且要对表面进行吹扫，防止积灰和结露。热风吹扫通过三方面防止绝缘子爬电：首先热风对瓷套外壁加热，可防止外表面空气结露；其次热风对内表面吹扫，可清洁瓷套内壁面，防止积灰和酸雾黏附；最后热风进入瓷套内部，形成一股微弱的空气流向瓷套防尘筒，可阻止烟气进入瓷套内，大大降低瓷套内的烟气浓度，也就大大降低了内部气体的露点温度。因此，只要进入绝缘子内的热风达到 100℃左右，即使除尘器内烟气酸露点温度很高，瓷套内的气体露点温度也不高，不会在内壁结露，可保证低低温除尘器的安全运行。湿式电除尘器的绝缘子吹扫能说明这个道理。湿式除尘器的烟气温度已经处于水露点以下了，其绝缘子采用温度只有60~70℃的热风进行吹扫，由于风量比干式除尘器大很多，瓷套内没有湿烟气进入，就可以安全运行。

　　由此可见，绝缘子的热风吹扫是十分必要的，在平均风量 $45m^3/h$ 左右的情况下，热风温度保持在100℃左右即可。

第9章
节水技术

9.1 节水的关键环节有哪些?

第一步：水平衡试验和优化。

在测量水流量、分析水质、系统优化之后，制定全厂水平衡利用的技术方案，提出各种废水综合利用的技术方案。

第二步：提高循环水浓缩倍率。

提高浓缩倍率存在风险，所以要通过试验，对下面的问题需要充分评估：

① 高浓度的 Ca^{2+}，HCO_3^-，硅可能引起结垢的危险；

② 生物黏泥等沉积物会引起金属材质的腐蚀，尤其是铜管的表面；

③ SO_4^{2-} 对混凝土的腐蚀。

浓缩倍率的提高要与冲灰系统的改造配套进行。

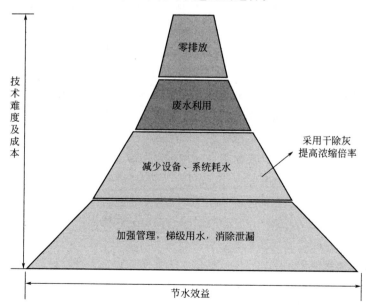

图 9-1　电厂节水各环节技术难度及效益塔式图

第三步：采用干除灰。

为了满足冲灰的需要，人为降低循环水浓缩倍率，所以采用干除灰，但现状是原设计采用干除灰的电厂比例较低，没有干灰储存设施或场地；并且达不到设计的灰水比，主要原因有：灰浆在管道内沉积、管道结冰等。

第四步：废水综合利用。

废水综合利用的顺序是：避免废水产生→减少废水数量→废水综合利用。

废水综合利用的要点是：废水综合利用方案的制定要在全厂水平衡优化的框架内进行。

图 9-1 为电厂节水各环节技术难度及效益的塔式图。

9.2 节水的过程中存在的问题有哪些?

(1) 设计阶段存在的问题

① 对废水的综合利用没有规划，尤其是多期扩建的机组；废水回用的成本高、工艺复杂、投资高。

② 没有分类回收、分类处理。废水处理设施按照达标排放的要求设计的，其处理效果满足不了废水回用的要求。

③ 设备设计错误。

(2) 水务管理方面的问题

① 缺乏水务管理标准。

② 电厂的用水系统必要的流量表计配备不完善；有些配置的仪表也因损坏不能正常使用。

③ 水费的收取制度不合理，有些地区水的收费采取固定收费，影响了电厂节水的积极性。

(3) 循环水系统的浓缩倍率过低　浓缩倍率对单位发电量取水量的影响是最大的。从节水角度来讲，浓缩倍率总体偏低，不利于电厂水量平衡和废水的综合利用。

(4) 水力除灰　影响循环水浓缩倍率的提高。

(5) 废水处理设施陈旧，废水综合利用水平不高

① 整体来说，废水回用还处于较低的层次，没有按照最合理的方式进行分类、综合利用，在这方面潜力还很大。

② 多数电厂的废水收集和处理系统是按照排放要求设计的，不能进行分类处理和回用，因此废水收集、处理系统有待改造完善。

(6) 废水降级使用　例如，主厂房排水大多水质较好，经过处理后完全可以补入循环水系统。如果用这些水来冲灰，属于典型的废水降级使用。有些电厂将各种废水都排入灰渣系统，使得冲灰系统以很低的灰水比运行，除渣系统则产生大量的外溢废水。因为这些废水最终还是通过灰场或除渣系统外排，表面上看是废水回用，实际上是借道排水。

9.3 废水是如何分类的?

(1) 低含盐废水 在系统运行过程中,水的盐分没有明显的增加。

(2) 高含盐、低悬浮物废水 在系统运行过程中,水的盐分因为浓缩或外界加入等原因发生明显的增加。

(3) 高含盐、高悬浮物废水 主要是冲灰水、煤泥废水、脱硫废水等。

9.4 废水综合利用的难点是什么?

(1) 现有的废水处理系统很多是按照达标排放设计的,其水质不能满足回用系统的要求。

(2) 电厂的废水种类多,水质复杂;需要分类处理和分别回用;收集系统复杂。

(3) 技术条件不完善。例如,深度处理工艺还没有达到成熟设计的阶段,缺乏回用水质标准。

9.5 什么是电厂海水淡化技术?

海水淡化是指从海水中获取淡水的技术和过程,通过脱除海水中的大部分盐类,使处理后的海水达到生活和生产用水标准。目前海水淡化方法有数 10 种,但达到商业规模的主要有反渗透法和蒸馏法,即膜法和热法。随着能量回收装置等新技术的使用,膜法海水淡化技术的能耗远远低于热法海水淡化技术,但目前业内对热法和膜法海水淡化能耗指标的准确比较还没有统一的标准,因此在选择工艺时要根据不同的行业、不同的水质和地理条件以及应用的不同目的等进行综合比较。

以某电厂的海水淡化工艺为例,具体介绍此项技术。该电厂选择了"超滤＋反渗透"的双膜法海水淡化工艺,制水量为 3.5 万吨/天,为国内起步较早的大型海水淡化工程,也是目前国内已投产的最大的海水淡化工程。工程自 2006 年 3 月投产以来,不但满足现场 4 台 1000MW 超超临界机组的用水需求,还在缺水时向当地提供生活用水。

该电厂 (4×1000MW) 地处浙东南沿海的乐清湾东岸,玉环岛西侧。玉环岛面积不足 200km²,淡水来源主要为天然降水,淡水资源紧张。为保障机组供水的安全可靠,该电厂所有的生产、生活用水均由双膜法海水淡化系统供给。

海水淡化和补给水除盐系统流程如下所示:

海水→机组循环泵 (或机组循环水排水虹吸井)→海水原水池→海水原水升压泵→絮凝沉淀池→超滤配水槽→超滤膜池→超滤膜组件→超滤透过液泵→超滤产水

箱→一级 RO 海水提升泵→一级 RO 保安过滤器→一级 RO 高压泵和 PX 能量回收装置→一级 RO 膜组件→一级 RO 产水箱→二级 RO 升压泵→二级 RO 膜组件→二级 RO 产水箱→阳床供给泵→逆流再生阳床→鼓风式除气器→中间水箱→中间水泵→逆流再生阴床→混床→除盐水箱→除盐水输送泵→每台机组的凝结水补水箱。

系统流程见图 9-2。

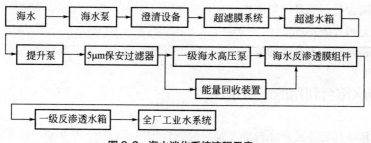

图 9-2　海水淡化系统流程示意

该电厂的海水淡化和补给水除盐系统的设计出力将满足该厂 4×1000MW 超超临界燃煤机组正常运行所需的工业水、生活水、消防水、除盐水的用量。海水淡化和补给水除盐系统分海水预处理沉淀系统、超滤系统、RO 系统和补给水除盐系统等四个互相有机结合的子系统，其中海水预处理沉淀系统采用长春联创公司的微涡絮凝沉淀池、超滤系统采用加拿大泽能（ZENON）公司的浸入式 ZeeWeed1000 系列超滤系统、RO 系统采用带 PX 能量回收装置的一级海水淡化 RO 系统和二级预脱盐 RO 系统、补给水除盐系统采用无顶压逆流再生的二级离子交换除盐系统。

该系统的取水水源为乐清湾的海水，乐清湾海水泥沙以海域来沙为主，悬沙中值粒径 0.003～0.0052mm，属极细粉砂和粗黏土，泥沙输移以悬沙为主。夏季大潮全潮垂线平均含沙量为 0.05～0.2kg/m³，冬季大潮全潮垂线平均含沙量为 0.134～0.331kg/m³。水温在 3～32℃之间变化、含盐量在 2.6%～4.5%之间变化。

海水预处理沉淀系统的设计处理水量总计为 6000m³/h，分为 4 个系列，每个系列的最大处理量为 1500m³/h，处理后的出水浊度确保小于 5NTU；超滤系统总净产水水量为 3200m³/h，分为 6 个系列，每个系列的最大处理量为 533m³/h，超滤装置的水的利用率设计应大于 90%，胶体硅去除率应大于 95%。超滤装置的出水水质如表 9-1。

☐ **表 9-1　超滤装置的出水水质**

参数	单位	透过水	注
浊度	NTU	<0.1	平均
SDI		<2.5 <3	90%时间 99.9%时间
TSS	mg/L	<0.5	平均

一级 RO 系统设计产水的总量为 1440m³/h，分为 6 个系列，每个系列的最大处

理量为 240m³/h，其中部分产水作为工业用水、生活用水和消防用水，直接进入相应的工业水池、生活水池和消防水池，水量为 980m³/h；水量为 460m³/h 的另一部分产水，再经三个系列，每个系列最大处理量为 130m³/h 的二级 RO 系统进一步脱盐后，进入二级 RO 产水箱供补给水除盐系统用；反渗透装置的水的回收率：一级海水膜不小于 45%，二级淡水膜不小于 85%。一级膜装置三年内总脱盐率不小于 99.3%，三年后脱盐率不小于 99%。二级膜装置三年内总脱盐率不小于 98%，三年后脱盐率不小于 97%。补给水除盐系统由一级除盐及混床两部分组成，设计除盐水的产水总量为 300m³/h，分为两个系列，单元制连接，正常情况下一系列运行，一系列再生备用，最大用水时可两系列同时运行。混床为两台，采用母管制连接，一用一备。经处理后的出水水质应达到如下标准：二氧化硅≤20μg/L、导电度≤0.2μS/cm。

9.6　反渗透膜系统的特点是什么？

(1) 常规的反渗透系统设计中一般需配置加热装置，维持 25℃ 的运行温度，以获得恒定的产水量。本工程海水淡化系统产水量较大，若按常规设计则需配置大量的加热装置，从而加大了投资，且无论是采用电加热还是蒸汽加热，都需消耗大量的能源。同时加热装置的材料选择、防腐等问题也不可避免。另如前所述，电厂位于温带地区，常年平均水温 15℃，且取自循环水排水虹吸井的原海水已经具有了一定的温升，基本满足了反渗透工艺对水温的要求。综上原因，本工程的反渗透脱盐装置不设进水加热器，以简化系统设备配置、节省投资，同时采用了可变频运行的高压泵，在冬季水温偏低时，可提高高压泵的出口压力，以弥补因水温而引起的产水量降低的缺陷。

(2) 超滤产水箱出来的清海水通过升压泵进入 5m 保安过滤器。通过保安过滤器的原水经高压泵加压后进入第 1 级反渗透膜堆，该单元为一级 1 段排列方式，配 7 芯装压力容器，单元回收率 45%，脱盐率＞99%。产水分成 2 路，一路直接进入工业用水。

(3) 一级淡化单元中采用了目前国际上先进的 PX 型能量回收装置，将反渗透浓水排放的压力作为动力以推动反渗透装置的进水。此时高压泵的设计流量仅为反渗透膜组件进水流量的 45%，而另 55% 的流量只需通过大流量、低扬程的增压泵来完成即可。能量回收效率达 95% 以上。经过能量回收之后排出的浓盐水排至浓水池，作为电解海水制取次氯酸钠系统的原料水，由于这部分浓水是被浓缩了 1.8～2 倍的海水，提高了电解海水装置的效率。电解成品次氯酸钠被进一步综合利用。

(4) 一级淡水箱出水通过高压泵直接进入第二级反渗透膜堆，之间不设保安过滤器，只相应设置管式过滤器以除去大颗粒杂质。该单元为一级 2 段排列方式，配 6 芯装压力容器，单元回收率 85%，脱盐率＞97%。产水直接进入二级淡水箱，作为化学除盐系统预脱盐水、生活用水以及部分制石膏用水。浓水被收集后返回至超滤产水箱回用。

9.7 海水淡化工程效益是怎样的?

(1) 位于沿海地区的新建电厂采用全膜法海水淡化工艺是可行的,与淡水资源利用成本、取水、预处理设施投资成本相比,自行建立的海水淡化系统的运行成本相差无几。

(2) 采用循环冷却水的排水作为淡化系统的进水可提高整个系统的运行效率,节省能源消耗。

(3) 对于较为浑浊或受污染的原海水需要进行预处理,以减轻后续膜装置的负担,延长其使用寿命。

(4) 采用超(微)滤作为反渗透膜的预处理工艺,应根据海水的水质来选择膜的类型,管式内、外压膜是不错的选择,一来可简化系统配置、减少占地,从而可节省工程投资;二来管式膜正朝着标准化、通用型的方向发展,便于膜的更换,因此可以降低运行成本。

对于小型的海水淡化系统可以将传统的介质过滤工艺作为反渗透膜的预处理,其工艺成熟、出水水质稳定,投资仅为超(微)滤装置的 30% 左右。

(5) 可充分利用海水淡化各单元产生的副产品,以适应循环经济的发展。一级反渗透排出的浓水可以作为电解海水制取次氯酸钠的原料水。由于该原料水电解出来的次氯酸钠浓度为 1‰~2‰,可作为初级产品加入循环冷却水系统以杀菌、灭藻。如果在原料水中加入工业食盐,则可以电解出浓度 10% 的成品次氯酸钠,用于其他场合。

在电解制氯过程中会产生大量氢气,按以往的设计只能将这部分氢气排入大气。如果将氢气收集起来,并加以净化、干燥、压缩、装瓶就可以作为氢冷发电机组的氢源了。

(6) 应遵从少取水、少排水的环保理念,在工程设计初期就应做好水量平衡,海水淡化系统各单元的排水尽量回收利用,以利系统合理配置。超(微)滤单元的反冲洗水可回至原水预处理系统前端;一级反渗透单元浓水回收用作电解制氯的原料水;二级反渗透单元浓水直接回收至一级反渗透膜单元的前端;超(微)滤单元、反渗透单元的化学清洗水不宜直接回用,可收集后排至全厂的工业废水处理系统,进行深度处理后用于煤场喷淋、地面冲洗等。

(7) 海水淡化产水的输送及分配系统宜采用防腐材料,以防淡化水对管材的侵蚀。微(超)滤产水箱最好采取一定的密封措施,以防长期存放后 SDI 指标上升。或将微(超)滤产水箱设计成缓冲水箱,尽量减少过滤水在此的停留时间,从而保证反渗透装置的进水 SDI 始终维持在较低的水平。

9.8　工业废水的危害主要有哪些?

工业废水的危害主要有:

(1) 增加水中盐含量　工业废水中通常含有大量的无机物,混入城市污水后会明显地增大水中无机离子的含量,最终影响水的回用。Ca^{2+}、HCO_3^- 等会加大结垢倾向,Cl^-、SO_4^{2-} 会对系统某些材料产生腐蚀。

(2) 影响污水水质稳定　不同类型的工业废水成分差异大,排污没规律,导致污水处理厂的进水水量和水质波动很大,影响了二级处理水的水质稳定。

(3) 影响二级处理　有些工业污染物的生物降解性很差,在二级处理中不能有效地除去。尤其是某些工业废水含有导致细菌死亡的毒素(如制药废水、印染废水等),如果直接进入污水处理厂,会杀死水中已形成的微生物,破坏污水处理厂的稳定运行。

9.9　生物黏泥的危害应如何控制?

生物黏泥是指形成微生物的分泌液与水中的悬浮物、胶体和不溶性有机物等形成的黏状沉积物。循环水系统的温度、含氧、光照等条件特别适合于微生物生长,所以生物黏泥是常见的问题。常见的症状是循环水发黑、发臭,系统内有黏泥沉积。

减小凝汽器管的通水截面,增加流动阻力;凝汽器管的导热性变差;在黏泥覆盖的金属表面形成缺氧的区域,由此形成氧浓差电池而使金属遭受局部腐蚀或点蚀。

破坏黏泥生长的环境和条件,阻止生物膜的形成和黏泥的沉积。具体措施包括:

① 循环水补充水进行处理,降低其悬浮物、有机物含量;

② 进行有效的杀菌,创造抑制细菌滋生的物质环境;

③ 保持合理的凝汽器管内流速;过低,黏泥以及泥沙容易沉积;过高,容易形成冲刷腐蚀;

④ 维持胶球清洗装置的正常运行,保持凝汽器管内清洁、光滑。

9.10　对氨氮的危害应如何去除?

(1) 氨氮的危害　氨氮的危害主要有:

① 硝化反应引起系统的酸性腐蚀;

② 高浓度的氨氮会加快循环水系统藻类的繁殖;

③ 消耗杀菌剂。

(2) 氨氮的去除　氨氮的去除可以采用吹脱法:

① 氨氮的残留浓度比较高,一般在 5mg/L 以上,高于循环水系统的要求。

② 游离氨的吹脱必须在高 pH 条件下（pH 在 11 左右）才有明显的效果；在高 pH 条件下，系统有结垢的危险。

③ 除此之外，低水温时氨的吹脱效果变差。

9.11 硫化物的危害有哪些？

污水中的硫化物对循环水的水质会产生以下影响：

① 强烈促进碳钢的腐蚀，尤其是可以加快初始腐蚀速度。S^{2-} 可以在不预膜的碳钢表面生成条状的腐蚀，形成黑色的腐蚀产物。即使循环水中的硫化物控制在 0.01mg/L 以下，也会破坏金属表面的保护膜，影响缓蚀剂的效果。

② 影响氧化性杀菌剂的杀菌作用。

③ 与锌等发生反应，可能造成铜合金的脱锌腐蚀。

9.12 凝汽器铜管腐蚀的原因有哪些？

在 20 世纪 90 年代，有一些电厂曾经使用电厂生活区的生活污水作循环水补充水。某电厂（4×300MW）曾经将厂区生活污水收集并进行过滤处理后，直接补入循环水系统，结果凝汽器铜管发生了大面积的腐蚀。

发生腐蚀可能的原因包括：铜管材质、铜管表面状态、水质和水力条件。

(1) 材质　有些材质的耐腐蚀面能力较差。在对二级处理水进行的浓缩试验结果表明，4 种材质试片的腐蚀速率排序是：A3 碳钢＞HSn70-1B＞BFe30-1-1＞316L。

① 试验条件：二级处理水经将深度处理后，浓缩 3.5 倍。

② 试验现象：316L 和 BFe30-1-1 白铜管在整个试验期间一直保持光亮状态；HSn70-1B 表面的颜色有变化，呈金黄色；而 A3 碳钢试片则在试验开始 24h 后，表面就有锈斑出现。

(2) 表面状态

① 在使用二级处理水时，生物黏泥沉积引起的金属材质腐蚀，尤其是凝汽器管的腐蚀。

② 内表面有残炭膜的铜管在短期内就可能发生点腐蚀穿孔。

(3) 水力条件

① 流速过低，容易形成沉积物，诱发腐蚀。

② 水流不畅或停用后有积水的铜管通常容易发生腐蚀。

9.13 二级处理水的深度处理的目标及深度处理工艺是什么？

(1) 深度处理的目标　深度处理的目的是去除那些在污水二级处理系统不能去除

但对用水系统有危害的成分。主要是那些有可能在系统内促进微生物滋生的物质，如 NH_3-N、有机物、磷酸盐、S^{2-} 等。有些情况下还要除去水中的硬度、碱度、硅酸盐等致垢成分以及对凝汽器管、辅机设备等过流设备有腐蚀作用的成分。

(2) 深度处理工艺 深度处理工艺的选择与来水的水质以及用水系统的特性有关，大多数电厂利用二级处理水作为循环水的水源。常用的深度处理工艺包括超滤处理、石灰处理、膜处理等。

① 混凝处理。混凝处理可以除去悬浮物、胶体、部分有机物以及藻类等杂质。其工艺要点与处理其它废水或天然水是完全相同的。

② BAF 工艺。BAF 工艺的重点是去除氨氮和有机物。

③ 石灰处理工艺。这是二级处理水的常规深度处理工艺。石灰处理的优点是可以同时去除多种不同的杂质，包括水质软化和除磷。

④ 超滤处理。如果来水含盐量太高，需要反渗透脱盐处理，则超滤可以作为反渗透的预处理设备使用。

⑤ 杀菌。利用超滤装置处理二级处理水时，关键是杀菌。

9.14 什么是经常性废水?

经常性废水是指火力发电厂在正常运行过程中，各系统排出的工艺废水。其中大部分废水为间断排放，如锅炉补给水处理系统的工艺废水、凝结水精处理系统的再生排水、锅炉定期排污、化验室排污、冷却塔排污及各种冲洗废水等；连续排放的废水较少，主要有锅炉连续排污、汽水系统取样排水、部分设备的冷却水、反渗透水处理设备的浓排水等。

电厂依据控制源头、严格处理、综合利用的原则，通过对锅炉水处理工艺进行改善，降低排污率；对发电机定子冷却水水质控制，减少换水率；加强化学制水、精处理再生的管理，降低化学自用水率；对其它用水系统如燃油泵房、循环泵房冷却水系统进行技术改造，降低原水消耗，极大程度地减少了废水量，为实现零排放创造了条件。

9.15 经常性废水是如何处理及回用的?

(1) 混凝澄清处理及回用 机组杂排水是来自主厂房的经常性排水。这部分废水主要通过混凝、澄清、过滤、中和（pH 值不合格时）处理后，回用或排放。经常性废水混凝澄清处理流程见图 9-3。

处理系统产生的泥渣可以直接送入冲灰系统，也可以先经过泥渣浓缩池浓缩后再送入泥渣脱水系统处理。浓缩池的上清液返回澄清池或者废水调节池。

(2) 酸碱废水的中和处理及回用 酸碱废水是间断性排放的，其水质特点是含盐

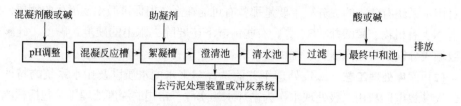

图9-3 经常性废水混凝澄清处理流程

量很高、悬浮物较低，呈酸性或碱性，因水质与机组超标排水完全不同，将其单独收集在一个废水池中，当中和池内的废水达到一定体积后，再启动中和系统，若 pH>9，加酸；若 pH<6 时加碱；直至 pH 值达到 6~9 的范围，直接排放至冲灰用水系统。酸碱废水的中和处理流程见图9-4。

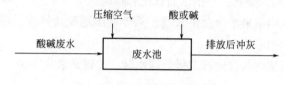

图9-4 酸碱废水的中和处理流程

9.16 非经常性废水是如何处理及回用的？

非经常性废水是指特殊运行工况下产生的废水，其水质较差且不稳定，通常悬浮物浓度、COD 值和铁含量较高。由于废水产生的过程不同，各种排水的水质差异很大。根据不同的废水采取相应的处理工艺，使废水达到回收利用或合格排放的标准，避免污染生态环境。

针对工业废水的特点，工业废水集中处理站设置了非经常性废水储存、输送及处理系统和含油废水处理系统以及相应的酸、碱、次氯酸钠、凝聚剂和助凝剂加药系统等，同时还设有相关的自动监视和控制系统。非经常性废水从主厂房机组排水槽排出的废水包括凝结水精处理再生排水、空气预热器清洗废水、锅炉酸洗废水，通过泵和管道送至工业废水集中处理站，在处理站附近通过手动阀门进行切换至不同的处理系统，处理达标后回用。

9.17 含煤废水与含油废水是如何处理及回用的？

燃煤电厂在正常的生产运行过程中，为防止输煤系统产生扬尘，经常对输煤系统进行水冲洗，冲洗后的排水形成含煤废水。含煤废水中含有大量的悬浮物及很高的色度，含煤废水中悬浮物的浓度高达 2000mg/L，色度高达 400 以上。含煤废水如果不经过处理直接排入湖泊，将导致水质恶化影响水生生物，严重者将导致鱼类和水生生物死亡，破坏生态平衡。含煤废水通过各转运站排污泵排入雨水调节池进行初级沉淀，沉淀后的煤水由雨水升压泵打至煤水沉淀池进行二级沉淀，然后溢流至煤水调节池通过煤水提升泵吸出至聚丙苯乙烯一体化处理设备后成为清水。

含油废水汇集至含油废水收集池，经油水分离器处理后的清水回流至非经常性废水池，再经深度处理回用。

9.18 生活污水是如何处理及回用的？

生活污水的高峰流量可以达到 200～300t/h。污水经排水管道自流入生活污水集水井，通过污水提升泵将污水打入污水调节池进行均化污水水质，再通过潜水泵打入污水处理设备，污水处理系统采用"生物接触氧化"工艺，经三级生化、消毒处理后，排入非经常性废水池回收利用。出水水质完全符合回收利用标准（出水水质：pH 值 6～9，SS＜70mg/L，COD＜100g/L，BOD_5＜20mg/L），出水质比较稳定，可以直接回收到中水系统进行全厂高压服务用水工业，夏季作为全厂厂区绿化用水。生活污水经 JYSW-15 型一体化污水处理设备，深度处理后回用于生产，不仅解决了污水治理问题，还节约了优质淡水的用量，取得了显著的经济、环境和社会效益。

9.19 无压放水和汽暖疏水是如何回用的？

将每台机组机炉侧的无压水汇集至汽机房一个无压放水箱，经两台排水泵排至锅炉定排水池进行回收。

将全厂温度约 150℃汽暖系统疏水汇流至单独的凝结水回水器，最后汇流至总凝结水回水器，由疏水泵流经除铁器处理后，再送至主机低压凝汽器回收，平均回用疏水量为 30～50t/h。

9.20 城市为什么要发展"中水"回用？

发展和环境是当今社会的最大课题，水环境已经成为制约社会经济可持续发展的重要因素，引起人们的严重不安。我国是个严重缺水的国家，要解决水资源的日益紧缺和水质量的不断下降这个问题，节约用水和减少排放量是最根本的办法，"中水"回用是城市污水资源化的一个有效途径。再生水回用于工业冷却水有着很好的发展前景，这不仅因为冷却水的用量在工业用水中最大，还因为有先进的冷却水处理技术，对补充水的要求可以不是很高，并可实现"近零排放"，所以是再生水的主要用途，具有很大的发展潜力。

目前，我国的污水处理率及处理合格率都比较低，污水处理厂大多为不含深度处理的二级处理厂，部分改进型二级处理厂也只是增加了脱氮除磷功能，出水中污染物含量设计值只能达到二级排放标准，但是实际运行水质合格率较低，很多情况下达不到排放标准，当二级污水处理厂的进水所含工业废水的比例较大时，往往由于进水的冲击负荷使出水水质很不稳定，并含有一些特殊污染物，因此进行深度处理具有一定难度。再加上污水处理厂的出水水质差别很大，不确定因素也很多，即使是主要指标很相近，处理起来也可能大不一样，往往还需要采用超常规措施才能满足要求。因此必须进行有针对性的科学试验，已有的经验也只能做参考。

火电厂是个用水大户，应该也能够为节约用水和改善水环境做出更大的贡献，在新建发电机组或老机组的改造中，将污水处理厂的出水经过深度处理后作为循环冷却水系统的补充水，就是一项重大的技术措施。

9.21 "中水"的概念是什么？

中水（reclaimed water）是指各种排水经处理后，达到规定的水质标准，可在生活、市政、环境等范围内杂用的非饮用水。中水一词从 20 世纪 80 年代初在国内叫起至今 20 多年，现已被业内人士乃至缺水城市、地区的部分民众认知。开始时称"中水道"，来于日本，因其水质及其设施介于上水道和下水道之间。随着国外中水技术的引进，国内试点工程的试验研究，中水工程设施建设的推进，中水处理设备的研制，中水应用技术的研究、发展和有关规范、规定的建立、施行，逐渐形成一整套的工程技术，如同"给水""排水"一样，称之为中水。建设部制订了再生水（recycled water）回用分类标准，对再生水的释义是："指污、废水经二级处理和深度处理后作回用的水。当二级处理出水满足特定回用要求，并已回用时，二级处理出水也可称为再生水。"显然，中水就是再生水。中水系统（reclaimed water system）由中水原水的收集、贮存、处理和中水供给等工程设施组成的有机结合体，是建筑物或建筑小区的功能配套设施之一。由于中水系统建立的范围不同又有不同的称谓，建筑物中水是在一栋或几栋建筑物内建立的中水系统；小区中水是在小区内建立的中水系统。小区主要指居住小区。也包括院校、机关大院等集中建筑区，统称建筑小区。建筑中水（reclaimed water system for building）则是建筑物中水和小区中水的总称。

9.22 回用水源水质要求是什么？

排入城市排水系统的污水如果同时满足下列条件，便可以作为中水的回用水源。

（1）回用水源水质必须符合《污水排入下道水质标准》《生物处理构筑物进水中有害物质允许浓度》和《污水综合排放标准》的要求。

（2）排污单位排出口污水浓度超过下列指标时，该排出口污水不宜作为回用水源：氯化物 ≤500mg/L；色度 100（稀释倍数）；氨氮 100mg/L；总溶解固体 1500mg/L。

(3) 回用水应以生活污水为主，尽量减少工业废水所占比重。对于使用再生水的工业用户，其排水如对回用水源水质有较大影响时，不宜再作为回用水源。

(4) 严禁放射性废水作为回用水源。

(5) 回用水源的设计水质应根据污水收集区域现有水质资料和规划预测资料确定。对于只包括深度处理的再生水厂，当水源为城市二级污水处理厂出水时，其原水水质可按 BOD_5＝30mg/L、SS＝30mg/L、COD_{Cr}＝120mg/L 考虑。

9.23 污水二级排放标准是什么？

污水二级排放标准见表 9-2。

⊡ **表 9-2 污水二级排放标准**

项目	二级处理排放标准
pH	6.5～8.5
SS/(mg/L)	＜30
BOD_5/(mg/L)	＜30
COD_{Cr}/(mg/L)	＜120

9.24 再生水用作冷却用水的水质标准是什么？

再生水用作冷却用水的水质标准见表 9-3。

⊡ **表 9-3 再生水用作冷却用水的水质标准**

项目	直流冷却水	循环冷却补充水
pH 值	6.0～9.0	6.5～9.0
SS/(mg/L)	30	—
BOD_5/(mg/L)	30	10
COD_{Cr}/(mg/L)	—	60
氯化物/(mg/L)	250	250
氨氮/(mg/L)	—	10[①]
总磷(以 P 计)/(mg/L)	—	1
溶解性总固体/(mg/L)	1000	1000
游离余氯/(mg/L)	末端 0.1～0.2	末端 0.1～0.2
粪大肠菌群/(个/L)	2000	2000

9.25 污水二级处理常用工艺有哪些？

(1) 二级处理—消毒；

（2）二级处理—过滤—消毒；

（3）二级处理—混凝—沉淀（澄清、气浮）—过滤—消毒；

（4）二级处理—微孔过滤—消毒；

（5）二级处理—石灰—消毒。

9.26　二级出水进行沉淀过滤的处理效率与目标水质是什么？

表 9-4 为二级出水进行沉淀过滤的处理效率与目标水质。

⊡ 表 9-4　二级出水进行沉淀过滤的处理效率与目标水质

项目	处理效率/%			目标水质
	混凝沉淀	过滤	综合	
浊度	50～60	30～50	70～80	3～5 度
SS	40～60	40～60	70～80	5～10mg/L
BOD$_5$	30～50	25～50	60～70	5～10mg/L
COD$_{Cr}$	25～35	15～25	35～45	40～75mg/L
总氮	5～15	5～15	10～20	—
总磷	40～60	30～40	60～80	1mg/L
铁	40～60	40～60	60～80	0.3mg/L

参 考 文 献

[1] 孙胜奇，陈荣永，等. 我国二氧化硫烟气脱硫技术现状及进展. 中国钼业，2005（2）.

[2] 王健，姜开明. 我国烟气脱硫技术现状调查. 应用能源技术，2004（1）.

[3] 周炜，李戈. 电厂锅炉低 NO_x 燃烧技术的探讨. 浙江电力，2002（03）.

[4] 冯树臣. 电气设备及其系统. 山西：国电电力大同第二发电厂，2003.

[5] 崔跃建. 关于"广州市进一步推广热、电、冷三联供"的探讨. 区域供热，2002（05）.

[6] 顾昌，向先好，等，热电冷节能效果的研究. 发电设备，1998（4）.

[7] 陈君燕. 冷热联供系统的能耗估算. 暖通空调，2001（3）.

[8] 张磊，彭德振. 大型火力发电机组集控运行. 北京：中国电力出版社，2006.

[9] 张磊，李广华. 锅炉设备与运行. 北京：中国电力出版社，2007.

[10] 张磊，夏洪亮. 大型电站锅炉耐热材料与焊接. 北京：化学工业出版社，2008.

[11] 张磊，侯作新. 超超临界＜百万＞机组施工案例——华电国际邹县发电厂四期工程. 北京：中国电力出版社，2009.

[12] 孙奉仲，等. 热电联产机组技术丛书热电联产技术与管理. 北京：中国电力出版社，2008.

[13] 张永密，等. 热电联产节能降耗盘活机组运行能力. 见：大机组供热改造与优化运行研讨会论文集，2009.

[14] 韩建兴，季为军. 长输热网专利技术在集中供热工程中的应用. 见：大机组供热改造与优化运行研讨会，2009.

[15] 赵明. 大型煤粉锅炉稳燃技术的发展及在我省的应用. 云南电力技术，2001（3）.

[16] 傅经纬，等. 完善政府在节能管理中的监督责任. 节能与环保，2005，04.

[17] 李晓云，等. 火电厂环境管理. 北京：中国水利水电出版，2006.

[18] 杨乃乔. 液力调速与节能. 北京：国防工业出版社，2000.

[19] 韩新潮，西宪月. 目前国内循环流化床锅炉发展现状以及存在的问题. 见：全国循环流化床燃烧技术工业应用研讨会论文集，2001.

[20] 李青，等. 火力发电厂节能评价与能源审计手册. 北京：中国电力出版社，2008.

[21] 张磊. 大型火力发电厂典型生产管理. 北京：中国电力出版社，2008.

[22] 张磊. 超超临界火电机组技术问答丛书汽轮机运行技术问答. 北京：中国电力出版社，2008.

[23] 张磊，叶飞. 600MW 超临界火力发电机组技术问答丛汽轮机运行技术问答. 北京：化学工业出版社，2009.

[24] 张磊，叶飞. 超（超）临界火力发电技术. 北京：中国水利水出版社，2009.

[25] 陈君燕，侯凤英. 低品位余热利用的一个典型范例. 节能技术，1995（3）.

[26] 中国华电集团. 火力发电厂节能评价体系. 北京：中国水利水电出版社，2007.

[27] 冯浩，周世祥. 循环水冷却塔节能技改分析. 见：全国火电大机组（600MW 级）竞赛第 11 届年会论文集，2007.

[28] 赵迹. 热、电、冷三联供的原理和应用. 应用能源技术，2002（6）.

[29] 韩安荣. 通用变频器及其应用（第 2 版）. 北京：机械工业出版社，2002.

[30] 周学军，崔鹰. 对哈尔滨市发展热电联产集中供热的几点建议. 应用能源技术，1999（02）.

[31] 王振铭. 我国热电联产的新发展. 电力技术经济，2007（02）.

[32] 杨宝红. 火力发电厂废水处理与回用. 北京：化学工业出版社，2006.

[33] 傅经纬，等. 加大监管力度发挥热电联产政策的作用. 节能与环保，2007（06）.

[34] 崔为和，等. 电企业节能诊断管理体系的构建与实践. 全国火电 300MWe 级机组能效对标及竞赛第三十九届年会论文集，2010.

[35] 胡志宏，等. 运行优化降低燃煤锅炉 NO_x 排放的试验研究. 电站系统工程，2009（01）.

[36] 尚文祥，等. 大型回转式空气预热器密封间隙调整方法. 山西电力，2006（02）.

[37] 中国电机系统节能项目组. 中国电机系统能源效率与市场潜力分析. 北京：机械工业出版社，2001.

[38] 吴忠智，吴加林. 中（高）压大功率变频器应用手册. 北京：机械工业出版社，2003.

[39] 韩安荣. 通用变频器及其应用. 第 2 版. 北京：机械工业出版社，2002.

[40] 马福多. 区域供冷技术的应用及发展分析. 建筑节能，2009（08）.

[41] 李君，顾昌，等. 浅谈冷热电联产系统及其发展状况. 科技经济市场，2006（04）.

[42] 王刚. 瑞典区域供冷技术对中国的启示. 建筑热能通风空调，2004（03）.

[43] 姜培朋，马永志. 三效吸收式溴化锂制冷机开发设计. 暖通空调，2009（02）.

[44] 杨旭中，等. 热电联产规划设计手册. 北京：中国电力出版社，2009.

[45] 国电太原第一热电厂. 300MW 热电联产机组技术丛书. 北京：中国电力出版社，2008.

[46] 严俊杰，等. 冷热电联产技术. 北京：化学工业出版社，2006.

[47] 王华，五辉涛. 低温余热发电有机朗肯循环技术. 北京：科学出版社，2010.

[48] 王汝武. 电厂节能减排技术. 北京：化学工业出版社，2008.

[49] 电力行业职业技能鉴定指导中心. 脱硫值班员——电力工程锅炉运行与检修专业. 北京：中国电力出版社，2007.

[50] 《中国节能降耗研究报告》编写组. 中国节能降耗研究报告. 北京：企业管理出版社，2006.

[51] 曹长武. 火电厂煤质检测技术. 北京：中国标准出版社，2008.

[52] 王柳. 电网降损方法与管理技术. 北京：水利水电出版社，2010.

[53] 孙长玉，袁军. 供热运行管理与节能技术. 北京：机械工业出版社，2008.

[54] 李诚. 热工基础. 北京：中国电力出版社，2006.

[55] 王士政，冯金光. 发电厂电气部分. 第 3 版. 北京：水利水电出版社，2002.

[56] 编写组. 新编火力发电工程施工组织设计手册. 北京：水利水电出版社，2010.

[57] 刘兆军. 浅谈科技环保节能新技术在热电厂建设中的应用. 天津科技，2010（06）.

[58] 任峰，等. 热电厂优化选址研究. 计算机工程与应用，2010（08）.

[59] 程实. 热电厂给水泵车削叶轮节能技改应用研究. 节能，2010（07）.

[60] 张林军. 广州恒运热电三段抽汽供热的应用分析. 华电技术，2010（07）.

[61] 辽宁省沈阳市康平热电厂烟气脱硫工程简介. 煤气与热力，2008（08）.

[62] 张深基，李道军. PLC 在火电厂电除尘振打控制系统中的应用. 电气自动化，2008（01）.

[63] 李静宜，臧杰立. 热电厂采用热电冷联供的适用性分析. 制冷与空调，2010（02）.

[64] 卢柏春，李威. 湖北荆门热电厂三期通风工程设计建筑. 热能通风空调，2010（02）.

[65] 吴耀文，张文礼. 碳捕捉与碳封存技术的发展现状与前景. 中国环境管理丛书，2010（02）.

[66] 谭蓉蓉. 发展前景广阔的碳捕捉和封存技术. 天然气工业，2009（10）.

[67] 钱伯章. 碳捕捉与封存（CCS）技术的发展现状与前景. 中国环保产业，2008（12）.

[68] 苏元伟，任刚. 我国二氧化碳回收和利用现状. 资源节约与环保，2010（03）.

[69] 李建英. 二氧化碳的回收和利用. 石油化工环境保护，2004（02）.

[70] 徐长水. 综合利用粉煤灰资源. 创新科技，2003（02）.

[71] 胡荣华. 基于粉煤灰品质评价及综合利用. 石河子科技，2008（01）.

[72] 李玉霞，等. 粉煤灰资源化综合利用探讨. 山西建筑，2008（07）.

[73] 欧阳小琴，等. 粉煤灰资源综合利用的现状. 江西能源，2002（04）.

[74] 李海燕，刘静. 低品位余热利用技术的研究现状、困境和新策略. 科技导报，2010（17）.

[75] 廖家平，潘卫. 纯低温余热发电模型的研究. 湖北工业大学学报，2009（02）.

[76] 赵恩婵，等. 火力发电厂烟气余热利用系统的研究设计. 热力发电，2008（10）.

[77] 张方炜. 锅炉烟气余热利用研究. 电力勘测设计，2010（04）.

[78] 曾令大，等. 锅炉灭火原因分析及稳燃措施. 电力安全技术，2007（12）.

[79] 管慧博. 大型火力发电厂锅炉节油技术应用比较. 科技创新导报，2010（06）.

[80] 樊越胜，等. 煤粉在富氧条件下燃烧特性的实验研究. 中国电机工程学报，2005（24）.

[81] 翁善勇. 煤粉燃烧特性预测及在实际锅炉上的应用. 热力发电，2004（07）.

[82] 翁善勇，等. 煤粉锅炉点火节油探讨. 热力发电，2002（04）.

[83] 吴世民. PIMS多点式激光光谱氨逃逸监测系统介绍及实际应用. 见：2016燃煤电厂超低排放形势下SCR脱硝系统运行管理及氨逃逸监测、空预器堵塞与低温省煤器改造技术交流研讨会论文集，2016.

[84] 谭瑞田. 声波清灰技术在SCR脱硝反应器中的应用. 见：2016燃煤电厂超低排放形势下SCR脱硝系统运行管理及氨逃逸监测、空预器堵塞与低温省煤器改造技术交流研讨会论文集，2016.

[85] 王雅珍. 改善当下环保状况 创建美丽碧水蓝天. 见：2016火电厂污染物净化与节能技术研讨会论文集，2016.

[86] 于丽新. 燃煤电厂烟气处理装置对$PM_{2.5}$影响的研究进展. 见：2016火电厂污染物净化与节能技术研讨会，2016.

[87] 杜军林，邓坤，张国防，等. 脱硫除尘一体化超洁净排放改造实. 见：2015年火电厂污染物净化与节能技术研讨会论文集，2015.

[88] 洪崑嵘. 超气态电素流同时脱硫脱硝技术研究. 见：2015年火电厂污染物净化与节能技术研讨会论文集，2015.

[89] 陈俊林，祖涵，颜迅. 新型湿式电除雾（尘）器在脱硫脱硝尾气深度净化工程的实践应用. 见：2015年火电厂污染物净化与节能技术研讨会论文集，2015.

[90] 孙淮浦. 用于湿式电除尘器的高频恒流高压直流电源. 第九届中国热电行业发展论坛论文集，2015.

[91] 郭天斌，赵飞，马志勇. 50MW抽凝机组低真空循环水余热利用改造及节能分析. 见：2016火电厂污染物净化与节能技术研讨会论文集，2016.

[92] 闫曙光. 智能热网外勤管理系统构建与应用. 见：2016火电厂污染物净化与节能技术研讨会论文集，2016.

[93] 丁宁，樊孝华. 火电机组锅炉侧灵活性改造技术. 见：2017（第一届）火电灵活性改造技术交流研讨会论文集，2017.

[94] 李强，王压保，谢海涛，等. 630MW机组工业供热如何融合邻机加热技术. 见：第四届热电联产节能降耗新技术研讨会论文集，2015.

[95] 廖世平. 导电过滤器改造热电锅炉电除尘器提效显著. 见：第四届热电联产节能降耗新技术研讨会论文集，2015.

[96] 王文春. 供热期汽轮机因故停运为保证热网正常运行的改造与应用. 见：第四届热电联产节能降耗新技术研讨会论文集，2015.

[97] 孙晓平. 国电电力大同发电有限公司2×660MW机组辅机循环水余热回收利用集中供热. 见：第四届热电联产节能降耗新技术研讨会论文集，2015.

[98] 魏胜利，杜军林，孔亮，等. 低成本回收利用脱硫废水的实践. 见：2017年（第一届）火电灵活性

改造技术交流研讨会论文集，2017.

[99] 高静，马瑞，程江涛，等. 超临界630MW机组供热节能降耗的实施及控制技术优化. 见：2017年（第一届）火电灵活性改造技术交流研讨会论文集，2017.

[100] 黎明，马瑞，孔亮，等. 大型火力发电厂技改过程中技术创新案例解析. 见：2017年（第一届）火电灵活性改造技术交流研讨会论文集，2017.

[101] 刁经中. 顺重力场旋流板除雾器用于火电厂及烧结机湿法脱硫装置技术改造的初步探讨. 见：2017年（第一届）火电灵活性改造技术交流研讨会论文集，2017.

[102] 黄磊. 静电过滤技术改造燃煤锅炉电除尘器提效显著. 见：2017清洁高效燃煤发电技术交流研讨会论文集，2017.

[103] 何守昭，王强. 脱硫废水零排放-无软化浓缩工艺. 见：2017清洁高效燃煤发电技术交流研讨会论文集，2017.

[104] 张华山，关志宏，田晓龙，等. 严寒地区低压缸切除供热项目可行性研究及工程示范. 见：2017清洁高效燃煤发电技术交流研讨会论文集，2017.

[105] 郑锐，李贵兵，董志勇，等. 脱硝尿素直喷技术应用及问题攻关技术研究论述. 见：2017清洁高效燃煤发电技术交流研讨会论文集，2017.

[106] 薛姗姗，王镇. 脱硝喷氨自动控制系统现状及优化. 见：2017清洁高效燃煤发电技术交流研讨会论文集，2017.

[107] 王乐，任登敏，张大川. 镇江电厂630MW超临界机组超低排放改造脱硫CEMS设备选型分析. 见：2017清洁高效燃煤发电技术交流研讨会论文集，2017.

[108] 王永忠，阎洪武，谢爱云，等. 新华热电168MW锅炉冷渣机的改造应用. 见：2017清洁高效燃煤发电技术交流研讨会论文集，2017.

[109] 谢爱云. 新华热电168MW热水锅炉分离器故障的原因及对策. 见：2017清洁高效燃煤发电技术交流研讨会论文集，2017.

[110] 张占立，李旭，李东，等. 脱硫系统水平衡. 见：2017清洁高效燃煤发电技术交流研讨会论文集，2017.

[111] 刘学冰. 双流化床（DFB）燃煤锅炉及燃煤电厂烟气污染物超低排放技术. 见：2017清洁高效燃煤发电技术交流研讨会论文集，2017.

[112] 郑锐，李贵兵，魏艳玲，等. 燃煤机组电除尘超低排放升级改造. 见：2017清洁高效燃煤发电技术交流研讨会论文集，2017.

[113] 赫卫东，景国峰，李军斌，等. 氢内冷发电机系统漏氢漏水探讨. 见：2017清洁高效燃煤发电技术交流研讨会论文集，2017.

[114] 任登敏，张大川，史旭东，等. 镇江电厂♯4机组DEH伺服系统技术优化. 见：第九届中国热电行业发展论坛论文集，2016.